高等学校信息工程类"十三五"规划教材

《数字电路与逻辑设计(第三版)》
学习指导与习题解答

王　娜　蔡良伟　梁松海　编著

西安电子科技大学出版社

内 容 简 介

本书是蔡良伟主编的高等学校信息工程类专业规划教材《数字电路与逻辑设计(第二版)》的配套学习指导与习题解答。内容包括《数字电路与逻辑设计(第二版)》各章的内容提要、重点难点、典型例题及习题解答,对数字电子技术主要内容进行了全面、扼要的分析和总结,目的在于帮助学生掌握每章的基本知识点及重点、难点内容,拓宽解题思路和方法,提高运用知识的能力和学习效率,以便更好地掌握教材的内容。

本书可以作为高等学校电子电气、电子、通信、计算机、自动化等专业学生的学习指导教材,也可作为考研生的复习用书,还可作为教师的教学参考书,亦可供本学科及其他相近学科工程技术人员用作自学参考书。

★本书配有电子教案,有需要的老师可与出版社联系,免费提供。

图书在版编目(CIP)数据

《数字电路与逻辑设计(第三版)》学习指导与习题解答/王娜,蔡良伟,梁松海编著.
—西安:西安电子科技大学出版社,2015.2(2020.6 重印)
高等学校信息工程类"十三五"规划教材
ISBN 978 - 7 - 5606 - 3652 - 8

Ⅰ. ①数… Ⅱ. ① 王… ② 蔡… ③ 梁… Ⅲ. ①数字电路—逻辑设计—高等学校—教学参考资料 Ⅳ. TN79

中国版本图书馆 CIP 数据核字(2015)第 019360 号

策划编辑 马晓娟
责任编辑 马晓娟
出版发行 西安电子科技大学出版社(西安市太白南路 2 号)
电 话 (029)88242885 88201467 邮 编 710071
网 址 www.xduph.com 电子邮箱 xdupfxb001@163.com
经 销 新华书店
印刷单位 陕西日报社
版 次 2015 年 2 月第 1 版 2020 年 6 月第 4 次印刷
开 本 787 毫米×1092 毫米 1/16 印 张 12
字 数 280 千字
印 数 5501~7500 册
定 价 29.00 元

ISBN 978 - 7 - 5606 - 3652 - 8/TN

XDUP 3944001 - 4

* * * 如有印装问题可调换 * * *

前　　言

　　本书是高等学校信息工程类"十二五"规划教材《数字电路与逻辑设计(第三版)》(蔡良伟主编,西安电子科技大学出版社出版)的配套学习指导与习题解答。编者根据数字电路课程教学实践和课程教学的基本要求,针对学生在数字电路学习中对基本概念、基本方法的深入理解和灵活应用上存在的一些问题,对教材内容进行了归纳、总结、提炼和解答。希望通过本书的学习能够帮助学生把握好课程内容的重点,深入理解基本概念并正确掌握解题的基本方法,从而提高分析问题、解决问题的能力。

　　本书共9章,依次对应教材中的逻辑代数基础、组合逻辑电路、常用组合逻辑电路及MSI组合电路模块的应用、时序逻辑电路、常用时序逻辑电路及MSI时序电路模块的应用、可编程逻辑器件、VHDL语言与数字电路设计、数/模和模/数转换、脉冲信号的产生与整形等内容。每章包括四方面内容:

　　1. 内容提要:简要概括了本章的基本概念、基本原理,总结了本章的知识点,形成学习要点。

　　2. 重点难点:指出本章的重点和难点内容并进行详细分析,加强学生对重点、难点内容的理解。

　　3. 典型例题:以典型电路或典型问题来说明和讲解该章的分析方法和相关知识,帮助学生深入理解知识点,使学生能够掌握重点,理解难点,学会解题方法、特点和技巧。

　　4. 习题解答:本部分是《数字电路与逻辑设计(第三版)》的所有习题解答,每个解答都有详细的解题过程和结果,一方面给使用本教材教学的教师带来教学上的方便,另一方面也满足了学生学习的需求,使之在学习时目的更加明确,演算习题后可以方便地核对计算结果和检查计算方法,让教学者和学习者都能够比较顺利地完成数字电路的教学或学习。

　　在本书的编写过程中,蔡良伟参与了整本书的讨论与组织工作;梁松海编写了第6、7章;王娜编写了其余章节;研究生崔英杰、刘玲君、王运金参与了部分例题与习题的解答工作。

　　由于编者水平有限,书中难免存在不妥和错误之处,恳请读者批评指正。

编　者
2015 年元月

目　录

第1章　逻辑代数基础

1.1　内　容　提　要

1. 数制

数制是多位数码中每一位的构成方法以及从低位到高位的进位规则，常见的有十进制、二进制、十六进制和八进制等。

2. 逻辑代数的基本运算

(1) 逻辑与：只有当决定某事件的全部条件同时具备时，该事件才发生，这样的逻辑关系称为逻辑与，或称逻辑相乘。

(2) 逻辑或：在决定某事件的诸多条件中，当有一个或一个以上具备时，该事件都会发生，这样的逻辑关系称为逻辑或，或称逻辑相加。

(3) 逻辑非：在只有一个条件决定某事件的情况下，如果当条件具备时，该事件不发生，而当条件不具备时，该事件反而发生，则这样的逻辑关系称为逻辑非，也称为逻辑反。

3. 门电路

常用门电路的逻辑符号如图1-1所示。

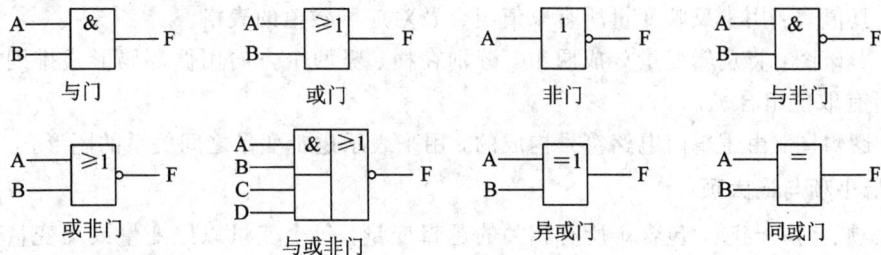

图 1-1　常用门电路的逻辑符号

4. 逻辑代数的基本公式

(1) $0 \cdot 0 = 0$　　　　　　　　　　(1') $0 + 0 = 0$

(2) $0 \cdot 1 = 0$　　　　　　　　　　(2') $0 + 1 = 1$

(3) $1 \cdot 1 = 1$　　　　　　　　　　(3') $1 + 1 = 1$

(4) $\overline{0} = 1$　　　　　　　　　　(4') $\overline{1} = 0$

(5) $0 \cdot A = 0$　　　　　　　　　　(5') $0 + A = A$

(6) $1 \cdot A = A$　　　　　　　　　　(6') $1 + A = 1$

(7) $A \cdot \overline{A} = 0$　　　　　　　　　　(7') $A + \overline{A} = 1$

(8) $A \cdot A = A$ (8′) $A + A = A$

(9) $A \cdot B = B \cdot A$ (9′) $A + B = B + A$

(10) $A \cdot (B \cdot C) = (A \cdot B) \cdot C$ (10′) $A + (B + C) = (A + B) + C$

(11) $A \cdot (B + C) = A \cdot B + A \cdot C$ (11′) $A + B \cdot C = (A + B) \cdot (A + C)$

(12) $\overline{A + B} = \overline{A} \cdot \overline{B}$ (12′) $\overline{A \cdot B} = \overline{A} + \overline{B}$

(13) $\overline{\overline{A}} = A$

式(8)、(8′)称为同一律；式(9)、(9′)称为交换律；式(10)、(10′)称为结合律；式(11)、(11′)称为分配律；式(12)、(12′)称为德·摩根定律；式(13)称为还原律。

5. 逻辑代数的常用公式

(1) $A + A \cdot B = A$

(2) $A + \overline{A} \cdot B = A + B$

(3) $A \cdot B + \overline{A} \cdot C = A \cdot B + \overline{A} \cdot C + B \cdot C$

(4) $A \cdot B + \overline{A} \cdot C = A \cdot B + \overline{A} \cdot C + B \cdot C \cdot D$

6. 逻辑代数的三个规则

(1) 代入规则：在一个逻辑等式两边出现某个变量(或表达式)的所有位置都代入另一个变量(或表达式)，则等式仍然成立。

(2) 反演规则：对一个逻辑函数 F，将所有的"·"换成"＋"，"＋"换成"·"，"0"换成"1"，"1"换成"0"，原变量换成反变量，反变量换成原变量，则得到函数 F 的反函数 $\overline{F}$。

(3) 对偶规则：对一个逻辑函数 F，将所有的"·"换成"＋"，"＋"换成"·"，"0"换成"1"，"1"换成"0"，则得到函数 F 的对偶函数 F'。

7. 逻辑函数常用的描述方法

逻辑函数常用的描述方法有表达式、真值表、卡诺图和逻辑图。

(1) 表达式：由逻辑变量和逻辑运算符号组成，用于表示变量之间逻辑关系的式子。

(2) 真值表：用来反映变量所有取值组合及对应函数值的表格。

(3) 卡诺图：将逻辑变量分成两组，分别在横、竖两个方向用循环码形式排列出各组变量的所有取值组合。

(4) 逻辑图：由逻辑门电路符号构成的，用来表示逻辑变量之间关系的图形。

8. 最小项与最大项

最小项：为一与项，包含了所有相关的逻辑变量，每个变量以原变量或反变量形式出现一次且仅出现一次。

最大项：为一或项，包含了所有相关的逻辑变量，每个变量以原变量或反变量形式出现一次且仅出现一次。

9. 标准与或表达式与标准或与表达式

标准与或表达式：一种特殊的与或表达式，其中的每个与项都是最小项。

标准或与表达式：一种特殊的或与表达式，其中的每个或项都是最大项。

10. 最简与或表达式与最简或与表达式

最简与或表达式必须满足的条件：① 与项个数最少；② 与项中变量的个数最少。

最简或与表达式必须满足的条件：① 或项个数最少；② 或项中变量的个数最少。

11. 无关项

约束项：函数中不会发生的变量的取值组合所对应的最小项。

任意项：函数值取值可 0 可 1 的变量组合所对应的最小项。

约束项和任意项统称为无关项。

1.2　重　点　难　点

1. 逻辑函数不同描述方法之间的转换

1) 表达式→真值表

由表达式列函数的真值表时，一般先按自然二进制码的顺序列出函数所含逻辑变量的所有不同取值组合，再确定出相应的函数值。

2) 真值表→表达式

由真值表求函数的标准与或表达式时，找出真值表中函数值为 1 的对应组合，将这些组合对应的最小项相或即可。

由真值表求函数的标准或与表达式时，找出真值表中函数值为 0 的对应组合，将这些组合对应的最大项相与即可。

3) 真值表→卡诺图

只需找出真值表中函数值为 1 的变量组合，确定其大小编号，并在卡诺图中具有相应编号的方格中标上 1，即得到该函数的卡诺图。

4) 卡诺图→真值表

只需找出卡诺图中函数值为 1 的方格所对应的变量组合，并在真值表中让相应组合的函数值为 1，即得到函数真值表。

5) 表达式→卡诺图

可以先将逻辑函数转化为一般的与或表达式，再找出使每个与项等于 1 的取值组合，最后将卡诺图中对应这些组合的方格标为 1 即可。

6) 卡诺图→标准表达式

已知函数的卡诺图，要写出函数的标准与或表达式时，将卡诺图中所有函数值为 1 的方格对应的最小项相或即可。

已知函数的卡诺图，要写出函数的标准或与表达式时，将卡诺图中所有函数值为 0 的方格对应的最大项相与即可。

2. 逻辑函数的公式法化简

(1) 并项法：利用公式 $AB+\overline{A}B=B$ 将两个与项合并为一个，消去其中的一个变量。

(2) 吸收法：利用公式 $A+AB=A$ 吸收多余的与项。

(3) 消去法：利用公式 $A+\overline{A}B=A+B$ 消去与项多余的因子。

(4) 配项消项法：利用公式 $AB+\overline{A}C=AB+\overline{A}C+BC$ 进行配项，以消去更多的与项。

3. 逻辑函数的卡诺图法化简

求函数最简与或表达式的一般步骤如下：

(1) 画出函数的卡诺图。

(2) 对相邻的 1 方格对应的最小项进行分组合并。

(3) 写出最简与或表达式。

求函数的最简与或表达式的原则如下:

(1) 每个值为 1 的方格至少被圈一次。

(2) 每个圈中至少有一个 1 方格是其余所有圈中不包含的。

(3) 任一圈中都不能包含取值为 0 的方格。

(4) 圈的个数越少越好。

(5) 圈越大越好,但每个圈中包含 1 方格的个数必须是 2 的整数次方。

求函数最简或与表达式的一般步骤如下:

(1) 画出函数的卡诺图。

(2) 对相邻的 0 方格对应的最小项进行分组合并,求反函数的最简与或表达式。

(3) 对所得反函数的最简与或表达式取反,得函数的最简或与表达式。

4. 带无关项逻辑函数的化简

化简具有无关项的逻辑函数时,合理利用无关项,可得到更加简单的化简结果。

合并最小项时,究竟把卡诺图中的×(无关项)作为 1(即认为函数式中包含了这个最小项)还是作为 0(即认为函数式中不包含这个最小项)对待,应以得到的相邻最小项使圈最大、圈的个数最少为原则。

1.3 典型例题

【例 1 - 1】 求二进制数 10111.11 对应的 BCD8421 码和余三码。

解 $(10111.11)_2 = 2^4 + 2^2 + 2^1 + 2^0 + 2^{-1} + 2^{-2} = (23.75)_{10}$

$(23.75)_{10} = (00100011.01110101)_{BCD8421}$

$(23.75)_{10} = (01010110.10101000)_{余三码}$

【解题指南与点评】 BCD 码是用四位二进制数码表示一位十进制数字的一种编码方式,所以求给定的二进制数的 BCD8421 码和余三码,首先应将给定的二进制数转换为十进制数,然后再求十进制数对应的 BCD 码。

【例 1 - 2】 求逻辑函数 $F(A,B,C,D) = A + B\,\overline{CD} + \overline{AD}$ 的对偶函数和反函数。

解 根据对偶规则,函数 F 的对偶函数 F′为

$$F' = A[B + \overline{(C+D)}\,\overline{A+D}]$$

原函数的反函数求法有两种,一是反演规则,二是利用摩根定理。下面求 F 的反函数:

方法 1 根据反演规则,函数 F 的反函数 $\overline{F}$ 为

$$\overline{F} = \overline{A}[\overline{B} + \overline{(\overline{C}+\overline{D})\,\overline{\overline{A}+\overline{D}}}] = \overline{A}[\overline{B} + (CD + \overline{AD})]$$

方法 2 利用摩根定理,函数 F 的反函数 $\overline{F}$ 为

$$\overline{F} = \overline{A + B\,\overline{CD} + \overline{AD}} = \overline{A} \cdot \overline{B\,\overline{CD} + \overline{AD}} = \overline{A}[\overline{B} + CD + \overline{AD})]$$

【解题指南与点评】 在应用对偶和反演规则时,原函数运算的先后顺序不能改变,而且不是一个变量上的反号不能变动。对偶规则对函数中的原变量、反变量不进行变换,而

反演规则包含原变量和反变量之间的变换。

【例 1-3】　写出逻辑函数 $F(A, B, C) = \overline{(A\overline{B} + C)\overline{\overline{BC}}}$ 的标准与或式和标准或与式。

解　方法 1　用代数法求取逻辑函数的标准表达式，就是反复应用摩根定律和基本公式 $A + \overline{A} = 1$ 进行配项的过程。

$$F(A, B, C) = \overline{(A\overline{B} + C)\overline{\overline{BC}}} = \overline{A\overline{B} + C} + BC$$

$$= \overline{A\overline{B}}\,\overline{C} + BC = (\overline{A} + B)\overline{C} + BC = \overline{A}\,\overline{C} + B\overline{C} + BC$$

$$= \overline{A}(B + \overline{B})\overline{C} + (\overline{A} + A)B\overline{C} + (\overline{A} + A)BC$$

$$= \overline{A}\,\overline{B}\,\overline{C} + \overline{A}B\overline{C} + \overline{A}B\overline{C} + AB\overline{C} + \overline{A}BC + ABC$$

$$= \overline{A}\,\overline{B}\,\overline{C} + \overline{A}B\overline{C} + AB\overline{C} + \overline{A}BC + ABC$$

$$= \sum m(0, 2, 3, 6, 7)$$

由标准与或式可知，当变量 ABC 的取值为 000、010、011、110、111 时，函数 F 的逻辑值为 1，其他取值为 0。因为函数的标准或与式是由使函数值为 0 的变量取值组合对应的最大项相与构成的，所以 F 的标准或与式为 $F(A, B, C) = (A + B + \overline{C})(\overline{A} + B + C)(\overline{A} + B + \overline{C}) = \prod M(1, 4, 5)$。

方法 2　采用真值表(或画卡诺图)法。函数 F 的真值表如表 1-1 所示，将真值表中使函数逻辑值为 1 的变量取值组合对应的最小项相或得到 F 的标准与或式；将真值表中使函数逻辑值为 0 的变量取值组合对应的最大项相与得到 F 的标准或与式。

$$F(A, B, C) = \sum m(0, 2, 3, 6, 7)$$

$$F(A, B, C) = \prod M(1, 4, 5)$$

表 1-1　例 1-3 的真值表

m	A	B	C	F
0	0	0	0	1
1	0	0	1	0
2	0	1	0	1
3	0	1	1	1
4	1	0	0	0
5	1	0	1	0
6	1	1	0	1
7	1	1	1	1

【解题指南与点评】　逻辑函数的标准与或式即最小项之和表达式，标准或与式即最大项之积表达式。只要求出其中一种表达式，另一种表达式即可利用最大项和最小项之间的关系求出。求一个逻辑函数的标准表达式的方法主要有代数法和真值表法(卡诺图法)。其中，利用真值表法(卡诺图法)求解最为简单。

【例 1-4】　已知函数表达式 $F(A, B, C) = \overline{(\overline{A} + B)(A + \overline{C})} + AB\overline{C}$。完成：

(1) 用代数法将函数表达式化为与或形式的表达式；

(2) 用卡诺图法将函数表达式化为最简与或表达式。

解 (1) 化为与或式为

$$F(A, B, C) = \overline{(\overline{A}+B)(A+\overline{C})} + AB\overline{C} = A\overline{B} + \overline{A}C + AB\overline{C}$$

(2) 用卡诺图法化为最简与或式。卡诺图如图 1-2 所示，由图得：

A\BC	00	01	11	10
0	0	1	1	0
1	1	1	0	1

图 1-2　例 1-4 的卡诺图

$$F(A, B, C) = A\overline{B} + \overline{A}C + A\overline{C}$$

【解题指南与点评】　用代数法(公式法)化简逻辑函数，就是反复利用逻辑代数的基本公式和规则消去逻辑函数中的多余因子。化简过程中常用到的方法有：并项法、吸收法、消去法和配项法。用卡诺图法化简函数要注意遵循化简原则。

【例 1-5】　用代数法化简逻辑函数 $F = \overline{A} \cdot \overline{B} \cdot \overline{C} \cdot \overline{D} + \overline{A} \cdot \overline{B} \cdot CD + \overline{A} \cdot BCD + \overline{A}B\overline{C}D + A\overline{B} \cdot \overline{C}D$。

解　仔细分析发现，式中 $\overline{A} \cdot \overline{B} \cdot \overline{C}D$ 与其他四项相比，都是逻辑相邻项，因此可利用公式 $A+A+A=A$，再增加三个相同的 $\overline{A} \cdot \overline{B} \cdot \overline{C}D$ 项之后进行分组，按上述规律，消去不同变量。

$$\begin{aligned}
F &= \overline{A} \cdot \overline{B} \cdot \overline{C} \cdot \overline{D} + \overline{A} \cdot \overline{B} \cdot \overline{C}D + \overline{A} \cdot BCD + \overline{A}B\overline{C}D + A\overline{B} \cdot \overline{C}D \\
&= \overline{A} \cdot \overline{B} \cdot \overline{C} \cdot \overline{D} + \overline{A} \cdot \overline{B} \cdot \overline{C}D + \overline{A} \cdot BCD + \overline{A}B\overline{C}D + A\overline{B} \cdot \overline{C}D \\
&\quad + \overline{A} \cdot \overline{B} \cdot \overline{C}D + \overline{A} \cdot \overline{B} \cdot \overline{C}D + \overline{A} \cdot \overline{B} \cdot \overline{C}D \qquad\qquad (A+A+A=A) \\
&= (\overline{A} \cdot \overline{B} \cdot \overline{C} \cdot \overline{D} + \overline{A} \cdot \overline{B} \cdot \overline{C}D) + (\overline{A} \cdot BCD + \overline{A} \cdot \overline{B} \cdot \overline{C}D) \\
&\quad + (\overline{A}B\overline{C}D + \overline{A} \cdot \overline{B} \cdot \overline{C}D) + (A\overline{B} \cdot \overline{C}D + \overline{A} \cdot \overline{B} \cdot \overline{C}D) \qquad (分组) \\
&= \overline{A} \cdot \overline{B} \cdot \overline{C} + \overline{A} \cdot \overline{B}D + \overline{A} \cdot \overline{C}D + \overline{B} \cdot \overline{C}D \qquad\qquad (两个相邻项合并为一项)
\end{aligned}$$

【解题指南与点评】　代数法化简逻辑函数，既需要牢记一些公式，又带有技巧性，掌握起来比较困难。对三变量和四变量的化简，更多使用的是卡诺图化简法。

【例 1-6】　用卡诺图法化简以下逻辑函数：

(1) $F(A, B, C, D) = \sum m(0, 2, 4, 6, 9, 13) + \sum d(1, 3, 5, 7, 10, 11, 15)$。

(2) $Y(A, B, C, D) = \sum m(3, 5, 6, 7, 10)$，给定约束条件为 $m_0 + m_1 + m_2 + m_4 + m_8 = 0$。

解　(1) 将 F 填入如图 1-3 所示的卡诺图中，任意项 1、3、5、7、10、11、15 填为"×"。经过画圈合并，得最简式为

$$F = \overline{A} + D$$

(2) 将 Y 函数填入如图 1-4 所示的卡诺图中，约束项 0、1、2、4、8 对应的小方格中填写"×"。经画圈合并，得到最简式为

$$Y = \overline{A} + \overline{B}D$$

CD\AB	00	01	11	10
00	1	1	0	0
01	×	×	1	1
11	×	×	×	×
10	1	1	×	×

图 1-3　例 1-6(1)的卡诺图

CD\AB	00	01	11	10
00	×	1	0	×
01	×	1	0	0
11	1	1	0	0
10	×	0	0	1

图 1-4　例 1-6(2)的卡诺图

【解题指南与点评】　带有无关项的逻辑函数经合并化简后，变成了完全描述的逻辑函数(所有的变量输入组合下均有确定的输出)。(1)中的任意项 m_1、m_3、m_5、m_7、m_{11}、m_{15} 变成了必要最小项(因为画圈时当成了 1 来处理)。F 的标准表达式变成

$$F(A, B, C, D) = \sum m(0, 1, 2, 3, 4, 5, 6, 7, 9, 11, 13, 15)$$

已无任意项。(2)中的所有约束项 m_0、m_1、m_2、m_4、m_8 均变成了必要最小项，故 Y 的最小项表达式变成

$$Y(A, B, C, D) = \sum m(0, 1, 2, 3, 4, 5, 6, 7, 8, 10)$$

同样没有约束项了。

1.4　习　题　解　答

1-1　将下列十进制数转换为二进制数、八进制数和十六进制数。

(1) 22_{10}　　　　(2) 108_{10}　　　　(3) 13.125_{10}　　　　(4) 131.625_{10}

解　(1) $22_{10} = 2 \times 8^1 + 6 \times 8^0 = 26_8$

$$26_8 = \underset{010110}{2\ \ 6} = 10110_2$$

$$10110_2 = \underset{1 \qquad 6}{0001\ 0110} = 16_{16}$$

(2) $108_{10} = 1 \times 8^2 + 5 \times 8^1 + 4 \times 8^0 = 154_8$

$$154_8 = \underset{001101100}{1\ \ 5\ \ 4} = 1101100_2$$

$$1101100_2 = \underset{6 \qquad C}{0110\ 1100} = 6C_{16}$$

(3) $13.125_{10} = 1 \times 8^1 + 5 \times 8^0 + 1 \times 8^{-1} = 15.1_8$

$$15.1_8 = \underset{001101\ \ 001}{1\ \ 5\ .\ 1} = 1101.001_2$$

$$1101.001_2 = \underset{D \qquad 2}{1101\ .\ 0010} = D.2_{16}$$

(4) $131.625_{10} = 2 \times 8^2 + 0 \times 8^1 + 3 \times 8^0 + 5 \times 8^{-1} = 203.5_8$

$$203.5_8 = \underset{010000011\ \ 101}{2\ \ 0\ \ 3\ .\ 5} = 10000011.101_2$$

$$10000011.101_2 = \underset{8 \qquad 3 \qquad A}{10000011\ .\ 1010} = 83.A_{16}$$

1-2　将下列二进制数转换为十进制数、八进制数和十六进制数。

(1) 101101_2　　　　(2) 11100101_2　　　　(3) 101.0011_2　　　　(4) 100111.101_2

解　(1) $101101_2 = \underset{5 \quad 5}{101\ 101} = 55_8$,　$101101_2 = \underset{2 \qquad D}{0010\ 1101} = 2D_{16}$

$$55_8 = 5 \times 8^1 + 5 \times 8^0 = 45_{10}$$

(2) $11100101_2 = \underbrace{011}_{3}\underbrace{100}_{4}\underbrace{101}_{5} = 345_8$

$11100101_2 = \underbrace{1110}_{E}\underbrace{0101}_{5} = E5_{16}$

$345_8 = 3 \times 8^2 + 4 \times 8^1 + 5 \times 8^0 = 229_{10}$

(3) $101.0011_2 = \underbrace{101}_{5}.\underbrace{001}_{1}\underbrace{100}_{4} = 5.14_8$

$101.0011_2 = \underbrace{0101}_{5}.\underbrace{0011}_{3} = 5.3_{16}$

$5.14_8 = 5 \times 8^0 + 1 \times 8^{-1} + 4 \times 8^{-2} = 5.1875_{10}$

(4) $100111.101_2 = \underbrace{100}_{4}\underbrace{111}_{7}.\underbrace{101}_{5} = 47.5_8$

$100111.101_2 = \underbrace{0010}_{2}\underbrace{0111}_{7}.\underbrace{1010}_{A} = 27.A_{16}$

$47.5_8 = 4 \times 8^1 + 7 \times 8^0 + 5 \times 8^{-1} = 39.625_{10}$

1-3 将下列八进制数转换为十进制数、二进制数和十六进制数。

(1) 16_8　　　(2) 172_8　　　(3) 61.53_8　　　(4) 126.74_8

解 (1) $16_8 = 1 \times 8^1 + 6 \times 8^0 = 14_{10}$,　$16_8 = \underset{001110}{\underbrace{1}\ \underbrace{6}} = 1110_2$

$1110_2 = \underbrace{1110}_{E} = E_{16}$

(2) $172_8 = 1 \times 8^2 \times 7 \times 8^1 + 2 \times 8^0 = 122_{10}$

$172_8 = \underset{001111010}{\underbrace{1}\ \underbrace{7}\ \underbrace{2}} = 1111010_2$

$1111010_2 = \underbrace{0111}_{7}\underbrace{1010}_{A} = 7A_{16}$

(3) $61.53_8 = 6 \times 8^1 + 1 \times 8^0 + 5 \times 8^{-1} + 3 \times 8^{-2} = 49.671875_{10}$

$61.53_8 = \underset{110001\ 101011}{\underbrace{6}\ \underbrace{1}.\underbrace{5}\ \underbrace{3}} = 110001.101011_2$

$110001.101011_2 = \underbrace{0011}_{3}\underbrace{0001}_{1}.\underbrace{1010}_{A}\underbrace{1100}_{C} = 31.AC_{16}$

(4) $126.74_8 = 1 \times 8^2 + 2 \times 8^1 + 6 \times 8^0 + 7 \times 8^{-1} + 4 \times 8^{-2} = 86.9375_{10}$

$126.74_8 = \underset{001010110\ 111100}{\underbrace{1}\ \underbrace{2}\ \underbrace{6}.\underbrace{7}\ \underbrace{4}} = 1010110.1111_2$

$1010110.1111_2 = \underbrace{0101}_{5}\underbrace{0110}_{6}.\underbrace{1111}_{F} = 56.F_{16}$

1-4 将下列十六进制数转换为十进制数、二进制数和八进制数。

(1) $2A_{16}$　　　(2) $B2F_{16}$　　　(3) $D3.E_{16}$　　　(4) $1C3.F9_{16}$

解 （1）$2A_{16} = \underset{00101010}{\underline{2}\ \underline{A}} = 101010_2$，　$101010_2 = \underset{5\quad 2}{\underline{101}\underline{010}} = 52_8$

$52_8 = 5 \times 8^1 + 2 \times 8^0 = 42_{10}$

（2）$B2F_{16} = \underset{101100101111}{\underline{B}\ \underline{2}\ \underline{F}} = 101100101111_2$

$101100101111_2 = \underset{5\quad 4\quad 5\quad 7}{\underline{101}\underline{100}\underline{101}\underline{111}} = 5457_8$

$5457_8 = 5 \times 8^3 + 4 \times 8^2 + 5 \times 8^1 + 7 \times 8^0 = 2863_{10}$

（3）$D3.E_{16} = \underset{11010011\ 1110}{\underline{D}\ \underline{3}\ .\ \underline{E}} = 11010011.111_2$

$11010011.111_2 = \underset{3\quad 2\quad 3\quad 7}{\underline{011}\underline{010}\underline{011}.\underline{111}} = 323.7_8$

$323.7_8 = 3 \times 8^2 + 2 \times 8^1 + 3 \times 8^0 + 7 \times 8^{-1} = 211.875_{10}$

（4）$1C3.F9_{16} = \underset{000111000011\ 11111001}{\underline{1}\ \underline{C}\ \underline{3}\ .\ \underline{F}\ \underline{9}} = 111000011.11111001_2$

$111000011.11111001_2 = \underset{7\quad 0\quad 3\quad 7\quad 6\quad 2}{\underline{111}\underline{000}\underline{011}.\underline{111}\underline{110}\underline{010}} = 703.762_8$

$703.762_8 = 7 \times 8^2 + 0 \times 8^1 + 3 \times 8^0 + 7 \times 8^{-1} + 6 \times 8^{-2} + 2 \times 8^{-3} = 451.9726_{10}$

1-5　用真值表证明下列逻辑等式。

（1）$A(B+C) = AB + AC$

（2）$A + BC = (A+B)(A+C)$

（3）$\overline{A+B} = \overline{A}\,\overline{B}$

（4）$\overline{AB} = \overline{A} + \overline{B}$

（5）$A + \overline{BC} + \overline{A}BC = 1$

（6）$A\overline{B} + \overline{A}B = \overline{\overline{AB} + \overline{\overline{A}\,\overline{B}}}$

（7）$A \oplus B = \overline{A} \oplus \overline{B}$

（8）$A\overline{B} + B\overline{C} + C\overline{A} = \overline{A}B + \overline{B}C + \overline{C}A$

解　（1）

A	B	C	左式	右式
0	0	0	0	0
0	0	1	0	0
0	1	0	0	0
0	1	1	0	0
1	0	0	0	0
1	0	1	1	1
1	1	0	1	1
1	1	1	1	1

左式＝右式，得证。

（2）

A	B	C	左式	右式
0	0	0	0	0
0	0	1	0	0
0	1	0	0	0
0	1	1	1	1
1	0	0	1	1
1	0	1	1	1
1	1	0	1	1
1	1	1	1	1

左式＝右式，得证。

（3）

A	B	左式	右式
0	0	1	1
0	1	0	0
1	0	0	0
1	1	0	0

左式＝右式，得证。

（4）

A	B	左式	右式
0	0	1	1
0	1	1	1
1	0	1	1
1	1	0	0

左式＝右式，得证。

（5）

A	B	C	左式	右式
0	0	0	1	1
0	0	1	1	1
0	1	0	1	1
0	1	1	1	1
1	0	0	1	1
1	0	1	1	1
1	1	0	1	1
1	1	1	1	1

左式＝右式，得证。

（6）

A	B	左式	右式
0	0	0	0
0	1	1	1
1	0	1	1
1	1	0	0

左式＝右式，得证。

(7)

A	B	左式	右式
0	0	0	0
0	1	1	1
1	0	1	1
1	1	0	0

左式＝右式，得证。

(8)

A	B	C	左式	右式
0	0	0	0	0
0	0	1	1	1
0	1	0	1	1
0	1	1	1	1
1	0	0	1	1
1	0	1	1	1
1	1	0	1	1
1	1	1	0	0

左式＝右式，得证。

1-6　利用逻辑代数公式证明下列逻辑等式。

(1) $A+\bar{A}B+\bar{B}=1$

(2) $A+B\overline{\bar{A}+CD}=A$

(3) $AB+\bar{A}C+\bar{B}C=AB+C$

(4) $A\bar{B}+\overline{\bar{A}+\bar{C}}+\bar{B}(D+E)C=A\bar{B}+\bar{A}C$

(5) $A\oplus B+AB=A+B$

(6) $\overline{A\bar{B}+B\bar{C}+C\bar{A}}=\bar{A}\bar{B}\bar{C}+ABC$

(7) $A\bar{B}\bar{D}+\bar{B}\bar{C}D+\bar{A}D+A\bar{B}C+\bar{A}BC\bar{D}=A\bar{B}+\bar{A}D+\bar{B}C$

(8) $A\oplus B+B\oplus C+C\oplus D=A\bar{B}+B\bar{C}+C\bar{D}+D\bar{A}$

解　(1) 证明：

$$原左式＝A+B+\bar{B}=A+1=1=右式$$

得证。

(2) 证明：

$$原左式＝A+AB\overline{CD}=A(1+B\overline{CD})=A=右式$$

得证。

(3) 证明：

$$原左式＝AB+(\bar{A}+\bar{B})C=AB+\overline{AB}C=AB+C=右式$$

得证。

(4) 证明：

$$原左式＝A\bar{B}+\bar{A}C+\bar{B}C(D+E)=A\bar{B}+\bar{A}C=右式$$

得证。

(5) 证明:

$$原左式 = A\overline{B} + \overline{A}B + AB = A + \overline{A}B = A + B = 右式$$

得证。

(6) 证明:

$$原左式 = (\overline{A} + B)(\overline{B} + C)(\overline{C} + A) = \overline{A}\overline{B}\overline{C} + ABC = 右式$$

得证。

(7) 证明:

$$原左式 = A\overline{B}\overline{D} + \overline{A}\overline{B}C\overline{D} + \overline{B}CD + \overline{A}D + A\overline{B}C + \overline{A}\overline{B}C\overline{D}(再加一次最后一项)$$

$$= \overline{B}\overline{D}(A + \overline{A}C) + \overline{B}CD + \overline{A}D + \overline{B}C(A + \overline{A}\overline{D})$$

$$= \overline{B}\overline{D}(A + C) + \overline{B}CD + \overline{A}D + \overline{B}C\,\overline{A}\overline{D}$$

$$= \overline{B}\overline{D}(A + C) + \overline{B}(C + \overline{C}D) + \overline{A}D$$

$$= A\overline{B}\overline{D} + \overline{B}(C + D + C\overline{D}) + \overline{A}D$$

$$= \overline{B}(A\overline{D} + D) + C\overline{B} + \overline{A}D$$

$$= (A\overline{B} + \overline{B}D + \overline{A}D) + C\overline{B}$$

$$= A\overline{B} + \overline{A}D + \overline{B}C$$

$$= 右式$$

得证。

(8) 证明:

$$原左式 = A\overline{B} + \overline{A}B + B\overline{C} + \overline{B}C + C\overline{D} + \overline{C}D$$

$$= A\overline{B} + \overline{B}C + C\overline{D} + \overline{A}B + B\overline{C} + \overline{C}D + A\overline{D} + D\overline{A}$$

$$= A\overline{B} + B\overline{C} + C\overline{D} + D\overline{A} + \overline{A}B + \overline{B}C + \overline{C}D + A\overline{D}$$

$$= A\overline{B} + B\overline{C} + C\overline{D} + D\overline{A} + A\overline{B} + B\overline{C} + C\overline{D} + D\overline{A}$$

$$= A\overline{B} + B\overline{C} + C\overline{D} + D\overline{A}$$

$$= 右式$$

得证。

1-7 利用反演规则写出下列逻辑函数的反函数。

(1) $F_1 = A\overline{B}C + \overline{A}B\overline{C}$

(2) $F_2 = A(\overline{B} + C) + \overline{C}(B + D)$

(3) $F_3 = (\overline{A} + B)(C + \overline{D})$

(4) $F_4 = (\overline{A}B + \overline{C}D)(B + A\overline{D})$

(5) $F_5 = A\overline{B} + \overline{A}C\,\overline{B + D}$

(6) $F_6 = \overline{A + B\overline{C}} + \overline{\overline{B} + \overline{CD}}$

(7) $F_7 = \overline{\overline{AC} + BD\overline{C} + \overline{A + \overline{BD}}}$

(8) $F_8 = \overline{(A + \overline{D})(\overline{B} + C)} + \overline{(\overline{A + C} + B)\overline{AB + CD}}$

解 (1) $\overline{F_1} = (\overline{A} + B + \overline{C})(A + \overline{B} + C)$

(2) $\overline{F}_2=(\overline{A}+B\overline{C})(C+\overline{B}\overline{D})$

(3) $\overline{F}_3=A\overline{B}+\overline{C}D$

(4) $\overline{F}_4=(A+\overline{B})(\overline{C}+D)+B(\overline{A}+D)$

(5) $\overline{F}_5=(\overline{A}+B)(A+\overline{C}+\overline{B}\overline{D})$

(6) $\overline{F}_6=\overline{A}(\overline{B}+C)B\overline{\overline{C}+\overline{D}}$

(7) $\overline{F}_7=\overline{(\overline{A}+C)(\overline{B}+\overline{D})+C\,\overline{A}\,\overline{B}+\overline{D}}$

(8) $\overline{F}_8=\overline{\overline{A}D+B\overline{C}}\,\overline{\overline{A}\overline{C}B}+\overline{(\overline{A}+B)(\overline{C}+\overline{D})}$

1-8 利用对偶规则写出下列逻辑函数的对偶函数。

(1) $F_1=A\overline{B}+\overline{C}D$

(2) $F_2=(A+\overline{B})(\overline{C}+D)$

(3) $F_3=\overline{A}(B+\overline{D})+B(A+\overline{C})$

(4) $F_4=(A+B\overline{C}D)(\overline{A}BC+\overline{D})$

(5) $F_5=\overline{\overline{A}+\overline{B}+\overline{C}+\overline{D}}$

(6) $F_6=\overline{B\overline{C}+C\overline{D}}\,\overline{B}(\overline{A}D+\overline{C})$

(7) $F_7=\overline{BC+AD}\,\overline{AC+C+\overline{AB}}$

(8) $F_8=ABC+\overline{\overline{A}+C\overline{D}}(B\overline{D}+C)+\overline{(\overline{B}C+\overline{A+D})B+\overline{A}+\overline{B}C}$

解　(1) $F_1'=(A+\overline{B})(\overline{C}+D)$

(2) $F_2'=A\overline{B}+\overline{C}D$

(3) $F_3'=(\overline{A}+B\overline{D})(B+A\overline{C})$

(4) $F_4'=A(B+\overline{C}+D)+(\overline{A}+B+C)\overline{D}$

(5) $F_5'=\overline{A}\overline{B}\overline{C}\overline{D}$

(6) $F_6'=\overline{(B+\overline{C})(C+\overline{D})}+\overline{B}+(\overline{A}+D)\overline{C}$

(7) $F_7'=\overline{(B+C)(A+D)}+\overline{A+C}C\,\overline{A+B}$

(8) $F_8'=(A+B+C)\overline{A[(C+\overline{D})+(B+\overline{D})C][(\overline{B}+C)\overline{A}D+B\,\overline{A(\overline{B}+C)}]}$

1-9 列出下列逻辑函数的真值表，并画出卡诺图。

(1) $F_1=A\overline{B}C+\overline{A}BC+\overline{A}\overline{B}\overline{C}+ABC$

(2) $F_2=A+BC+CD$

(3) $F_3=\overline{A}B+\overline{B}(C+AD)$

(4) $F_4=(A+\overline{B}+C)(\overline{A}+B+C)(\overline{A}+B+\overline{C})$

(5) $F_5=(\overline{B}D+C)(C+AD)$

(6) $F_6=(A\overline{B}+C\overline{D})(B\overline{C}+D\overline{A})(A\overline{C}+B\overline{D})$

(7) $F_7=A+\overline{B}C+B\,\overline{\overline{A}+\overline{C}+\overline{D}}$

(8) $F_8=\overline{A}B\overline{D}+\overline{B}C+\overline{C}(A+D)+\overline{D}\,\overline{A(C+\overline{B}D)}$

解 （1）

A	B	C	F	A	B	C	F
0	0	0	1	1	0	0	0
0	0	1	0	1	0	1	1
0	1	0	0	1	1	0	0
0	1	1	1	1	1	1	1

A\BC	00	01	11	10
0	1	0	1	0
1	0	1	1	0

（2）

A	B	C	D	F	A	B	C	D	F
0	0	0	0	0	1	0	0	0	1
0	0	0	1	0	1	0	0	1	1
0	0	1	0	0	1	0	1	0	1
0	0	1	1	1	1	0	1	1	1
0	1	0	0	0	1	1	0	0	1
0	1	0	1	0	1	1	0	1	1
0	1	1	0	1	1	1	1	0	1
0	1	1	1	1	1	1	1	1	1

AB\CD	00	01	11	10
00	0	0	1	0
01	0	0	1	1
11	1	1	1	1
10	1	1	1	1

（3）

A	B	C	D	F	A	B	C	D	F
0	0	0	0	0	1	0	0	0	0
0	0	0	1	0	1	0	0	1	1
0	0	1	0	1	1	0	1	0	1
0	0	1	1	1	1	0	1	1	1
0	1	0	0	1	1	1	0	0	0
0	1	0	1	1	1	1	0	1	0
0	1	1	0	1	1	1	1	0	0
0	1	1	1	1	1	1	1	1	0

AB\CD	00	01	11	10
00	0	0	1	1
01	1	1	1	1
11	0	0	0	0
10	0	1	1	1

（4）

A	B	C	F	A	B	C	F
0	0	0	1	1	0	0	0
0	0	1	1	1	0	1	0
0	1	0	0	1	1	0	1
0	1	1	1	1	1	1	1

A＼BC	00	01	11	10
0	1	1	1	0
1	0	0	1	1

（5）

A	B	C	D	F	A	B	C	D	F
0	0	0	0	0	1	0	0	0	0
0	0	0	1	0	1	0	0	1	1
0	0	1	0	1	1	0	1	0	1
0	0	1	1	1	1	0	1	1	1
0	1	0	0	0	1	1	0	0	0
0	1	0	1	0	1	1	0	1	0
0	1	1	0	1	1	1	1	0	1
0	1	1	1	1	1	1	1	1	1

AB＼CD	00	01	11	10
00	0	0	1	1
01	0	0	1	1
11	0	0	1	1
10	0	1	1	1

（6）

A	B	C	D	F	A	B	C	D	F
0	0	0	0	0	1	0	0	0	0
0	0	0	1	0	1	0	0	1	0
0	0	1	0	0	1	0	1	0	0
0	0	1	1	0	1	0	1	1	0
0	1	0	0	0	1	1	0	0	0
0	1	0	1	0	1	1	0	1	0
0	1	1	0	0	1	1	1	0	0
0	1	1	1	0	1	1	1	1	0

AB＼CD	00	01	11	10
00	0	0	0	0
01	0	0	0	0
11	0	0	0	0
10	0	0	0	0

(7)

A	B	C	D	F	A	B	C	D	F
0	0	0	0	1	1	0	0	0	1
0	0	0	1	1	1	0	0	1	1
0	0	1	0	0	1	0	1	0	1
0	0	1	1	0	1	0	1	1	1
0	1	0	0	0	1	1	0	0	1
0	1	0	1	0	1	1	0	1	1
0	1	1	0	0	1	1	1	0	1
0	1	1	1	0	1	1	1	1	1

AB\CD	00	01	11	10
00	1	1	0	0
01	0	0	1	0
11	1	1	1	1
10	1	1	1	1

(8)

A	B	C	D	F	A	B	C	D	F
0	0	0	0	1	1	0	0	0	1
0	0	0	1	1	1	0	0	1	1
0	0	1	0	1	1	0	1	0	1
0	0	1	1	1	1	0	1	1	1
0	1	0	0	1	1	1	0	0	1
0	1	0	1	1	1	1	0	1	1
0	1	1	0	1	1	1	1	0	0
0	1	1	1	1	1	1	1	1	0

AB\CD	00	01	11	10
00	1	1	1	1
01	1	1	0	1
11	1	1	0	0
10	1	1	1	1

1-10 已知逻辑函数的真值表如表 1-2 所示,写出函数的标准与或表达式和标准或与表达式。

表 1-2 习题 1-10 的真值表

A	B	C	D	F	A	B	C	D	F
0	0	0	0	0	1	0	0	0	1
0	0	0	1	1	1	0	0	1	0
0	0	1	0	1	1	0	1	0	1
0	0	1	1	0	1	0	1	1	0
0	1	0	0	0	1	1	0	0	0
0	1	0	1	0	1	1	0	1	0
0	1	1	0	0	1	1	1	0	1
0	1	1	1	1	1	1	1	1	0

解　标准与或式：

$$F = \overline{A}\overline{B}\overline{C}D + \overline{A}\overline{B}C\overline{D} + \overline{A}B\overline{C}\overline{D} + \overline{A}BCD + A\overline{B}\overline{C}\overline{D} + A\overline{B}C\overline{D} + ABC\overline{D}$$

标准或与式：

$$F = (A+B+C+D)(A+B+\overline{C}+\overline{D})(A+\overline{B}+C+\overline{D})(A+\overline{B}+\overline{C}+D)$$
$$(\overline{A}+B+C+\overline{D})(\overline{A}+B+\overline{C}+\overline{D})(\overline{A}+\overline{B}+C+D)(\overline{A}+\overline{B}+C+\overline{D})$$
$$(\overline{A}+\overline{B}+\overline{C}+\overline{D})$$

1-11　写出下列逻辑函数的标准与或表达式。

(1) $F_1 = A + B\overline{C} + \overline{A}\overline{B}C$

(2) $F_2 = (\overline{A}+B)(A+\overline{B}+\overline{C})(A+B+C+\overline{D})$

(3) $F_3 = A\overline{B} + \overline{A+BC}$

(4) $F_4 = (\overline{A}\overline{B}+C)(B+C\overline{\overline{A}+D})$

(5) $F_5 = \overline{\overline{A}\overline{B}C + \overline{A}B\overline{C} + ABC}$

(6) $F_6 = A \oplus \overline{C} + (B+\overline{D}) \oplus C$

(7) $F_7(A,\ B,\ C) = \prod M(1,\ 3,\ 4,\ 7)$

(8) $F_8(A,\ B,\ C,\ D) = \prod M(0,\ 2,\ 3,\ 6,\ 8,\ 9,\ 12,\ 13,\ 15)$

解　(1) $F_1 = \sum m(0,\ 2,\ 4,\ 5,\ 6,\ 7)$

(2) $F_2 = \sum m(0,\ 2,\ 3,\ 4,\ 5,\ 12,\ 13,\ 14,\ 15)$

(3) $F_3 = \sum m(0,\ 1,\ 2,\ 4,\ 5)$

(4) $F_4 = \sum m(2,\ 4,\ 5,\ 6,\ 7,\ 14,\ 15)$

(5) $F_5 = \sum m(0,\ 3,\ 4,\ 5,\ 6)$

(6) $F_6 = \sum m(0,\ 1,\ 3,\ 4,\ 5,\ 8,\ 10,\ 11,\ 12,\ 13,\ 14,\ 15)$

(7) $F_7 = \sum m(0,\ 2,\ 5,\ 6)$

(8) $F_8 = \sum m(1,\ 4,\ 5,\ 7,\ 10,\ 11,\ 14)$

1-12　写出下列逻辑函数的标准或与表达式。

(1) $F_1 = A\overline{B} + B\overline{C} + C\overline{A}$

(2) $F_2 = (A+\overline{C})(\overline{B}+\overline{D})$

(3) $F_3 = \overline{B}\overline{D} + \overline{(A+B)C}$

(4) $F_4 = (\overline{B+C}+D)(A+\overline{\overline{B}+CD})$

(5) $F_5 = \overline{(A+B+C)(\overline{A}+\overline{B}+C)(A+\overline{B}+C)(A+B+\overline{C})}$

(6) $F_6 = \overline{A + B \oplus C} + \overline{A}C + B\overline{D}$

(7) $F_7(A,\ B,\ C) = \sum m(0,\ 1,\ 4,\ 6)$

(8) $F_8(A,\ B,\ C,\ D) = \sum m(1,\ 3,\ 5,\ 6,\ 8,\ 10,\ 11,\ 13,\ 14)$

解　(1) $F_1 = \prod M(0,\ 7)$

(2) $F_2 = \prod M(2, 3, 5, 6, 7, 13, 15)$

(3) $F_3 = \prod M(6, 7, 11, 14, 15)$

(4) $F_4 = \prod M(0, 1, 2, 3, 4, 6, 7, 10, 12, 14)$

(5) $F_5 = \prod M(3, 4, 5, 7)$

(6) $F_6 = \prod M(5, 8, 9, 10, 11, 13, 15)$

(7) $F_7 = \prod M(2, 3, 5, 7)$

(8) $F_8 = \prod M(0, 2, 4, 7, 9, 12, 15)$

1-13　已知逻辑函数的卡诺图如图 1-5(a)、(b)所示，写出函数的标准与或表达式和标准或与表达式。

AB \ CD	00	01	11	10
00	0	1	1	0
01	0	0	0	1
11	1	0	0	0
10	0	0	1	1

(a)

AB \ CD	00	01	11	10
00	1	0	1	0
01	1	0	0	1
11	0	1	1	0
10	1	1	0	0

(b)

图 1-5　习题 1-13 的卡诺图

解　(a) $F = \sum m(1, 3, 6, 10, 11, 12)$，$F = \prod M(0,2,4,5,7,8,9,13,14,15)$

(b) $F = \sum m(0, 3, 4, 6, 8, 9, 13, 15)$，$F = \prod M(1, 2, 5, 7, 10, 11, 12, 14)$

1-14　用公式法化简下列逻辑函数，写出最简与或表达式。

(1) $A+\overline{A}B+BC\overline{D}$

(2) $AB+\overline{B}\overline{C}+\overline{A}+C$

(3) $\overline{A}+B+\overline{A\overline{B}}(C+D)$

(4) $\overline{A}\overline{B}+AC+B\overline{C}+A\oplus B$

(5) $BD+ABC\overline{D}+\overline{\overline{A}+B+\overline{C}}$

(6) $A\overline{B}+(A+C)(D+\overline{A+B})+(\overline{C}+\overline{D})E$

(7) $C+A\overline{B}\,\overline{C\overline{D}+\overline{C}D}+(\overline{A}+B)(CD+\overline{C}\overline{D})$

(8) $A\overline{B}+B\overline{C}+C\overline{A}+\overline{\overline{A}B}$

解　(1) $A+\overline{A}B+BC\overline{D}=A+B+BC\overline{D}=A+B$

(2) $AB+\overline{B}\overline{C}+\overline{A}+C=\overline{A}+B+C+\overline{B}=1$

(3) $\overline{A}+B+\overline{A\overline{B}}(C+D)=\overline{A\overline{B}}+\overline{A\overline{B}}(C+D)=\overline{A}+B$

(4)
$$
\begin{aligned}
&\overline{A}\overline{B}+AC+B\overline{C}+A\oplus B\\
&=\overline{A}\overline{B}+AC+B\overline{C}+A\overline{B}+\overline{A}B\\
&=\overline{A}\overline{B}+\overline{A}B+(AC+B\overline{C})+A\overline{B}+AB\\
&=\overline{A}+A+AC+B\overline{C}\\
&=1
\end{aligned}
$$

(5) $BD+ABC\overline{D}+\overline{\overline{A}+B+\overline{C}}$

$=BD+ABC\overline{D}+A\overline{B}C$

$=BD+AC(\overline{D}+\overline{B})$

$=BD+AC$

(6) $A\overline{B}+(A+C)(D+\overline{A+B})+(\overline{C}+\overline{D})E$

$=A\overline{B}+AD+CD+\overline{A}\overline{B}C+\overline{CD}E$

$=A\overline{B}+AD+CD+\overline{B}C+E$

(7) $C+A\overline{B}\,\overline{CD}+\overline{C}\overline{D}+(\overline{A}+B)(CD+\overline{C}\overline{D})$

$=C+A\overline{B}(CD+\overline{C}\overline{D})+\overline{A}\overline{B}(CD+\overline{C}\overline{D})$

$=C+CD+\overline{C}\overline{D}$

$=C+\overline{D}$

(8) $A\overline{B}+B\overline{C}+C\overline{A}+\overline{AB}=A\overline{B}+B\overline{C}+C\overline{A}+A+\overline{B}=A+\overline{C}+\overline{B}+C=1$

1-15 用卡诺图法化简下列逻辑函数,写出最简与或表达式。

(1) $A\overline{B}+BC+A\overline{C}$

(2) $ABC+\overline{B}C+\overline{A}D+\overline{C}D$

(3) $\overline{A}\overline{B}\overline{C}+AB\overline{C}D+ABCD+\overline{A}C$

(4) $B(\overline{C}+\overline{A}D)+A\,\overline{C(\overline{B}+D)}$

(5) $B(C\oplus D)+A\overline{C}D+\overline{B}\overline{C}D+BC\overline{D}$

(6) $\overline{\overline{A}\overline{B}C+\overline{B}C\overline{D}+AD+A(\overline{B}+\overline{C}D)}$

(7) $\overline{\overline{A}\overline{B}C+\overline{C}D+\overline{A}C}+\overline{B}D+\overline{A}CD$

(8) $\overline{ACD}+\overline{A}BC\overline{D}+\overline{A}\overline{B}(C+\overline{D})+D$

解 (1)

$A\overline{B}+BC+A\overline{C}=A+BC$

(2)

$ABC+\overline{B}C+\overline{A}D+\overline{C}D=\overline{B}C+AC+D$

(3)

AB\CD	00	01	11	10
00	1	1	1	1
01	0	0	1	1
11	0	0	1	0
10	0	1	0	0

$$\overline{A}\overline{B}\overline{C}+A\overline{B}\overline{C}D+\overline{A}C=\overline{A}\overline{B}+\overline{A}C+\overline{B}\overline{C}D+BCD$$

(4)

AB\CD	00	01	11	10
00	0	0	0	0
01	1	1	1	1
11	1	1	0	1
10	1	1	0	0

$$B(\overline{C}+\overline{AD})+A\,\overline{C(\overline{B}+D)}=\overline{A}B+A\overline{C}+B\overline{D}$$

(5)

AB\CD	00	01	11	10
00	0	1	0	0
01	0	1	0	1
11	0	1	0	1
10	0	1	0	0

$$B(C\oplus D)+A\overline{C}D+\overline{B}\overline{C}D+BC\overline{D}=\overline{C}D+BC\overline{D}$$

(6)

AB\CD	00	01	11	10
00	1	1	1	0
01	1	1	0	0
11	1	0	0	1
10	0	0	0	0

$$\overline{\overline{A}BC+\overline{B}C\overline{D}+AD+A(\overline{B}+\overline{C}D)}=AB\overline{D}+\overline{A}\overline{B}D+\overline{A}\overline{C}$$

(7)

AB\CD	00	01	11	10
00	1	1	1	1
01	1	0	1	1
11	1	0	1	1
10	1	1	0	1

$$\overline{A\overline{B}C+\overline{\overline{C}D+A\overline{C}}+\overline{B}D+AC\overline{D}}=\overline{A}C+\overline{B}\overline{C}+BC+\overline{D}$$

（8）

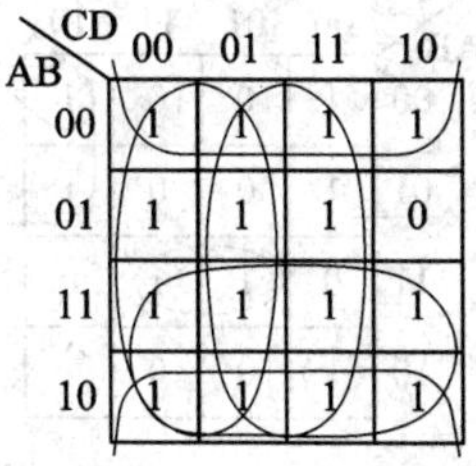

$$\overline{\overline{ACD}+\overline{A}BC\overline{D}+\overline{A}B(C+\overline{D})+D}=A+\overline{B}+\overline{C}+D$$

1-16　用卡诺图法化简下列逻辑函数，写出最简与或表达式。

（1）$F_1(A, B, C, D)=\sum m(0, 1, 3, 4, 5, 9, 10, 14, 15)$

（2）$F_2(A, B, C, D)=\sum m(2, 3, 6, 8, 9, 13, 15)$

（3）$F_3(A, B, C, D)=\sum m(0, 2, 4, 6, 8, 10, 13, 15)$

（4）$F_4(A, B, C, D)=\sum m(0, 1, 2, 3, 5, 7, 9, 10, 13)$

（5）$F_5(A, B, C, D)=\prod M(1, 3, 7, 8, 9, 10, 14)$

（6）$F_6(A, B, C, D)=\prod M(3, 4, 7, 8, 11, 12, 15)$

（7）$F_7(A, B, C, D)=\prod M(2, 5, 6, 10, 12, 13, 14)$

（8）$F_8(A, B, C, D)=\prod M(1, 2, 3, 6, 7, 13, 14, 15)$

解　（1）

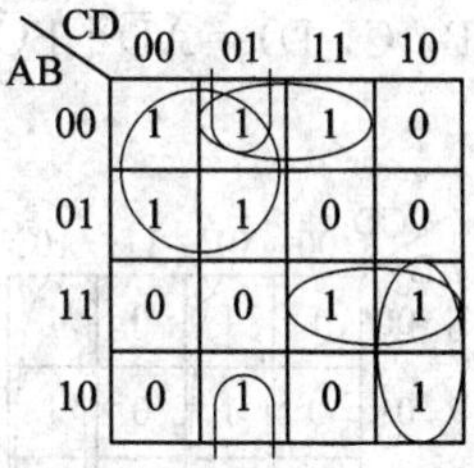

$$F_1(A, B, C, D)=\overline{A}\overline{C}+\overline{A}BD+\overline{B}C\overline{D}+ABC+AC\overline{D}$$

（2）

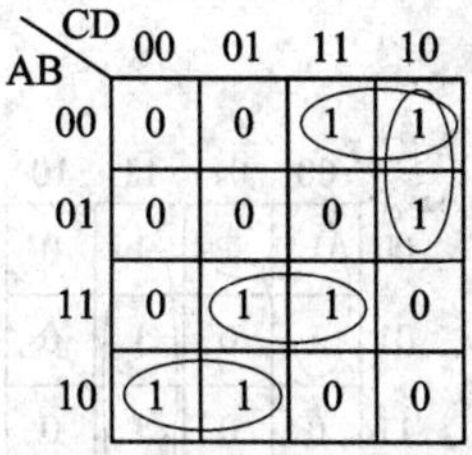

$$F_2(A, B, C, D)=\overline{A}BC+\overline{A}C\overline{D}+ABD+A\overline{B}\overline{C}$$

(3)

CD\AB	00	01	11	10
00	1	0	0	1
01	1	0	0	1
11	0	1	1	0
10	1	0	0	1

$$F_3(A, B, C, D) = \overline{B}\overline{D} + \overline{A}\overline{D} + ABD$$

(4)

CD\AB	00	01	11	10
00	1	1	1	1
01	0	1	1	0
11	0	1	0	0
10	0	1	0	1

$$F_4 = (A, B, C, D) = \overline{A}\overline{B} + \overline{C}D + \overline{B}C\overline{D} + \overline{A}D$$

(5)

CD\AB	00	01	11	10
00	1	0	0	1
01	1	1	0	1
11	1	1	1	0
10	0	0	1	0

$$F_5(A, B, C, D) = \overline{A}\overline{D} + B\overline{C} + ACD$$

(6)

CD\AB	00	01	11	10
00	1	1	0	1
01	0	1	1	1
11	0	1	0	1
10	0	1	0	1

$$F_6(A, B, C, D) = \overline{C}D + C\overline{D} + \overline{A}\overline{B}\overline{C}$$

(7)

CD\AB	00	01	11	10
00	1	1	1	0
01	1	0	1	0
11	0	0	1	0
10	1	1	1	0

$$F_7(A, B, C, D) = CD + \overline{B}\overline{C} + \overline{A}C\overline{D}$$

（8）

$$F_8(A, B, C, D) = \overline{C}\overline{D} + A\overline{B} + \overline{A}B\overline{C}$$

1-17　用卡诺图法化简下列逻辑函数，写出最简或与表达式。

(1) $F_1(A, B, C) = \sum m(0, 2, 3, 7)$

(2) $F_2(A, B, C, D) = \sum m(0, 1, 7, 8, 10, 12, 13)$

(3) $F_3(A, B, C, D) = \sum m(1, 2, 3, 7, 8, 9, 12, 14)$

(4) $F_4(A, B, C, D) = \sum m(0, 2, 5, 7, 8, 10, 13, 14)$

(5) $F_5(A, B, C, D) = \prod M(1, 2, 5, 6, 7, 10, 13, 14)$

(6) $F_6(A, B, C, D) = \prod M(0, 4, 6, 9, 10, 11, 12, 15)$

(7) $F_7(A, B, C, D) = \prod M(2, 3, 4, 10, 11, 13, 14, 15)$

(8) $F_8(A, B, C, D) = \prod M(0, 3, 5, 6, 8, 10, 12, 15)$

解　(1)

$$F_1(A, B, C) = (B + \overline{C})(\overline{A} + C)$$

(2)

$$F_2(A, B, C, D) = (A + \overline{B} + C)(A + B + \overline{C})(\overline{B} + \overline{C} + D)(\overline{A} + C + \overline{D})(\overline{A} + B + \overline{D})$$

(3)

$$F_3(A, B, C, D) = (A + C + D)(A + \overline{B} + D)(\overline{B} + C + \overline{D})(\overline{A} + \overline{C} + \overline{D})(\overline{A} + B + \overline{C})$$

(4)

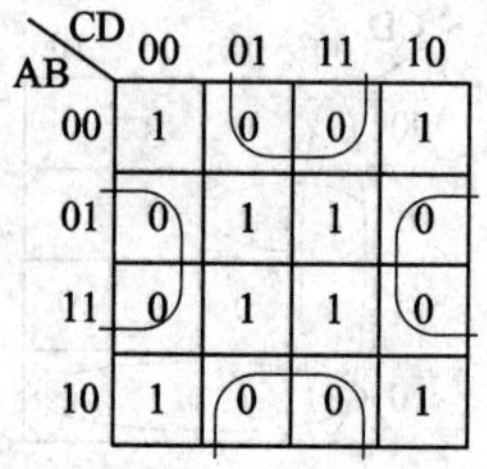

$$F_4(A, B, C, D)=(B+\bar{D})(\bar{B}+D)$$

(5)

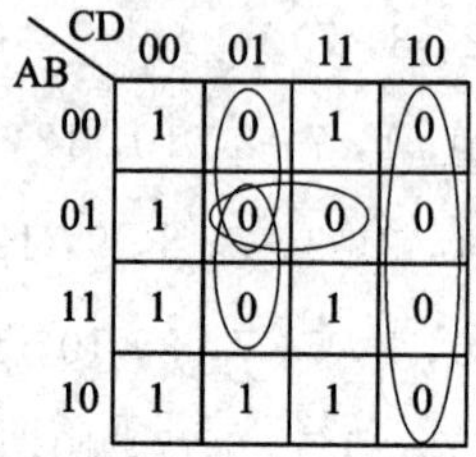

$$F_5(A, B, C, D)=(\bar{C}+D)(A+C+\bar{D})(\bar{B}+C+\bar{D})(A+\bar{B}+\bar{D})$$

(6)

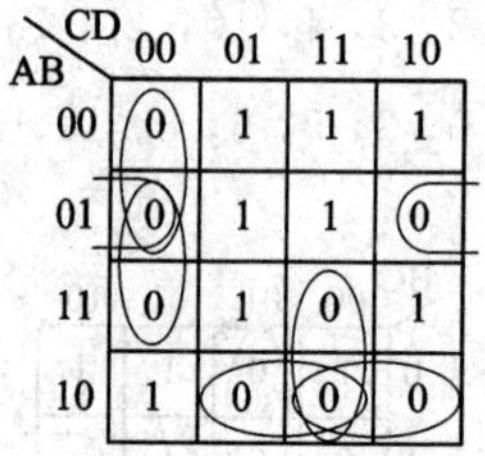

$$F_6=(A,B,C,D)=(A+C+D)(\bar{B}+C+D)(A+\bar{B}+D)(\bar{A}+B+\bar{D})(\bar{A}+B+\bar{C})(\bar{A}+C+\bar{D})$$

(7)

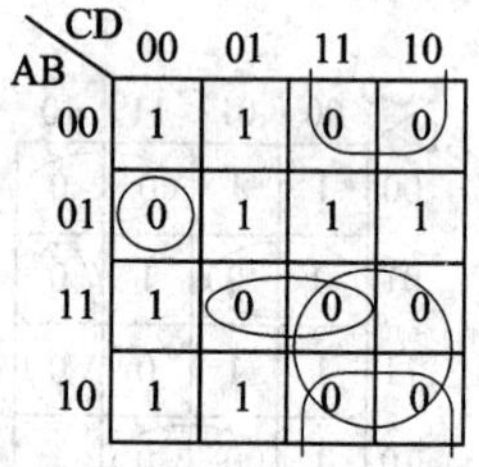

$$F_7(A, B, C, D)=(A+\bar{B}+C+D)(B+\bar{C})(\bar{A}+\bar{C})(\bar{A}+\bar{B}+\bar{D})$$

(8)

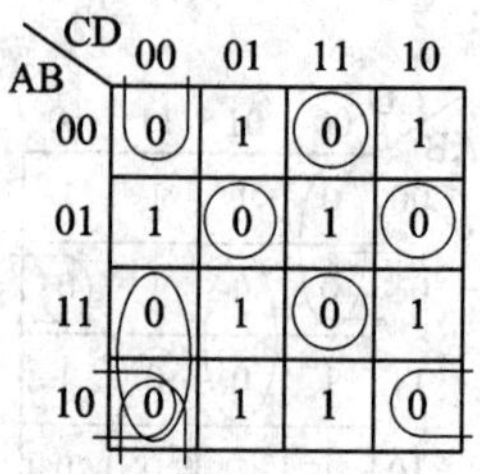

$$F_8(A, B, C, D)=(B+C+D)(\bar{A}+C+D)(\bar{A}+B+D)(A+B+\bar{C}+\bar{D})$$
$$(A+\bar{B}+C+\bar{D})(A+\bar{B}+\bar{C}+D)(\bar{A}+\bar{B}+\bar{C}+\bar{D})$$

1-18　用卡诺图法化简下列具有约束条件的逻辑函数，写出最简与或表达式。

(1) $F_1 = \overline{A}\,\overline{B}\,\overline{C}\,\overline{D} + \overline{A}\,B\,\overline{C}\,\overline{D} + A\,\overline{B}\,\overline{C}\,\overline{D}$　　　约束条件 $AB + AC = 0$

(2) $F_2 = \overline{A}BD + \overline{A}B\overline{D} + \overline{B}\,\overline{C}\,\overline{D}$　　　约束条件 $AB + AC = 0$

(3) $F_3 = B\overline{C}\,\overline{D} + \overline{B}\,\overline{C}D + \overline{A}\,B\,\overline{C}D$　　　约束条件 $BC + CD = 0$

(4) $F_4 = \overline{A}\,\overline{B}CD + B\overline{C}\,\overline{D} + \overline{A}BCD$　　　约束条件 $BD + \overline{B}\,\overline{D} = 0$

(5) $F_5 = \overline{A}C + B\overline{D} + A\overline{B}C + \overline{C}D$　　　约束条件 $AB\overline{C}\,\overline{D} + \overline{A}B\overline{C}D = 0$

(6) $F_6 = AB + B\overline{C} + CD$　　　约束条件 $\sum d(0, 1, 2, 6) = 0$

解　(1)

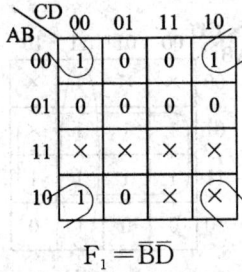

$$F_1 = \overline{B}\,\overline{D}$$

(2)

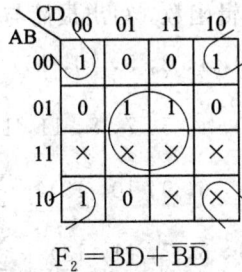

$$F_2 = BD + \overline{B}\,\overline{D}$$

(3)

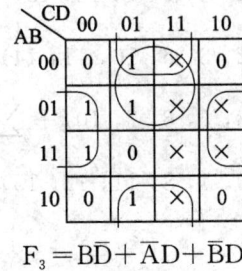

$$F_3 = B\overline{D} + \overline{A}D + \overline{B}D$$

(4)

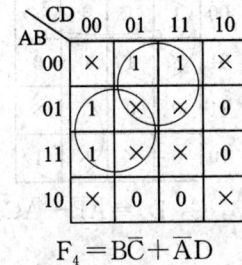

$$F_4 = B\overline{C} + \overline{A}D$$

(5)

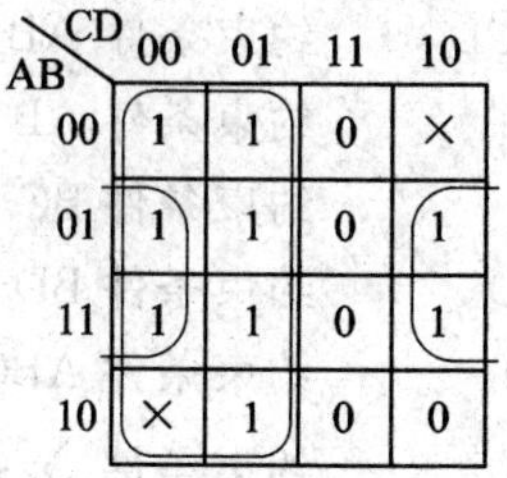

$$F_5 = \overline{C} + B\overline{D}$$

(6)

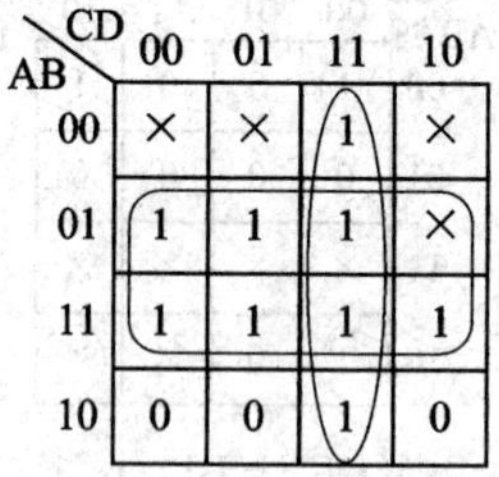

$$F_6 = B + CD$$

1-19 用卡诺图法化简下列逻辑函数,写出最简与或表达式。

(1) $F_1(A, B, C, D) = \sum m(0, 1, 3, 5, 10, 15) + \sum d(2, 4, 9, 11, 14)$

(2) $F_2(A, B, C, D) = \sum m(0, 1, 5, 7, 8, 11, 14) + \sum d(3, 9, 15)$

(3) $F_3(A, B, C, D) = \sum m(2, 6, 9, 10, 13) + \sum d(0, 1, 4, 5, 8, 11)$

(4) $F_4(A, B, C, D) = \sum m(1, 3, 7, 11, 13) + \sum d(5, 9, 10, 12, 14, 15)$

(5) $F_5(A, B, C, D) = \sum m(2, 4, 6, 7, 12, 15) + \sum d(0, 1, 3, 8, 9, 11)$

(6) $F_6(A, B, C, D) = \sum m(2, 3, 6, 10, 11, 14) + \sum d(0, 1, 4, 9, 12, 13)$

(7) $F_7(A, B, C, D) = \sum m(3, 5, 6, 7, 10) + \sum d(0, 1, 2, 4, 8, 15)$

(8) $F_8(A, B, C, D) = \sum m(0, 4, 8, 11, 12, 15) + \sum d(2, 3, 6, 7, 13)$

解 (1)

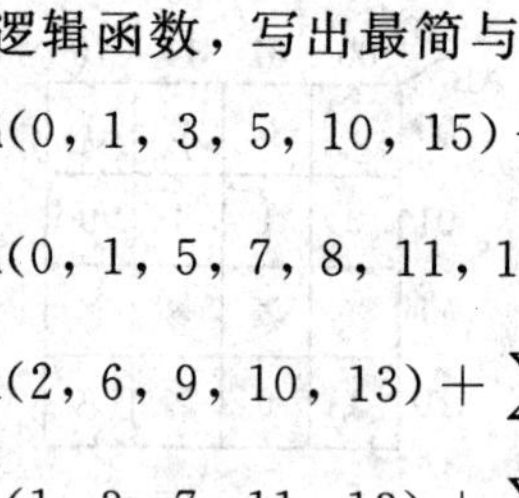

$$F_1(A, B, C, D) = \overline{A}\overline{B} + AC + \overline{A}\overline{C}$$

(2)

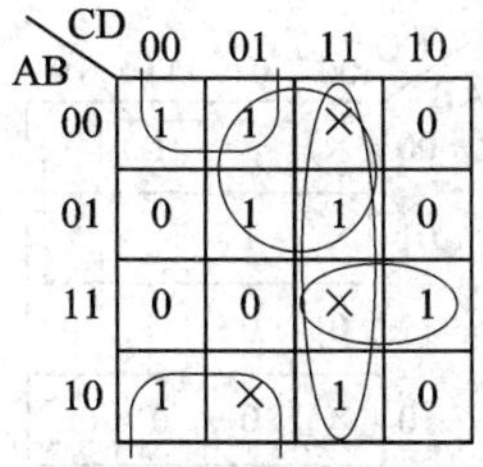

$$F_2(A, B, C, D) = \overline{B}\overline{C} + \overline{A}D + CD + ABC$$

(3)

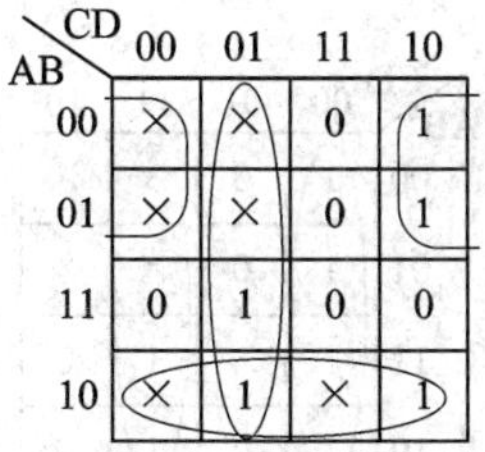

$$F_3(A, B, C, D) = \overline{A}\overline{D} + \overline{C}D + A\overline{B}$$

(4)

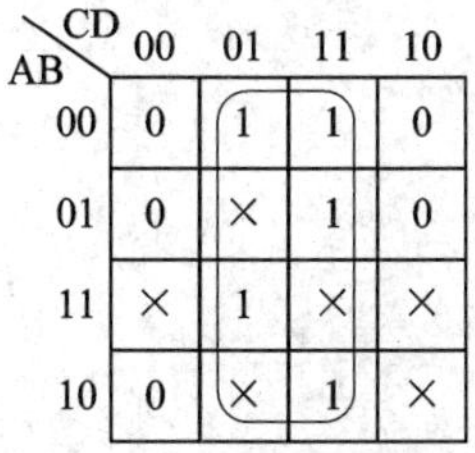

$$F_4(A, B, C, D) = D$$

(5)

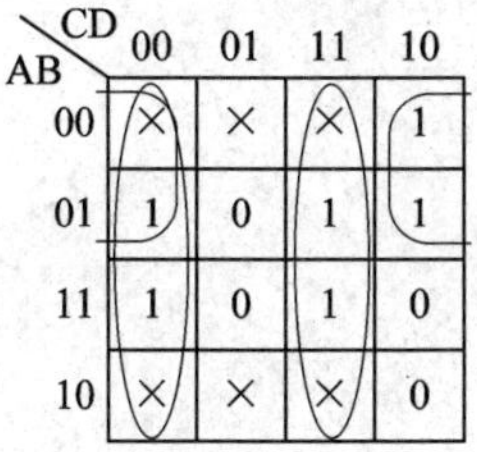

$$F_5(A, B, C, D) = \overline{C}\overline{D} + CD + \overline{A}\overline{D}$$

(6)

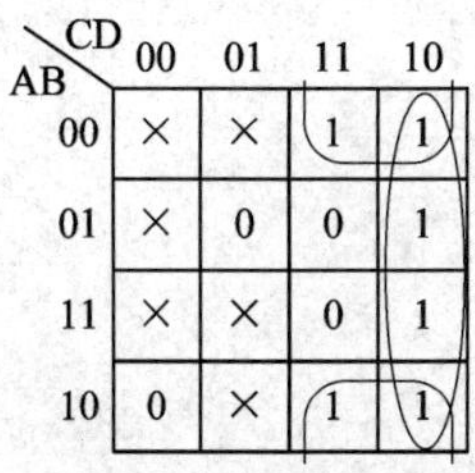

$$F_6(A, B, C, D) = C\overline{D} + \overline{B}C$$

(7)

AB \ CD	00	01	11	10
00	×	×	1	×
01	×	1	1	1
11	0	0	×	0
10	×	0	0	1

$F_7(A, B, C, D) = \overline{A} + \overline{B}\overline{D}$

(8)

AB \ CD	00	01	11	10
00	1	0	×	×
01	1	0	×	×
11	1	×	1	0
10	1	0	1	0

$F_8(A, B, C, D) = CD + \overline{C}\overline{D}$

第 2 章　组合逻辑电路

2.1　内 容 提 要

1. 集成门电路

（1）TTL 门电路：由双极型三极管构成，它的特点是速度快、抗静电能力强、集成度低、功耗大，目前广泛应用于中、小规模集成电路中。

（2）CMOS 门电路：由场效应管构成，它的特点是集成度高、功耗低、速度慢、抗静电能力差，目前获得了广泛的应用，特别是在大规模集成电路和微处理器中已经占据支配地位。

2. 组合逻辑电路的特点

（1）从电路结构上看，不存在反馈，不包含记忆元件。

（2）从逻辑功能上看，任一时刻的输出仅仅与该时刻的输入有关，与该时刻之前电路的状态无关。

3. 组合逻辑电路的分析

组合逻辑电路的分析一般是根据逻辑电路求出逻辑功能，即求出其真值表与逻辑函数表达式等。分析的目的在于求出逻辑功能或者验证给定的逻辑功能是否正确。

4. 组合逻辑电路的设计

组合逻辑电路的设计就是根据逻辑功能的要求，求出逻辑函数表达式，然后用逻辑器件去实现所得的逻辑函数。要求设计出的电路不仅能正确实现给定逻辑功能，而且还应尽可能地少用元器件。

5. 竞争与冒险

在组合逻辑电路中，当输入信号变化时，由于所经路径不同，产生延时不同，导致其后某个门电路的两个输入端发生有先有后的变化，称为竞争。

由于竞争而使电路的输出端产生尖峰脉冲，从而导致后级电路产生错误动作的现象称为冒险。产生 0 尖峰脉冲的称为 0 型冒险，产生 1 尖峰脉冲的称为 1 型冒险。

6. 竞争与冒险的判断

1）代数法

在一个组合逻辑电路中，如果某个门电路的输出表达式在一定条件下化简为 $Z = A + \overline{A}$ 或 $Z = A\overline{A}$ 的形式，而式中的 A 和 $\overline{A}$ 是变量 A 经过不同传输途径来的，则该电路存在竞争与冒险现象。

$$Z = A + \overline{A} \qquad 存在 0 型冒险$$
$$Z = A\overline{A} \qquad 存在 1 型冒险$$

2) 卡诺图法

如果逻辑函数对应的卡诺图中存在相切的圈,而相切的两个方格又没有同时被另一个圈包含,则当变量组合在相切方格之间变化时,存在竞争与冒险现象。

7. 竞争与冒险现象的消除方法

消除组合逻辑电路中竞争与冒险现象的常用方法有:

(1) 滤波法。在门电路的输出端接上一个滤波电容,将尖峰脉冲的幅度削减至门电路的阈值电压以下。

(2) 脉冲选通法。在电路中加入一个选通脉冲,在确定电路进入稳定状态后,才让电路输出选通,否则封锁电路输出。

(3) 修改设计法。① 代数法:增加冗余项;② 卡诺图法:增加由两个相切方格组成的圈。

2.2 重 点 难 点

1. 组合逻辑电路的分析

1) 输入不变情况下组合逻辑电路的分析

组合逻辑电路的分析就是根据给定的逻辑电路,通过分析找出电路的逻辑功能,或是检验所设计的电路是否能实现预定的逻辑功能,并对功能进行描述。其一般步骤为

(1) 根据逻辑电路图写出输出逻辑函数表达式。

(2) 利用所得到的逻辑表达式列出真值表并画出卡诺图。

(3) 总结出电路的逻辑功能。

2) 输入脉冲情况下组合逻辑电路的分析

在输入脉冲的情况下,不同时刻电路的输入不同时,对应的输出也可能不同。对电路进行分析时,首先要将输入分成不同的时段(在每个时段里,输入的组合是不变的),再确定出每个时段电路的输出,用波形图表示电路输出和输入之间对应的逻辑关系。

2. 组合逻辑电路的设计

用基本门电路设计和实现组合逻辑电路的一般步骤:

(1) 分析逻辑功能要求,确定输入/输出变量。

(2) 列出真值表。

(3) 用逻辑代数公式或卡诺图求逻辑函数的最简表达式。

(4) 用基本门电路实现所得函数。

用与非门设计和实现组合逻辑电路的一般步骤:

(1) 分析逻辑功能要求,确定输入/输出变量。

(2) 列出真值表。

(3) 用逻辑代数公式或卡诺图求出逻辑函数的最简与或表达式。

(4) 通过两次求反,利用摩根定律将最简与或表达式转换为与非—与非表达式。

（5）用与非门实现所得函数。

用或非门设计和实现组合逻辑电路的一般步骤：

（1）分析逻辑功能要求，确定输入/输出变量。

（2）列出真值表。

（3）用逻辑代数公式或卡诺图求出逻辑函数的最简或与表达式。

（4）通过两次求反，利用摩根定律将最简或与表达式转换为或非—或非表达式。

（5）用或非门实现所得函数。

2.3 典型例题

【例 2-1】 组合逻辑电路如图 2-1 所示，试分析其逻辑功能。

解 由逻辑图写出逻辑表达式为

$$L=\overline{\overline{AB}\cdot\overline{BC}\cdot\overline{AC}}=AB+BC+AC$$

列出真值表如表 2-1 所示。

表 2-1 例 2-1 的真值表

A	B	C	L
0	0	0	0
0	0	1	0
0	1	0	0
0	1	1	1
1	0	0	0
1	0	1	1
1	1	0	1
1	1	1	1

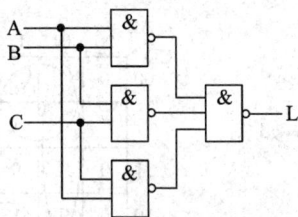

图 2-1 例 2-1 的组合逻辑电路

分析逻辑功能：观察真值表可知，若输入两个或两个以上的 1（或 0），则输出 L 为 1（或 0），因此该电路在实际应用中可作为三人表决电路。

【解题指南与点评】 该题考察的是对简单组合逻辑电路的分析，不具备难度，只需按照分析步骤逐步完成即可。

【例 2-2】 组合逻辑电路如图 2-2 所示，其中 A、B 为输入变量，Y 为输出函数，试说明当 C_3、C_2、C_1、C_0 作为控制信号时，Y 与 A、B 的逻辑关系。

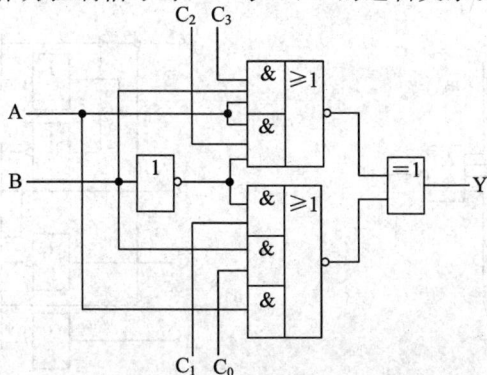

图 2-2 例 2-2 的组合逻辑电路

解 由图 2-2 写出逻辑函数表达式为

$$Y=\overline{\overline{C_3AB+C_2A\overline{B}}\oplus\overline{C_1\overline{B}+C_0B+A}}$$

以 C_3、C_2、C_1、C_0 作为控制变量，列出输出 Y 的真值表，如表 2-2 所示。

表 2-2 例 2-2 的真值表

C_3	C_2	C_1	C_0	Y	C_3	C_2	C_1	C_0	Y
0	0	0	0	A	1	0	0	0	$A\overline{B}$
0	0	0	1	$A+B$	1	0	0	1	$A\oplus B$
0	0	1	0	$A+\overline{B}$	1	0	1	0	$\overline{B}$
0	0	1	1	1	1	0	1	1	$\overline{AB}$
0	1	0	0	AB	1	1	0	0	0
0	1	0	1	B	1	1	0	1	$\overline{AB}$
0	1	1	0	$AB+\overline{A}\overline{B}$	1	1	1	0	$\overline{A+B}$
0	1	1	1	$\overline{A}+B$	1	1	1	1	$\overline{A}$

分析逻辑功能：真值表显示出该组合电路是一个多功能逻辑单元电路。

【解题指南与点评】 分析该题时，由于要求论证 Y 与 A、B 的逻辑关系，因此在列真值表时，切忌将 A、B 也作为输入变量列入真值表。

【例 2-3】 用最少的与非门实现组合逻辑函数：

$$F(A,B,C,D)=\sum m(4,5,6,7,8,9,10,11,12,13,14)$$

解 将逻辑函数填入卡诺图，并进行圈 1 化简，如图 2-3 所示。最简与或式为

$$F=A\overline{B}+\overline{A}B+B\overline{C}+A\overline{D}$$

(1) 既有原变量输入，也有反变量输入条件下的与非门实现。对最简与或式两次求反，得到：

$$F=\overline{\overline{A\overline{B}}\cdot\overline{\overline{A}B}\cdot\overline{B\overline{C}}\cdot\overline{A\overline{D}}}$$

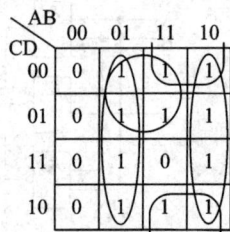

图 2-3 例 2-3 的卡诺图

其逻辑电路如图 2-4 所示。由图知，逻辑电路为两级结构，第一级与非门个数取决于最简与或式中的乘积项数目，第二级只有一个与非门完成 F 的输出。

(2) 只有原变量输入，没有反变量输入条件下的与非门实现。此时若直接用与非门实现，则要增加一级门电路，产生所有的反变量 $\overline{A}$、$\overline{B}$、$\overline{C}$、$\overline{D}$，其逻辑电路如图 2-5 所示。由图可见，共需要九个与非门。

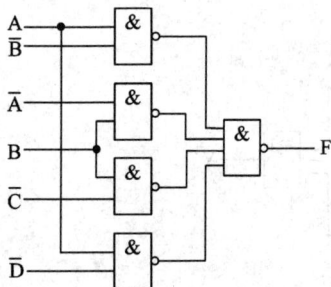

图 2-4 例 2-3 的逻辑电路图一

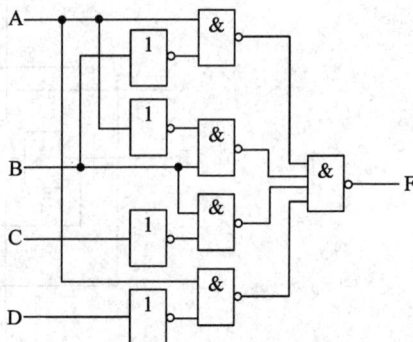

图 2-5 例 2-3 的逻辑电路图二

如果进行尾部因子变换，就能尽可能减少与非门个数。为原最简与或式增加多余项：

$$\overline{A}B + A\overline{D} = \overline{A}B + A\overline{D} + B\overline{D}$$

$$A\overline{B} + B\overline{C} = A\overline{B} + B\overline{C} + A\overline{C}$$

将多余项 $B\overline{D}$ 和 $A\overline{C}$ 加入到原最简与或式，即可得到：

$$F = A\overline{B} + \overline{A}B + B\overline{C} + A\overline{D} + B\overline{D} + A\overline{C}$$

将上式进行合并，得

$$
\begin{aligned}
F &= A(\overline{B} + \overline{C} + \overline{D}) + B(\overline{A} + \overline{C} + \overline{D}) \\
&= A(\overline{A} + \overline{B} + \overline{C} + \overline{D}) + B(\overline{A} + \overline{B} + \overline{C} + \overline{D}) \\
&= A \cdot \overline{ABCD} + B \cdot \overline{ABCD}
\end{aligned}
$$

再两次取反，得

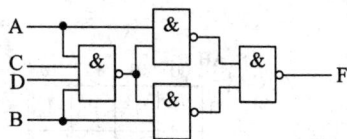

图 2-6　例 2-3 的逻辑电路图三

$$F = \overline{\overline{A \cdot \overline{ABCD}} \cdot \overline{B \cdot \overline{ABCD}}}$$

其实现的逻辑图如图 2-6 所示。由图可见，共需要四个与非门。

【解题指南与点评】　这里没有说明是否具有原反变量输入，所以要分两种情况讨论。第一种情况是既有原变量输入，又有反变量输入，这时将最简与或式两次求反即可。第二种情况是只有原变量输入，此时应将最简与或式进行变换，最大限度地减少尾部因子的种类。方法是在原最简与或式中加入有用多余项进行合并。最后再两次取反，得到只有原变量输入条件下的与非门实现。

【例 2-4】　一个组合逻辑电路有两个控制信号 C_1 和 C_2，要求：

(1) $C_2C_1 = 00$ 时，$F = A \oplus B$。

(2) $C_2C_1 = 01$ 时，$F = \overline{AB}$。

(3) $C_2C_1 = 10$ 时，$F = \overline{A+B}$。

(4) $C_2C_1 = 11$ 时，$F = AB$。

试设计符合上述要求的逻辑电路(器件不限)。

解　第一步，列出函数 F 的真值表。把控制信号 C_1 和 C_2 与变量 A、B 都视为所求电路中的输入变量，四个逻辑变量有 16 种组合。变量在真值表中的排列由高位到低位的顺序是 C_2C_1AB。真值表如表 2-3 所示。

表 2-3　例 2-4 的真值表

C_2	C_1	A	B	F	C_2	C_1	A	B	F
0	0	0	0	0	1	0	0	0	1
0	0	0	1	1	1	0	0	1	0
0	0	1	0	1	1	0	1	0	0
0	0	1	1	0	1	0	1	1	0
0	1	0	0	1	1	1	0	0	0
0	1	0	1	1	1	1	0	1	0
0	1	1	0	1	1	1	1	0	0
0	1	1	1	0	1	1	1	1	1

第二步,画出函数 F 的卡诺图,如图 2-7 所示。化简后得到函数 F 的最简与或式为

$$F = \overline{C_2}C_1\overline{A} + \overline{C_2}\overline{A}B + \overline{C_2}A\overline{B} + C_2C_1\overline{A}\overline{B} + C_2C_1AB$$

第三步,画出电路图。由于命题中没有限定门器件的种类,也没有限定只使用原变量,因此在画电路图时就直接根据 F 逻辑式的要求用与门、或门完成。电路图如图 2-8 所示。

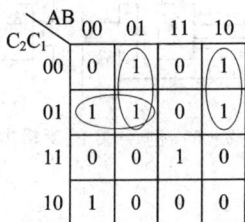

图 2-7 例 2-4 的卡诺图

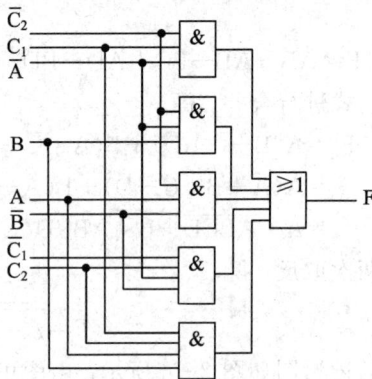

图 2-8 例 2-4 的电路图

【解题指南与点评】 该题考察对输入变量的确定。把控制信号 C_1 和 C_2 与变量 A、B 都视为所求电路中的输入变量,在真值表中的排列由高位到低位的顺序是 C_2C_1AB。这样很容易填写逻辑函数 F 的值。

【例 2-5】 某产品有 A、B、C、D 四种指标,其中 A 为主指标。当包含 A 在内的三项指标合格时,产品属正品,否则为废品。设计产品质量检验器,要求用与非门实现。

解 设计如下:

(1) 用 Y 表示产品。A、B、C、D 为 1 时表示合格,为 0 时表示不合格。

(2) 列真值表,如表 2-4 所示。

表 2-4 例 2-5 的真值表

A	B	C	D	Y	A	B	C	D	Y
0	0	0	0	0	1	0	0	0	0
0	0	0	1	0	1	0	0	1	0
0	0	1	0	0	1	0	1	0	0
0	0	1	1	0	1	0	1	1	1
0	1	0	0	0	1	1	0	0	0
0	1	0	1	0	1	1	0	1	1
0	1	1	0	0	1	1	1	0	1
0	1	1	1	0	1	1	1	1	1

(3) 由真值表得逻辑函数表达式如下:

$$Y = A\overline{B}CD + AB\overline{C}D + ABC\overline{D} + ABCD$$

(4) 用卡诺图法化简该函数,如图 2-9 所示。

由卡诺图得最简与或表达式:

$$Y = ABD + ACD + ABC$$

化成与非形式:

$$Y = \overline{\overline{ABD} \cdot \overline{ACD} \cdot \overline{ABC}}$$

（5）用与非门实现，作出逻辑电路图，如图 2-10 所示。

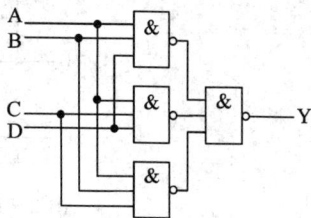

图 2-9　例 2-5 的卡诺图　　　　　图 2-10　例 2-5 的逻辑电路图

【解题指南与点评】　该题考察的是对简单组合逻辑电路的设计，不具备难度，只需按照设计步骤逐步完成即可。

【例 2-6】　今有四台设备，每台设备用电均为 10 kW。若这四台设备由 F_1、F_2 两台发电机供电，其中 F_1 的功率为 10 kW，F_2 的功率为 20 kW。工作情况是：四台设备不能同时工作，且至少有一台工作。试设计一个供电控制电路，以达到节电的目的。

解　设四台设备为 A、B、C、D。若工作，设为 1；不工作，设为 0。同时设发电机控制信号由 F_1、F_2 产生，比如 $F_1 = 1$，表示 F_1 发电机供电。

根据题意，列出 A、B、C、D 四台设备的所有输入组合（0000～1111）下的 F_1、F_2 输出，填入真值表，如表 2-5 所示。

表 2-5　例 2-6 的真值表

A	B	C	D	F_1	F_2	A	B	C	D	F_1	F_2
0	0	0	0	×	×	1	0	0	0	1	0
0	0	0	1	1	0	1	0	0	1	0	1
0	0	1	0	1	0	1	0	1	0	0	1
0	0	1	1	0	1	1	0	1	1	1	1
0	1	0	0	1	0	1	1	0	0	0	1
0	1	0	1	0	1	1	1	0	1	1	1
0	1	1	0	0	1	1	1	1	0	1	1
0	1	1	1	1	1	1	1	1	1	×	×

用卡诺图化简，得到

$$F_1 = \overline{A}\,\overline{C}D + \overline{A}\,\overline{B}C + \overline{B}\,\overline{C}D + \overline{A}\,\overline{B}D + ABC + ABD + BCD + ACD$$

$$= \overline{\overline{A}\,\overline{C}D \cdot \overline{A}\,\overline{B}C \cdot \overline{B}\,\overline{C}D \cdot \overline{A}\,\overline{B}D \cdot \overline{ABC} \cdot \overline{ABD} \cdot \overline{BCD} \cdot \overline{ACD}}$$

$$F_2 = AD + AC + AB + BC + BD + CD = \overline{\overline{AD} \cdot \overline{AC} \cdot \overline{AB} \cdot \overline{BC} \cdot \overline{BD} \cdot \overline{CD}}$$

这里省去了逻辑电路图。

【解题指南与点评】　这道题的关键是将逻辑要求抽象为真值表。要设计供电控制电路，而电力是由 F_1、F_2 两台发电机提供，故 F_1、F_2 可当作供电控制输出，即用 F_1、F_2 两逻辑输出信号来作为两台发电机的控制信号。四台设备为用电设备，开启的设备数目不同，F_1、F_2 的输出应有所不同，以达到节电的目的。其中，四台设备全部不工作和全部工作的情形是不允许的，应视为任意项。

【例2-7】 判断图2-11所示电路是否存在竞争与冒险现象。如果存在,如何消除?

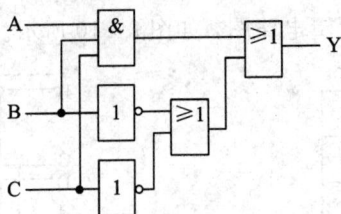

图2-11 例2-7的逻辑电路图

解 电路的输出逻辑函数为

$$Y = ABC + \overline{B} + \overline{C}$$

当 $A=C=1$ 或 $A=B=1$ 时,$Y=B+\overline{B}$ 或 $Y=C+\overline{C}$,故存在0型冒险。根据修改设计法中的代数法,在函数中增加 AC 和 AB 项即可消除竞争与冒险现象,即

$$Y = ABC + \overline{B} + \overline{C} + AC + AB$$

【解题指南与点评】 竞争与冒险现象的消除方法有三种:滤波法、脉冲选通法和修改设计法。该题中选用的是修改设计法中的代数法。注意,若选用卡诺图法会得到不同的结果,但同样能够消除竞争与冒险现象。

2.4 习 题 解 答

2-1 写出图2-12所示各逻辑电路输出的逻辑表达式,列出真值表。

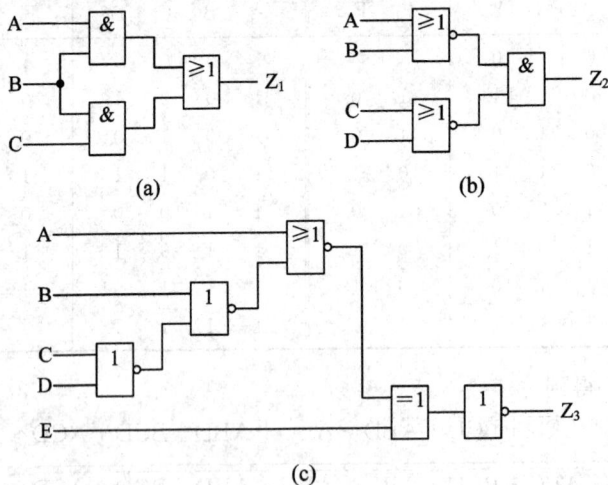

(a)

(b)

(c)

图2-12 习题2-1图

解 (a) $Z_1 = AB + BC$

A	B	C	F	A	B	C	F
0	0	0	0	1	0	0	0
0	0	1	0	1	0	1	0
0	1	0	0	1	1	0	1
0	1	1	1	1	1	1	1

(b) $Z_2 = \overline{\overline{A+B} \cdot \overline{C+D}} = \overline{\overline{A}\,\overline{B}\,\overline{C}\,\overline{D}}$

A	B	C	D	F	A	B	C	D	F
0	0	0	0	1	1	0	0	0	0
0	0	0	1	0	1	0	0	1	0
0	0	1	0	0	1	0	1	0	0
0	0	1	1	0	1	0	1	1	0
0	1	0	0	0	1	1	0	0	0
0	1	0	1	0	1	1	0	1	0
0	1	1	0	0	1	1	1	0	0
0	1	1	1	0	1	1	1	1	0

(c) $Z_3 = \overline{\overline{\overline{\overline{C+D}+B}+A \oplus E}}$

A	B	C	D	E	F	A	B	C	D	E	F
0	0	0	0	0	0	0	1	0	0	0	0
0	0	0	0	1	1	0	1	0	0	1	1
0	0	0	1	0	1	0	1	0	1	0	0
0	0	0	1	1	0	0	1	0	1	1	1
0	0	1	0	0	1	0	1	1	0	0	0
0	0	1	0	1	0	0	1	1	0	1	1
0	0	1	1	0	1	0	1	1	1	0	0
0	0	1	1	1	0	0	1	1	1	1	1
1	0	0	0	0	1	1	1	0	0	0	1
1	0	0	0	1	0	1	1	0	0	1	0
1	0	0	1	0	1	1	1	0	1	0	1
1	0	0	1	1	0	1	1	0	1	1	0
1	0	1	0	0	1	1	1	1	0	0	1
1	0	1	0	1	0	1	1	1	0	1	0
1	0	1	1	0	1	1	1	1	1	0	1
1	0	1	1	1	0	1	1	1	1	1	0

2-2　分析图 2-13 所示的各逻辑电路，写出输出的逻辑表达式，列出真值表。

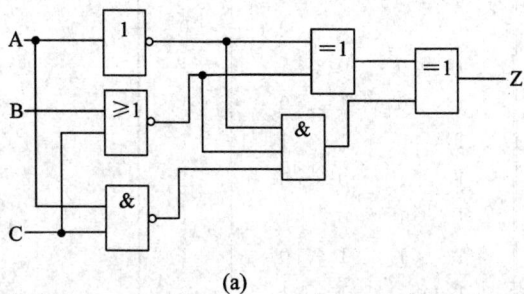

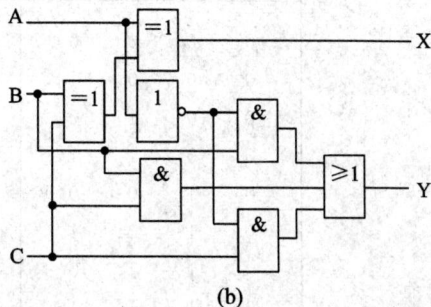

(a)　　　　　　　　　　　　　　(b)

图 2-13　习题 2-2 图

解 (a) $Z=\overline{\overline{\overline{B+C}\cdot A}\cdot C}\cdot A\oplus\overline{A}\oplus\overline{\overline{B}+C}=\overline{A}B\overline{C}\oplus A\oplus\overline{B}C$

A	B	C	Z	A	B	C	Z
0	0	0	1	1	0	0	1
0	0	1	1	1	0	1	0
0	1	0	1	1	1	0	0
0	1	1	1	1	1	1	0

(b) $X=A\oplus B\oplus C$，$Y=\overline{A}B+BC+\overline{A}C$

A	B	C	X	Y	A	B	C	X	Y
0	0	0	0	0	1	0	0	1	0
0	0	1	1	1	1	0	1	0	0
0	1	0	1	1	1	1	0	0	0
0	1	1	0	1	1	1	1	1	1

2-3 分析图 2-14 所示的逻辑电路，画出电路输出的波形图。

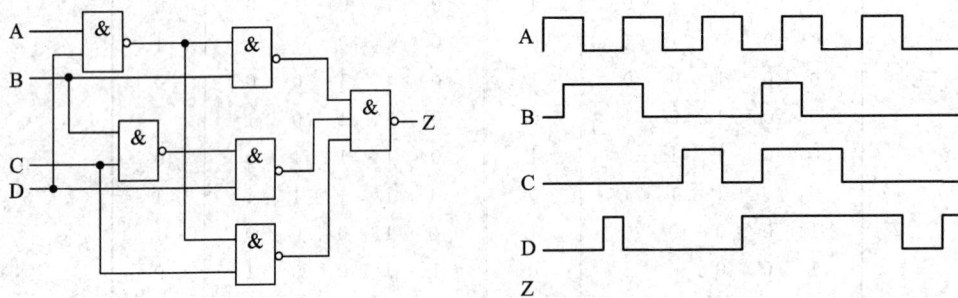

图 2-14 习题 2-3 图

解 表达式为

$$Z=\overline{\overline{\overline{ADB}}\,\overline{BCD}\,\overline{\overline{A}\overline{D}C}}=B\,\overline{AD}+\overline{B}CD+\overline{A}\overline{D}C$$

真值表为

A	B	C	D	Z	A	B	C	D	Z
0	0	0	0	0	1	0	0	0	0
0	0	0	1	1	1	0	0	1	1
0	0	1	0	1	1	0	1	0	1
0	0	1	1	1	1	0	1	1	1
0	1	0	0	1	1	1	0	0	1
0	1	0	1	1	1	1	0	1	1
0	1	1	0	1	1	1	1	0	1
0	1	1	1	1	1	1	1	1	0

波形图为

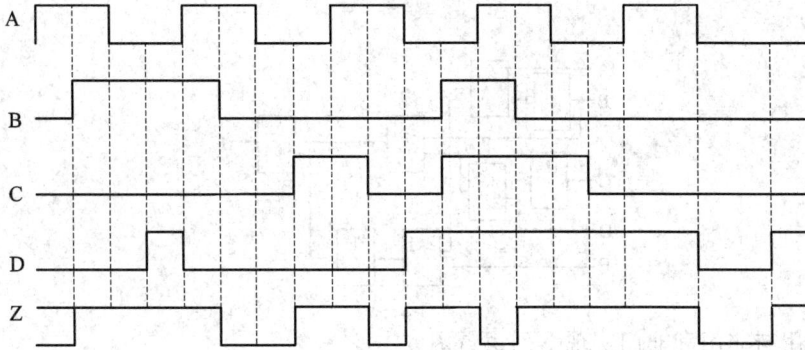

2-4 用与门、或门和非门实现下列逻辑函数。

(1) $F_1 = \overline{AB}$

(2) $F_2 = \overline{A+B}$

(3) $F_3 = AC + BD$

(4) $F_4 = (A+B)(C+D)$

(5) $F_5 = \overline{A\overline{B} + CD}$

(6) $F_6 = (B + \overline{C}D)\overline{A\overline{B}} + E$

解 (1)

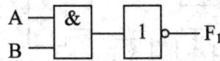

(2)

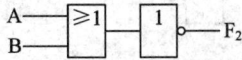

(3)

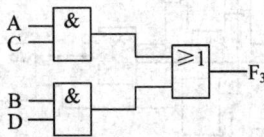

(4)

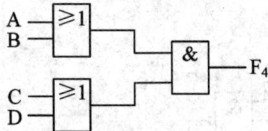

(5)

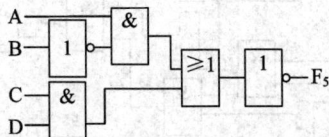

（6）

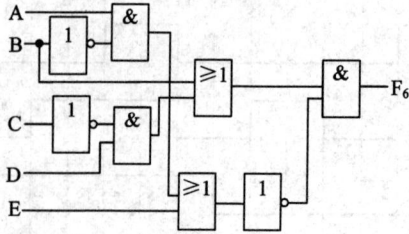

2-5 用与非门和非门实现下列逻辑函数。

（1）$F_1 = A\overline{B} + \overline{C + D}$

（2）$F_2 = (\overline{A} + B)C + A\overline{D}$

（3）$F_3 = (\overline{A}C + D)(B + CD)$

（4）$F_4 = \overline{A} \oplus C + B \oplus D$

（5）$F_5 = (A + \overline{B})(B + \overline{C})(C + \overline{A})$

（6）$F_6 = \overline{A\overline{B} + B\overline{C} + C\overline{A}}$

解 （1）

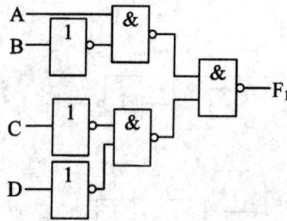

（2）

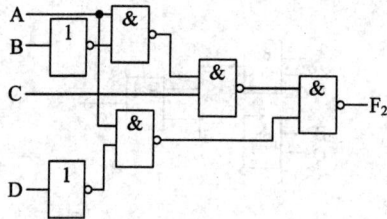

（3）

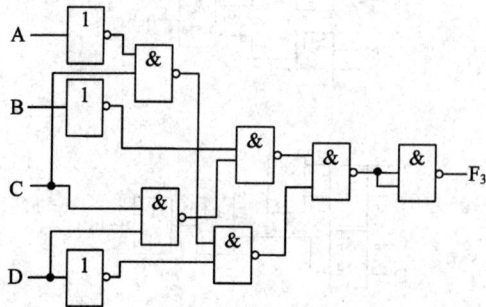

（4）

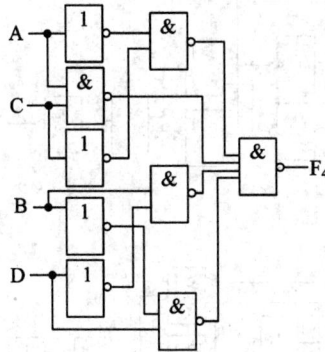

（5）

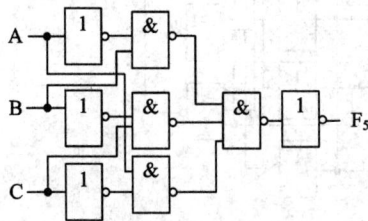

（6）

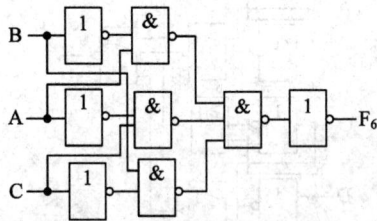

2 - 6　用或非门和非门实现下列逻辑函数。

（1）$F_1 = (\overline{A} + \overline{B})(\overline{C} + \overline{D})$

（2）$F_2 = \overline{A}D + BC$

（3）$F_3 = (A + BD)\overline{C} + \overline{A}(C + \overline{D})$

（4）$F_4 = \overline{A \oplus B + C \oplus D}$

（5）$F_5 = A\overline{B} + B\overline{C} + C\overline{A}$

（6）$F_6 = \overline{A + \overline{BC}} + \overline{AD}$

解　（1）

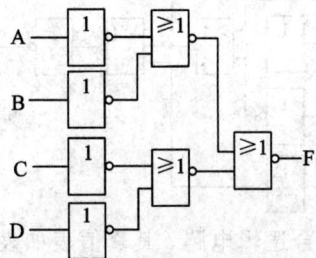

(2)

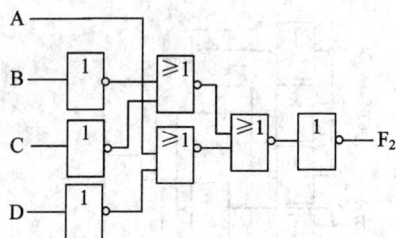

(3)

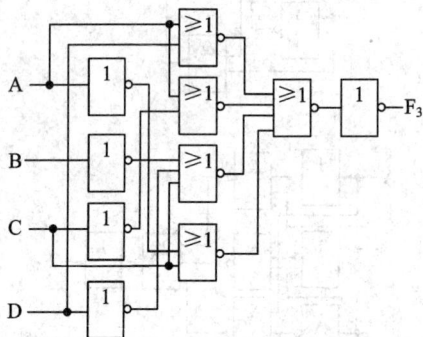

(4)

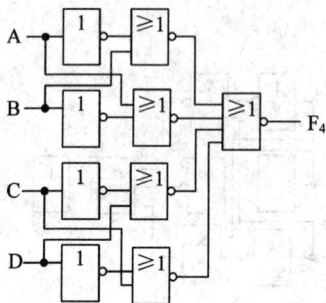

(5)

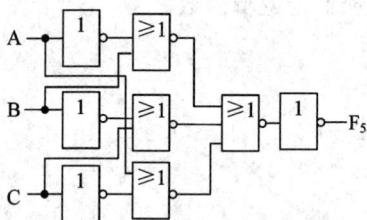

(6)

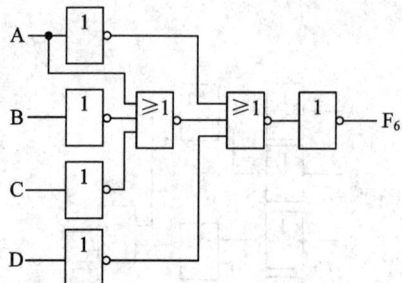

2-7 用或非门设计一个组合逻辑电路,其真值表如表 2-6 所示。

表 2 - 6 　习题 2 - 7 表

A	B	C	D	Z	A	B	C	D	Z
0	0	0	0	0	1	0	0	0	1
0	0	0	1	1	1	0	0	1	0
0	0	1	0	0	1	0	1	0	0
0	0	1	1	0	1	0	1	1	1
0	1	0	0	1	1	1	0	0	0
0	1	0	1	0	1	1	0	1	1
0	1	1	0	0	1	1	1	0	1
0	1	1	1	1	1	1	1	1	0

解 　（1）卡诺图及表达式：

$$Z=(A+B+C+D)(A+B+\overline{C}+\overline{D})(A+\overline{B}+C+\overline{D})(A+\overline{B}+\overline{C}+D)$$
$$(\overline{A}+\overline{B}+C+D)(\overline{A}+\overline{B}+\overline{C}+\overline{D})(\overline{A}+B+C+\overline{D})(\overline{A}+B+\overline{C}+D)$$

（2）电路图：

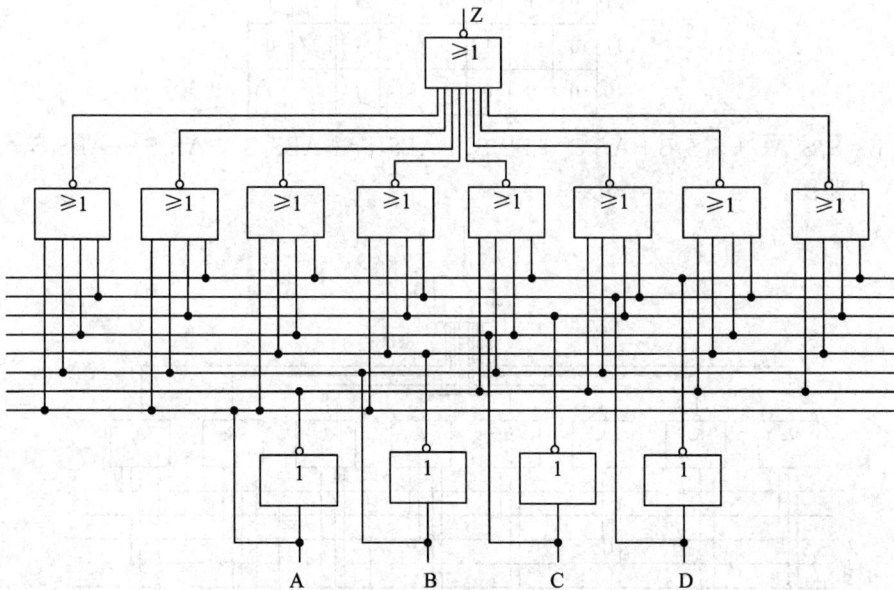

2 - 8 　用与非门设计一个多功能组合逻辑电路，其逻辑功能如表 2 - 7 所示。

表 2 - 7 　习题 2 - 8 表

S_2	S_1	S_0	F	S_2	S_1	S_0	F
0	0	0	$\overline{A}\overline{B}$	1	0	0	$\overline{A}+\overline{B}$
0	0	1	$\overline{A}B$	1	0	1	$\overline{A}+B$
0	1	0	$A\overline{B}$	1	1	0	$A+\overline{B}$
0	1	1	AB	1	1	1	$A+B$

解 (1)真值表:

S_2	S_1	S_0	A	B	F	S_2	S_1	S_0	A	B	F
0	0	0	0	0	1	0	1	0	0	0	0
0	0	0	0	1	0	0	1	0	0	1	0
0	0	0	1	0	0	0	1	0	1	0	1
0	0	0	1	1	0	0	1	0	1	1	0
0	0	1	0	0	0	0	1	1	0	0	0
0	0	1	0	1	1	0	1	1	0	1	0
0	0	1	1	0	0	0	1	1	1	0	0
0	0	1	1	1	0	0	1	1	1	1	1
1	0	0	0	0	1	1	1	0	0	0	1
1	0	0	0	1	1	1	1	0	0	1	0
1	0	0	1	0	1	1	1	0	1	0	1
1	0	0	1	1	0	1	1	0	1	1	1
1	0	1	0	0	1	1	1	1	0	0	0
1	0	1	0	1	1	1	1	1	0	1	1
1	0	1	1	0	0	1	1	1	1	0	1
1	0	1	1	1	1	1	1	1	1	1	1

(2)卡诺图及表达式:

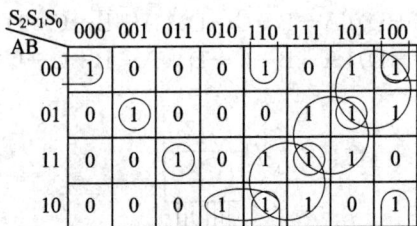

$$F = \bar{S}_1 \bar{S}_0 \bar{A} \bar{B} + S_2 \bar{S}_0 \bar{B} + \bar{A} S_2 \bar{S}_1 + B S_2 S_0 + \bar{A} B \bar{S}_1 S_0 + A B S_1 S_0 + A S_2 S_1 + A \bar{B} S_1 \bar{S}_0$$

(3)电路图:

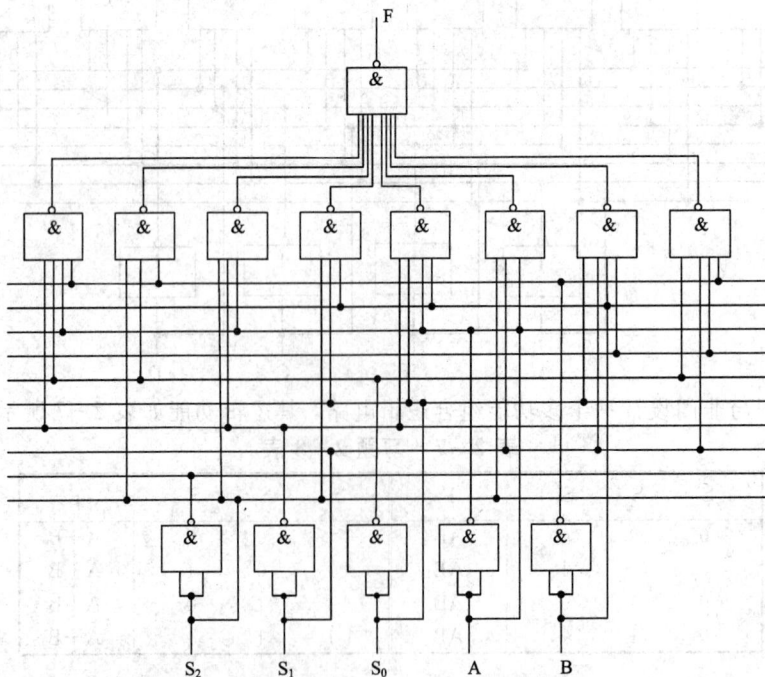

2-9　用与非门设计一个组合逻辑电路，其输入 A、B、C、D 和输出 F 的波形图如图 2-15 所示。

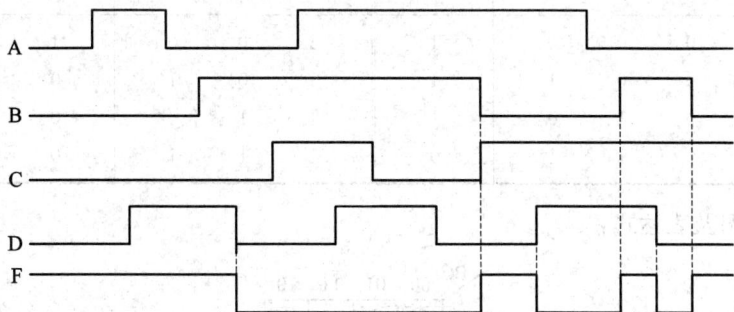

图 2-15　习题 2-9 图

解　(1) 真值表：

A	B	C	D	F	A	B	C	D	F
0	0	0	0	1	1	0	0	0	1
0	0	0	1	1	1	0	0	1	1
0	0	1	0	1	1	0	1	0	1
0	0	1	1	0	1	0	1	1	0
0	1	0	0	0	1	1	0	0	0
0	1	0	1	1	1	1	0	1	0
0	1	1	0	0	1	1	1	0	0
0	1	1	1	0	1	1	1	1	0

(2) 卡诺图及表达式：

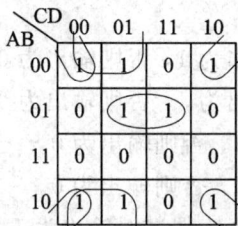

$$F = \overline{B}\,\overline{C} + \overline{B}\,\overline{D} + \overline{A}BD = \overline{\overline{B}\,\overline{C} \cdot \overline{B}\,\overline{D} \cdot \overline{A}BD}$$

(3) 电路图：

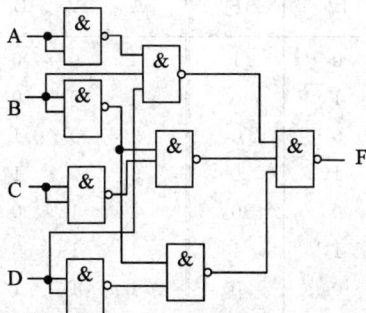

2-10　设计一个组合逻辑电路，它有三个输入 A、B、C 和一个输出 Z，当输入中 1 的个数少于或等于 1 时，输出为 1，否则，输出为 0。用与非门实现电路。

解 (1) 真值表:

A	B	C	Z	A	B	C	Z
0	0	0	1	1	0	0	1
0	0	1	1	1	0	1	0
0	1	0	1	1	1	0	0
0	1	1	0	1	1	1	0

(2) 卡诺图及表达式:

$$Z = \overline{\overline{\overline{AB}}\,\overline{\overline{BC}}\,\overline{\overline{AC}}}$$

(3) 电路图:

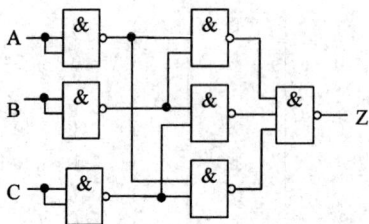

2-11 用与非门分别设计实现具有下列功能的组合逻辑电路。输入为两个 2 位二进制数 $A = A_1 A_0$ 和 $B = B_1 B_0$。

(1) A 和 B 的对应位相同时输出为 1,否则输出为 0。

(2) A 和 B 的对应位相反时输出为 1,否则输出为 0。

(3) A 和 B 都为奇数时输出为 1,否则输出为 0。

(4) A 和 B 都为偶数时输出为 1,否则输出为 0。

(5) A 和 B 一个为奇数而另一个为偶数时输出为 1,否则输出为 0。

解 (1) ① 真值表:

A_1	A_0	B_1	B_0	F	A_1	A_0	B_1	B_0	F
0	0	0	0	1	1	0	0	0	0
0	0	0	1	0	1	0	0	1	0
0	0	1	0	0	1	0	1	0	1
0	0	1	1	0	1	0	1	1	0
0	1	0	0	0	1	1	0	0	0
0	1	0	1	1	1	1	0	1	0
0	1	1	0	0	1	1	1	0	0
0	1	1	1	0	1	1	1	1	1

② 卡诺图及表达式:

B_1B_0 A_1A_0	00	01	11	10
00	1	0	0	0
01	0	1	0	0
11	0	0	1	0
10	0	0	0	1

$$F = \overline{\overline{\overline{A_1}\,\overline{A_0}\,\overline{B_1}\,\overline{B_0}}\ \overline{\overline{A_1}\,A_0\,\overline{B_1}\,B_0}\ \overline{A_1\,A_0\,B_1\,B_0}\ \overline{A_1\,\overline{A_0}\,B_1\,\overline{B_0}}}$$

③ 电路图:

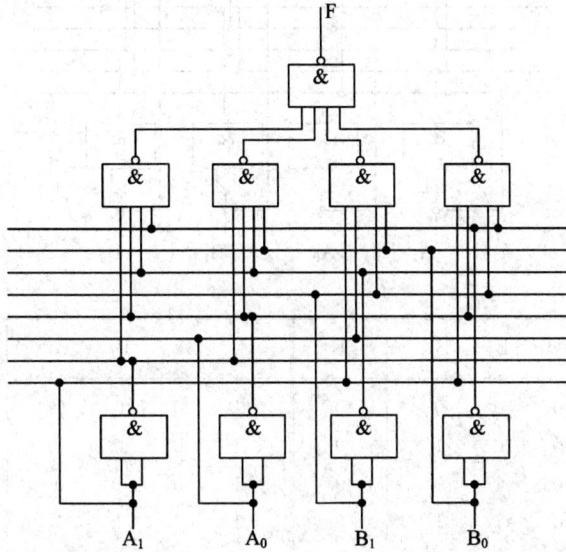

(2) ① 真值表:

A_1	A_0	B_1	B_0	F	A_1	A_0	B_1	B_0	F
0	0	0	0	0	1	0	0	0	0
0	0	0	1	0	1	0	0	1	1
0	0	1	0	0	1	0	1	0	0
0	0	1	1	1	1	0	1	1	0
0	1	0	0	0	1	1	0	0	1
0	1	0	1	0	1	1	0	1	0
0	1	1	0	1	1	1	1	0	0
0	1	1	1	0	1	1	1	1	0

② 卡诺图及表达式:

B_1B_0 A_1A_0	00	01	11	10
00	0	0	1	0
01	0	0	0	1
11	1	0	0	0
10	0	1	0	0

$$F = \overline{\overline{A_1\,A_0\,\overline{B_1}\,\overline{B_0}}\ \overline{A_1\,\overline{A_0}\,\overline{B_1}\,B_0}\ \overline{\overline{A_1}\,\overline{A_0}\,B_1\,B_0}\ \overline{\overline{A_1}\,A_0\,B_1\,\overline{B_0}}}$$

③ 电路图:

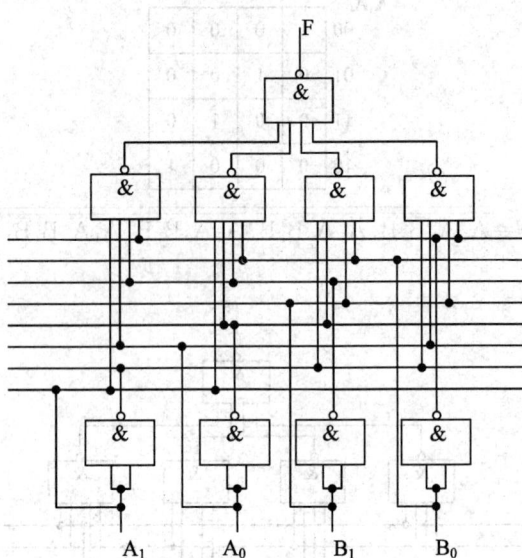

（3）① 真值表:

A_1	A_0	B_1	B_0	F	A_1	A_0	B_1	B_0	F
0	0	0	0	0	1	0	0	0	0
0	0	0	1	0	1	0	0	1	0
0	0	1	0	0	1	0	1	0	0
0	0	1	1	0	1	0	1	1	0
0	1	0	0	0	1	1	0	0	0
0	1	0	1	1	1	1	0	1	1
0	1	1	0	0	1	1	1	0	0
0	1	1	1	1	1	1	1	1	1

② 卡诺图及表达式:

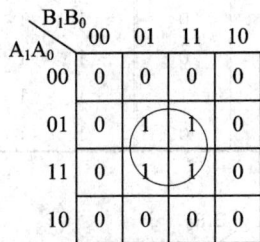

$$F = \overline{\overline{A_0} \, \overline{B_0}}$$

③ 电路图:

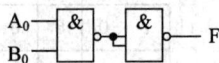

（4）① 真值表:

A_1	A_0	B_1	B_0	F	A_1	A_0	B_1	B_0	F
0	0	0	0	1	1	0	0	0	1
0	0	0	1	0	1	0	0	1	0
0	0	1	0	1	1	0	1	0	1
0	0	1	1	0	1	0	1	1	0
0	1	0	0	0	1	1	0	0	0
0	1	0	1	0	1	1	0	1	0
0	1	1	0	0	1	1	1	0	0
0	1	1	1	0	1	1	1	1	0

② 卡诺图及表达式：

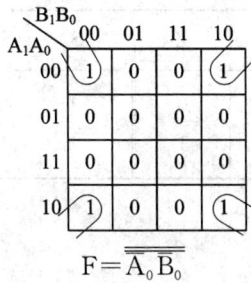

$$F = \overline{\overline{A_0}\,\overline{B_0}}$$

③ 电路图：

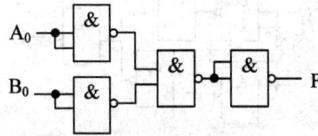

(5) ① 真值表：

A_1	A_0	B_1	B_0	F	A_1	A_0	B_1	B_0	F
0	0	0	0	0	1	0	0	0	0
0	0	0	1	1	1	0	0	1	1
0	0	1	0	0	1	0	1	0	0
0	0	1	1	1	1	0	1	1	1
0	1	0	0	1	1	1	0	0	1
0	1	0	1	0	1	1	0	1	0
0	1	1	0	1	1	1	1	0	1
0	1	1	1	0	1	1	1	1	0

② 卡诺图及表达式：

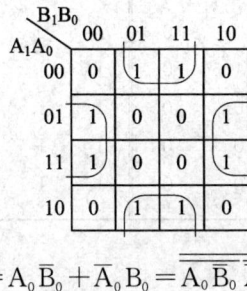

$$F = A_0\overline{B_0} + \overline{A_0}B_0 = \overline{\overline{A_0\overline{B_0}}\ \overline{\overline{A_0}B_0}}$$

③ 电路图:

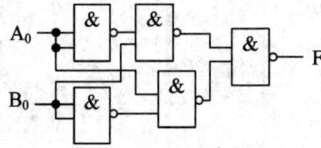

2-12 设计一个电灯控制电路。用两个分别位于楼上和楼下的开关 S_1 和 S_2 来控制电灯 Z,要求当 S_1 合上而 S_2 断开或 S_1 断开而 S_2 合上时,电灯 Z 亮;当 S_1 和 S_2 都合上或 S_1 和 S_2 都断开时,电灯 Z 不亮。用 1 表示开关合上和电灯亮,用 0 表示开关断开和电灯不亮。用与非门实现电路。

解 (1)真值表:

S_1	S_2	Z	S_1	S_2	Z
0	0	0	1	0	1
0	1	1	1	1	0

(2)表达式:$Z=\overline{\overline{\overline{S_1 S_2}}\ \overline{S_1 \overline{S_2}}}$

(3)电路图:

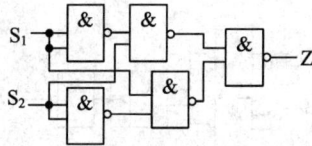

2-13 设计一个温度控制电路。其输入为 4 位二进制数 $T_3 T_2 T_1 T_0$,代表检测到的温度。输出为 X 和 Y,分别用来控制暖风机和冷风机的工作。当温度低于 5 时,暖风机工作,冷风机不工作;当温度高于 10℃时,冷风机工作,暖风机不工作;当温度介于 5℃ 和 10℃ 之间时,暖风机和冷风机都不工作。用 1 表示暖风机和冷风机工作,用 0 表示暖风机和冷风机不工作。用与非门实现电路。

解 (1)真值表:

T_3	T_2	T_1	T_0	X	Y	T_3	T_2	T_1	T_0	X	Y
0	0	0	0	1	0	1	0	0	0	0	0
0	0	0	1	1	0	1	0	0	1	0	0
0	0	1	0	1	0	1	0	1	0	0	0
0	0	1	1	1	0	1	0	1	1	0	1
0	1	0	0	1	0	1	1	0	0	0	1
0	1	0	1	0	0	1	1	0	1	0	1
0	1	1	0	0	0	1	1	1	0	0	1
0	1	1	1	0	0	1	1	1	1	0	1

(2)卡诺图及表达式:

$$X = \overline{\overline{\overline{T_3}\,\overline{T_1}\,\overline{T_0} + \overline{T_3}\,\overline{T_2}}} = \overline{\overline{\overline{T_3}\,\overline{T_1}\,\overline{T_0}}\,\overline{\overline{T_3}\,\overline{T_2}}} \qquad Y = \overline{\overline{T_3 T_2 + T_3 T_1 T_0}} = \overline{\overline{T_3 T_2}\,\overline{T_3 T_1 T_0}}$$

（3）电路图：

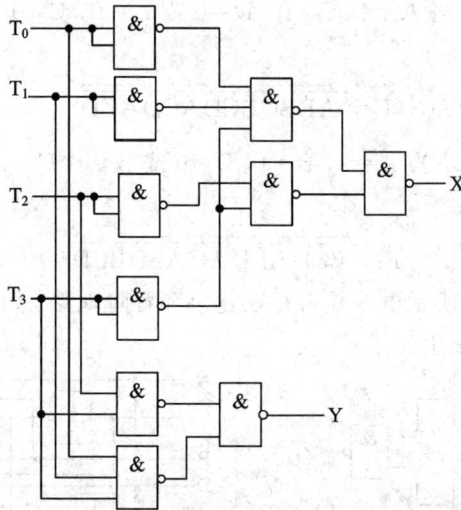

2-14 用最少数目的与非门实现下列函数，分析电路在什么情况下存在竞争和冒险现象。试用增加冗余项的方法消除。

(1) $F_1(A, B, C) = \sum m(0, 1, 5, 7)$

(2) $F_2(A, B, C, D) = \sum m(4, 6, 8, 9, 12, 14)$

(3) $F_3(A, B, C, D) = \sum m(0, 1, 3, 4, 5, 11)$

(4) $F_4(A, B, C, D) = \sum m(0, 1, 2, 6, 9, 10)$

(5) $F_5(A, B, C, D) = \sum m(0, 2, 6, 7, 8, 10, 12, 13)$

(6) $F_6(A, B, C, D) = \prod M(1, 2, 9, 10, 12, 13, 14, 15)$

(7) $F_7(A, B, C, D) = \prod M(0, 1, 5, 8, 10, 13, 14, 15)$

解 (1) $F_1 = \overline{\overline{\overline{A}\,\overline{B}}\,\overline{AC}}$，当 B=0，C=1 时存在 0 型冒险，更改设计为

$$F_1 = \overline{\overline{\overline{A}\,\overline{B}}\,\overline{AC}\,\overline{\overline{B}C}}$$

(2) $F_2 = \overline{\overline{B\overline{D}}\,\overline{A\overline{B}\overline{C}}}$，当 A=1，C=0，D=0 时存在 0 型冒险，更改设计为

$$F_2 = \overline{\overline{B\overline{D}}\,\overline{A\overline{B}\overline{C}}\,\overline{A\overline{C}\overline{D}}}$$

(3) $F_3 = \overline{\overline{AC}\cdot\overline{BCD}}$，当 A=0，B=0，D=1 时存在 0 型冒险，更改设计为

$$F_3 = \overline{\overline{AC}\cdot\overline{BCD}\cdot\overline{A\,\overline{B}\,D}}$$

(4) $F_4 = \overline{\overline{ABC}\cdot\overline{BCD}\cdot\overline{\overline{A}CD}\cdot\overline{BCD}}$，当 A=0，B=0，D=0 时存在 0 型冒险，更改设计为

$$F_4 = \overline{\overline{ABC}\cdot\overline{BCD}\cdot\overline{\overline{A}CD}\cdot\overline{BCD}\cdot\overline{\overline{A}\,\overline{B}\,\overline{D}}}$$

(5) $F_5 = \overline{\overline{BD}\cdot\overline{AB\overline{C}}\cdot\overline{A\overline{B}C}}$，当 A=1，C=0，D=0 或 A=0，C=1，D=0 时，存在 0 型冒险，更改设计为

$$F_5 = \overline{\overline{BD}\cdot\overline{AB\overline{C}}\cdot\overline{A\overline{B}C}\cdot\overline{A\,\overline{C}\,\overline{D}}\cdot\overline{\overline{A}C\overline{D}}}$$

(6) $F_6 = \overline{\overline{A\overline{B}}\cdot\overline{\overline{B}C}\cdot\overline{BCD}}$，当 A=0，C=0，D=0 或 A=0，C=1，D=1 时存在 0 型冒险，更改设计为

$$F_6 = \overline{\overline{A\overline{B}}\cdot\overline{\overline{B}C}\cdot\overline{BCD}\cdot\overline{\overline{A}\,\overline{C}\,\overline{D}}\cdot\overline{\overline{A}CD}}$$

(7) $F_7 = \overline{\overline{BC\overline{D}}\cdot\overline{AB\overline{D}}\cdot\overline{\overline{A}C}}$，当 A=0，B=1，D=0 或 B=0，C=1，D=1 时存在 0 型冒险，更改设计为

$$F_7 = \overline{\overline{BC\overline{D}}\cdot\overline{AB\overline{D}}\cdot\overline{\overline{A}C}\cdot\overline{AB\overline{D}}\cdot\overline{\overline{B}C\overline{D}}}$$

2-15 判断图 2-16 所示电路是否存在竞争和冒险现象。如果存在，说明是什么类型的冒险，会在什么情况下发生。

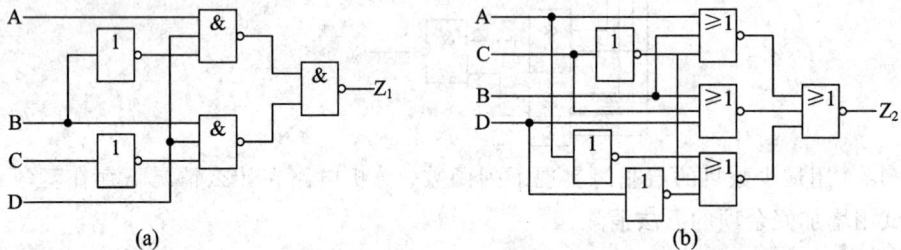

图 2-16 习题 2-15 图

解 (a) $Z_1 = \overline{\overline{A\overline{B}D}\cdot\overline{B\overline{C}D}} = A\overline{B}D + B\overline{C}D$

当 A=1，C=0，D=1 时存在 0 型冒险。

(b) $Z_2 = \overline{\overline{A+B+\overline{C}}+\overline{B+C+D}+\overline{\overline{A}+\overline{C}+\overline{D}}} = (A+B+\overline{C})(B+C+D)(\overline{A}+\overline{C}+\overline{D})$

当 B=0，C=1，D=1 或当 A=0，B=0，D=0 时存在 1 型冒险。

第 3 章　常用组合逻辑电路及 MSI 组合电路模块的应用

3.1　内 容 提 要

1. 编码器

用由 0 和 1 组成的二值代码表示不同的事物称为编码，实现编码功能的电路称为编码器。

（1）二进制普通编码器：用 n 位二进制代码对 2^n 个相互排斥的信号进行编码的电路。

（2）二进制优先编码器：用 n 位二进制代码对 2^n 个允许同时出现的信号进行编码，这些信号具有不同的优先级，多于一个信号同时出现时，只对其中优先级最高的信号进行编码的电路。

（3）8421 普通编码器：用四位 8421 二进制代码对 0～9 十个相互排斥的十进制数进行编码的电路。

（4）8421 优先编码器：用四位 8421 二进制代码对 0～9 这十个允许同时出现的十进制数按一定优先顺序进行编码，当有一个以上信号同时出现时，只对其中优先级别最高的一个进行编码的电路。

（5）MSI74148 优先编码器：8 线—3 线优先编码器，输入和输出均为低电平有效。

2. 译码器

译码是编码的逆过程，是将二进制代码所表示的相应信号或对象"翻译"出来，具有译码功能的电路称为译码器。

（1）二进制译码器：具有 n 个输入，2^n 个输出，能将输入的所有二进制代码全部翻译出来的电路。它有三个输入、八个输出，因此也称 3 线—8 线译码器。

（2）二—十进制译码器：将十个表示十进制数 0～9 的二进制代码翻译成相应的输出信号的电路。它有四个输入、十个输出，因此也称 4 线—10 线译码器。

（3）显示译码器：把二进制代码翻译出来以供显示器件显示的电路。其中常用的是 BCD—七段显示译码器。

（4）MSI74138 译码器：是 3 线—8 线二进制译码器，它有三个输入和八个输出，输入高电平有效，输出低电平有效。

3. 加法器

实现两个二进制数相加功能的电路称为加法器。加法器分为一位加法器和多位加法器。

(1) 一位加法器:它是实现两个一位二进制数相加的电路,又分为半加器和全加器。

只考虑本位两个一位二进制数 A 和 B 相加,而不考虑低位进位的电路称为半加器。逻辑表达式为

$$S = A\bar{B} + \bar{A}B = A \oplus B \qquad \text{(本位和)}$$

$$C_{out} = AB \qquad \text{(进位数)}$$

逻辑符号如图 3-1 所示。

考虑低位来的进位数的二进制加法组合逻辑电路称为全加器。逻辑表达式为

$$S = \bar{C}_{in}A\bar{B} + \bar{C}_{in}\bar{A}B + C_{in}\bar{A}\bar{B} + C_{in}AB \qquad \text{(本位和)}$$

$$C_{out} = AB + C_{in}A + C_{in}B = AB + (A+B)C_{in} \qquad \text{(进位数)}$$

逻辑符号如图 3-2 所示。

图 3-1　半加器的逻辑符号　　　　图 3-2　全加器的逻辑符号

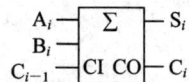

(2) 多位加法器:实现两个多位二进制数相加的电路。

采用串行运算方式,由低位至高位,每一位的相加都必须等待下一位进位的加法器,称为串行进位加法器。

将各进位位提前并同时送到各个全加器的进位输入端的加法器,称为超前进位加法器。

4. 比较器

用来比较两个二进制数大小的逻辑电路称为比较器。

(1) 一位比较器:用来比较两个一位二进制数 A_i 和 B_i 的大小。比较结果有三种: $A_i > B_i$、$A_i = B_i$、$A_i < B_i$,现分别用 L_i、G_i、M_i 表示,其真值表如表 3-1 所示。

表 3-1　一位比较器的真值表

A_i	B_i	L_i	G_i	M_i
0	0	0	1	0
0	1	0	0	1
1	0	1	0	0
1	1	0	1	0

由真值表可以得到下列逻辑表达式:

$$L_i = A_i\bar{B}_i$$

$$G_i = \bar{A}_i\bar{B}_i + A_iB_i = \overline{A_i\bar{B}_i + \bar{A}_iB_i}$$

$$M_i = \bar{A}_iB_i$$

(2) 多位比较器:用来比较两个多位二进制数 $A = A_{n-1}\cdots A_i\cdots A_0$ 和 $B = B_{n-1}\cdots B_i\cdots B_0$ 的大小,比较时从高位往低位逐位进行,当高位相等时才比较低位。

5. 数据选择器

能从多个数据输入中选择出其中一个进行传输的电路称为数据选择器。一个数据选择器具有 n 个数据选择端、2^n 个数据输入端和一个数据输出端。

1) 四选一数据选择器

四选一数据选择器的真值表如表 3 - 2 所示。

由真值表可以得到输出的逻辑表达式为

$$Y = \overline{A}_1 \overline{A}_0 D_0 + \overline{A}_1 A_0 D_1 + A_1 \overline{A}_0 D_2 + A_1 A_0 D_3$$

图 3 - 3 为四选一数据选择器的框图。

表 3 - 2　四选一数据选择器的真值表

A_1	A_0	Y
0	0	D_0
0	1	D_1
1	0	D_2
1	1	D_3

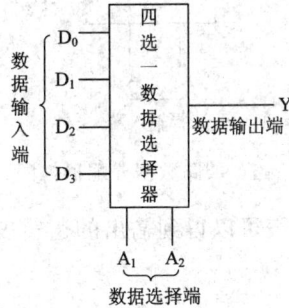

图 3 - 3　四选一数据选择器框图

2) MSI 八选一数据选择器 74151

74151 是一个具有互补输出的八选一数据选择器，它有三个数据选择端、八个数据输入端、两个互补数据输出端和一个低电平有效的选通使能端。74151 的逻辑符号如图 3 - 4 所示，真值表如表 3 - 3 所示。

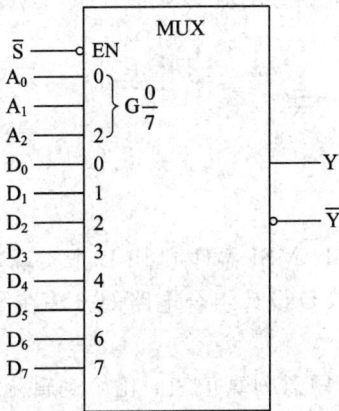

图 3 - 4　74151 八选一数据选择器的逻辑符号

表 3 - 3　74151 八选一数据选择器的真值表

$\overline{S}$	A_2	A_1	A_0	Y	$\overline{Y}$
1	×	×	×	0	1
0	0	0	0	D_0	$\overline{D}_0$
0	0	0	1	D_1	$\overline{D}_1$
0	0	1	0	D_2	$\overline{D}_2$
0	0	1	1	D_3	$\overline{D}_3$
0	1	0	0	D_4	$\overline{D}_4$
0	1	0	1	D_5	$\overline{D}_5$
0	1	1	0	D_6	$\overline{D}_6$
0	1	1	1	D_7	$\overline{D}_7$

由真值表可以看出：

(1) 当 $\overline{S}=1$ 时，数据选择器被禁止，输出与输入信号及选择信号无关，此时 $Y=0$，$\overline{Y}=1$。

(2) 当 $\overline{S}=0$ 时，数据选择器工作，输出 Y 的表达式为

$$Y = \overline{A}_2 \overline{A}_1 \overline{A}_0 D_0 + \overline{A}_2 \overline{A}_1 A_0 D_1 + \overline{A}_2 A_1 \overline{A}_0 D_2 + \overline{A}_2 A_1 A_0 D_3$$
$$+ A_2 \overline{A}_1 \overline{A}_0 D_4 + A_2 \overline{A}_1 A_0 D_5 + A_2 A_1 \overline{A}_0 D_6 + A_2 A_1 A_0 D_7$$

6. 数据分配器

数据分配器的逻辑功能是根据选择信号的不同取值，将一个输入信号传送至多个输出数据通道中的某一个。一个数据分配器有一个数据输入端、n 个选择输入端和 2^n 个数据输出端。

图 3 - 5 是一个一路—四路数据分配器的框图,其真值表如表 3 - 4 所示。

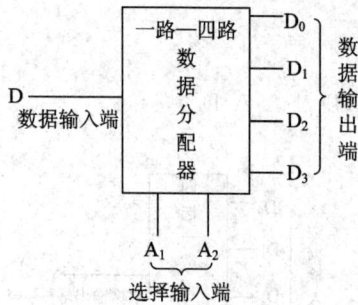

图 3 - 5　一路—四路数据分配器框图(78 系列)

表 3 - 4　一路—四路数据分配器的真值表

A_1	A_0	D_3	D_2	D_1	D_0
0	0	0	0	0	D
0	1	0	0	D	0
1	0	0	D	0	0
1	1	D	0	0	0

由真值表可以得到输出的逻辑表达式为

$$D_0 = \overline{A_1}\,\overline{A_0}\,D$$
$$D_1 = \overline{A_1}\,A_0\,D$$
$$D_2 = A_1\,\overline{A_0}\,D$$
$$D_3 = A_1\,A_0\,D$$

由数据分配器的逻辑表达式可以看出:选择输入端的各个不同最小项作为因子会出现在各个输出的表达式中。这与译码器电路的输出为地址输入的各个不同的最小项(或其反)这一特点相同。实际上,我们可以利用译码器来实现数据分配器的功能。

3.2　重点难点

1. 常用中规模集成的组合电路器件的应用

设计组合逻辑电路时,根据具体情况可以选用 SSI、MSI 器件或 PLD 来实现。本章只讨论用标准化的 MSI 器件设计组合电路的方法,用 PLD 设计组合电路的方法在第 6 章中介绍。

用常用电路器件实现组合逻辑函数,一般是根据题意列真值表,化简逻辑函数得到。用 MSI 实现组合逻辑函数,若为单输出的逻辑函数,可用数据选择器实现或用译码器外加门电路实现;若为多输出的逻辑函数,可用译码器实现,根据逻辑表达式的形式选择合适的 MSI 器件。

2. 用 MSI 译码器实现组合逻辑函数

用普通二进制译码器实现组合逻辑函数的一般步骤如下:

(1) 根据译码器输出的特点(最小项或最大项),将要实现的逻辑函数转换成相应的形式。

(2) 将相应的输出端信号进行相或或相与。

3. 用 MSI 数据选择器实现逻辑函数

用数据选择器实现逻辑函数的方法有两种:比较法和图表法(真值表或卡诺图)。

比较法的一般步骤如下:

（1）选择接到数据选择端的函数变量。

（2）写出数据选择器输出的逻辑表达式。

（3）将要实现的逻辑函数转换为标准与或表达式。

（4）对照数据选择器输出表达式和待实现函数的表达式，确定数据输入端的值。

（5）连接电路。

真值表法的一般步骤如下：

（1）选择接到数据选择端的函数变量。

（2）画出逻辑函数和数据选择器的真值表。

（3）确定各个数据输入端的值。

（4）连接电路。

下面分三种情况进行讨论。

1）函数变量的数目 m 等于数据选择器中数据选择端的数目 n

在这种情况下，把变量一对一接到数据选择端，各个数据输入端依据具体函数接"0"或"1"，不需要反变量输入，也不需要任何其他器件，就可以用数据选择器实现任何一个组合逻辑函数。

2）函数变量的数目 m 多于数据选择器中数据选择端的数目 n

在这种情况下，不可能将函数的全部变量都接到数据选择器的数据选择端，有的变量要接到数据选择器的数据输入端。要实现逻辑函数，可能还必须要有反变量输入或其他门电路。

3）函数变量的数目 m 少于数据选择器中数据选择端的数目 n

在这种情况下，可以将变量接到数据选择器中的 m 个数据选择端，再根据具体函数来确定数据输入端和剩余数据选择端的值。此时，无需反变量输入，亦无需其他器件，即可以实现任何一个组合逻辑函数，而且有多种实现方案。

3.3　典型例题

【例 3 - 1】　电话室有三种电话，按由高到低优先级排序依次是火警电话、急救电话、工作电话，要求电话编码依次为 00、01、10。试设计电话编码控制电路。

　　解　（1）根据题意知，同一时间电话室只能处理一部电话，假如用 A、B、C 分别代表火警、急救、工作三种电话，设电话铃响用 1 表示，铃没响用 0 表示。当优先级别高的信号有效时，低级别的则不起作用，这时用×表示。用 Y_1、Y_2 表示输出编码。

（2）列真值表，如表 3 - 5 所示。

（3）写逻辑表达式：

$$Y_1 = \overline{A}\,\overline{B}C$$

$$Y_2 = \overline{A}B$$

（4）画优先编码器逻辑图，如图 3 - 6 所示。

表 3-5 例 3-1 的真值表

A	B	C	Y₁	Y₂

A	B	C	Y_1	Y_2
1	×	×	0	0
0	1	×	0	1
0	0	1	1	0

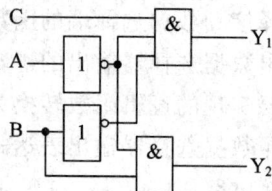

图 3-6 例 3-1 的优先编码器逻辑图

【解题指南与点评】 该题的重点是熟悉优先编码的概念,并正确列出真值表,这样便能写出电话编码的逻辑表达式以及给出其控制电路。

【例 3-2】 试设计一个三线排队电路,采用 3 线-8 线译码器 74138 实现。其功能是输入信号 A、B、C 通过排队电路后,分别由 F_A、F_B、F_C 输出,且在同一时间只能有一个信号通过。如果同时有两个或两个以上的信号出现,则输入信号按 A、B、C 的优先顺序通过。

解 首先定义输入、输出有信号时为 1,无信号时为 0。根据题意列真值表,如表 3-6 所示。

由真值表得输出逻辑函数为

$$F_A = \sum m(4, 5, 6, 7) = \overline{\overline{m_4} \cdot \overline{m_5} \cdot \overline{m_6} \cdot \overline{m_7}} = \overline{\overline{Y_4} \cdot \overline{Y_5} \cdot \overline{Y_6} \cdot \overline{Y_7}}$$

$$F_B = \sum m(2, 3) = \overline{\overline{m_2} \cdot \overline{m_3}} = \overline{\overline{Y_2} \cdot \overline{Y_3}}$$

$$F_C = \overline{A}BC = \overline{\overline{Y_1}}$$

采用 74138 实现的电路图如图 3-7 所示。

表 3-6 例 3-2 的真值表

A	B	C	F_A	F_B	F_C
0	0	0	0	0	0
0	0	1	0	0	1
0	1	0	0	1	0
0	1	1	0	1	0
1	0	0	1	0	0
1	0	1	1	0	0
1	1	0	1	0	0
1	1	1	1	0	0

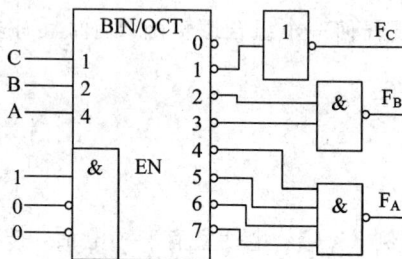

图 3-7 例 3-2 的电路图

【解题指南与点评】 该题亦可采用门电路来实现。两种设计方法的共同之处在于通过认真分析题意,将文字描述的设计要求抽象成为一个逻辑问题,即建立真值表,得出输出逻辑函数表达式。不同之处在于用门电路实现时,先进行逻辑函数化简及逻辑变换,最后用最少的门电路来实现逻辑要求;利用 MSI 组合电路模块实现时,可直接利用最小项之和表示的逻辑函数式,无需进行逻辑函数化简。从此题可以看出,只有熟悉所用器件的功能及输入、输出使能的控制,才能正确地应用器件。

【例 3-3】 试用一个 74138 型 3 线-8 线译码器与适当的与非门组成实现逻辑函数 $F = \overline{A}B + \overline{B}C + \overline{C}A$ 的电路。

解 画出该函数 F 的卡诺图,如图 3-8 所示。由此可写出函数的最小项表达式为

$$F = \overline{A}\,\overline{B}C + \overline{A}B\overline{C} + \overline{A}BC + A\overline{B}\overline{C} + A\overline{B}C + AB\overline{C}$$

$$= \overline{\overline{A}\,\overline{B}C \cdot \overline{A}B\overline{C} \cdot \overline{A}BC \cdot \overline{A\overline{B}\overline{C}} \cdot \overline{A\overline{B}C} \cdot \overline{AB\overline{C}}}$$

74138 译码器有三个输入端，分别为 A_0、A_1、A_2，八个输出端，分别为 $\overline{Y}_0$，…，$\overline{Y}_7$，使能控制端 S_1 高电平有效，$\overline{S}_2$、$\overline{S}_3$ 低电平有效。现将输入 A、B、C 分别与 74138 的 A_2、A_1、A_0 相联，则有 $F = \overline{\overline{Y}_1 \cdot \overline{Y}_2 \cdot \overline{Y}_3 \cdot \overline{Y}_4 \cdot \overline{Y}_5 \cdot \overline{Y}_6}$。

用一个 74138 译码器和一个六输入端与非门即可实现上述函数的逻辑功能，其电路图如图 3-9 所示。

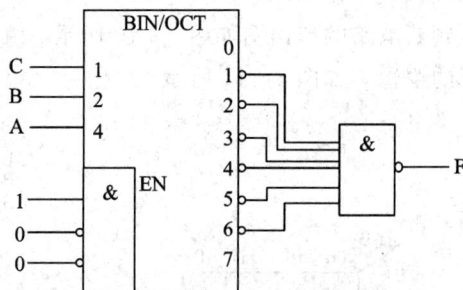

图 3-8　例 3-3 的卡诺图　　　　　图 3-9　例 3-3 的电路图

【解题指南与点评】　该题的关键是要熟悉所用器件的功能及其输入、输出使能的控制。

【例 3-4】　试用 74283 加法器实现四位二进制数码转换成 8421 BCD 码的功能，必要时可附加少量逻辑门电路。

解　首先写出真值表，如表 3-7 所示。

表 3-7　例 3-4 的真值表

等效 十进制数	四位二进制码				8421BCD 码				
	B_3	B_2	B_1	B_0	D_{10}	D_8	D_4	D_2	D_1
0	0	0	0	0	0	0	0	0	0
1	0	0	0	1	0	0	0	0	1
2	0	0	1	0	0	0	0	1	0
3	0	0	1	1	0	0	0	1	1
4	0	1	0	0	0	0	1	0	0
5	0	1	0	1	0	0	1	0	1
6	0	1	1	0	0	0	1	1	0
7	0	1	1	1	0	0	1	1	1
8	1	0	0	0	0	1	0	0	0
9	1	0	0	1	0	1	0	0	1
10	1	0	1	0	1	0	0	0	0
11	1	0	1	1	1	0	0	0	1
12	1	1	0	0	1	0	0	1	0
13	1	1	0	1	1	0	0	1	1
14	1	1	1	0	1	0	1	0	0
15	1	1	1	1	1	0	1	0	1

由真值表可见:

(1) 0~9 的四位二进制码和 8421 BCD 码完全相同,当等效十进制数为 10~15 时,由于 8421 BCD 码产生进位 D_{10},四位二进制码和 8421 BCD 出现很大差异。但仔细分析可以发现,D_1 与 B_0 始终相同。

(2) 从序号 10 开始,$B_3 B_2 B_1$ 组成的代码总比 $D_{10} D_8 D_4 D_2$ 组成的代码少 3。也就是说只要在 $B_3 B_2 B_1 \geqslant 101$ 时,加上 011 就可获得 $D_{10} D_8 D_4 D_2$ 的代码。由于输出代码与输入代码间存在一定数值关系,因此只要判断出 $B_3 B_2 B_1 \geqslant 101$,再用全加器加 011 即可获得 $D_{10} D_8 D_4 D_2$。

判断电路的卡诺图如图 3-10 所示。由此可得 $Y = B_3 B_2 + B_3 B_1$。因此,用四位全加器实现的逻辑图如图 3-11 所示。

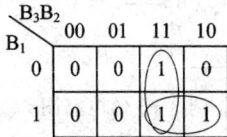

图 3-10 判断电路的卡诺图   图 3-11 例 3-4 的逻辑图

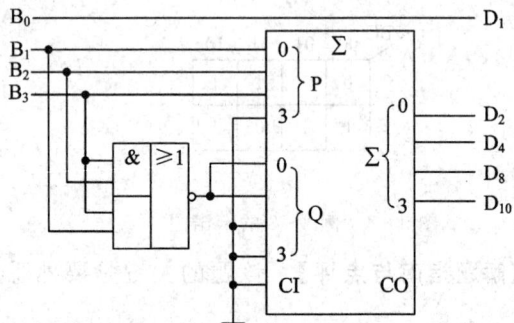

【解题指南与点评】 加法器的逻辑功能是实现两个数相加,该题的关键是必须找到变量之间的数值关系。

【例 3-5】 试用两个四位数值比较器组成三个数的判断电路。要求能够判别三个四位二进制数 $A(a_3 a_2 a_1 a_0)$、$B(b_3 b_2 b_1 b_0)$、$C(c_3 c_2 c_1 c_0)$ 是否相等,A 是否最大,A 是否最小,并分别给出"三个数相等"、"A 最大"、"A 最小"的输出信号。可以附加必要的门电路。

解 MSI 7485 是四位比较器,可以利用它进行两两四位数的比较,然后再进行附加门电路综合比较结果,如图 3-12 所示。

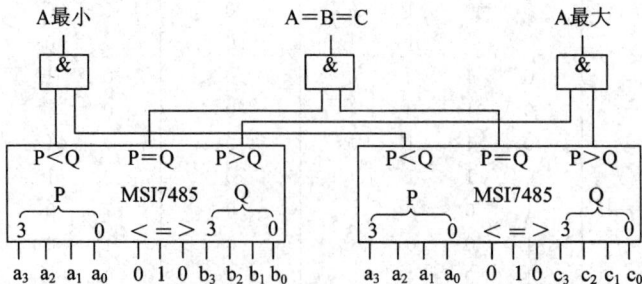

图 3-12 例 3-5 的逻辑图

【解题指南与点评】 比较器是用来比较两个二进制数大小的逻辑电路,有一位比较器和多位比较器之分。MSI 7485 是四位比较器,该题的关键是了解 MSI 7485 的逻辑功能。

【例 3-6】 用八选一数据选择器 74151 实现的电路如图 3-13 所示,写出输出 Y 的逻辑表达式,列出真值表并说明电路功能。

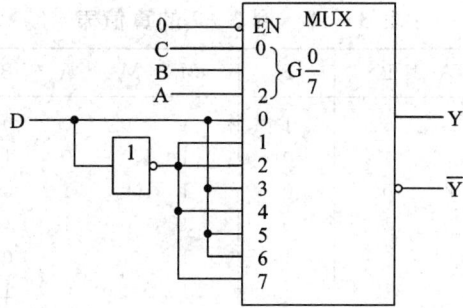

图 3-13　例 3-6 的电路图

解　根据八选一数据选择器 74151 功能可知其输出表达式为

$$Y=\overline{A_2}\,\overline{A_1}\,\overline{A_0}D_0+\overline{A_2}\,\overline{A_1}A_0D_1+\overline{A_2}A_1\overline{A_0}D_2+\overline{A_2}A_1A_0D_3$$
$$+A_2\overline{A_1}\,\overline{A_0}D_4+A_2\overline{A_1}A_0D_5+A_2A_1\overline{A_0}D_6+A_2A_1A_0D_7$$

(1) 按照图 3-13 电路的连接方式，用 A、B、C 代替上式中的 A_2、A_1、A_0，用 D 代替 D_6、D_5、D_3、D_0，$\overline{D}$ 代替 D_7、D_4、D_2、D_1，得到

$$Y=\overline{A}\,\overline{B}\,\overline{C}D+\overline{A}\,\overline{B}C\overline{D}+\overline{A}B\overline{C}\overline{D}+\overline{A}BCD+A\overline{B}\,\overline{C}\overline{D}+A\overline{B}CD+AB\overline{C}D+ABC\overline{D}$$

(2) 由此得到的电路的真值表如表 3-8 所示。由表可见，该电路是四位奇校验器，即当四位输入 A、B、C、D 中"1"的个数为奇数时，输出 Y=1，为偶数时，输出 Y=0。

表 3-8　例 3-6 的真值表

A	B	C	D	Y	A	B	C	D	Y
0	0	0	0	0	1	0	0	0	1
0	0	0	1	1	1	0	0	1	0
0	0	1	0	1	1	0	1	0	0
0	0	1	1	0	1	0	1	1	1
0	1	0	0	1	1	1	0	0	0
0	1	0	1	0	1	1	0	1	1
0	1	1	0	0	1	1	1	0	1
0	1	1	1	1	1	1	1	1	0

【解题指南与点评】　分析包含组合逻辑功能器件的电路时，应依据器件的功能给出电路的输入和输出的逻辑关系，依次判断逻辑电路的功能。若输入和输出的逻辑关系不易确定时，还要借助真值表来完成。

【例 3-7】　设计一个多功能组合逻辑电路，要求实现如表 3-9 所示的逻辑功能。其中 M_1、M_0 为多功能选择信号；A、B 为输入逻辑变量；F 为输出逻辑变量。试用八选一数据选择器和门电路实现该电路，并规定 $A_2A_1A_0=M_1M_0A$。

表 3-9　例 3-7 的逻辑功能表

M_1	M_0	F
0	0	$\overline{A+B}$
0	1	$\overline{AB}$
1	0	$A\oplus B$
1	1	$A\odot B$

解　(1) 列真值表，如表 3-10 所示。

表 3 - 10　例 3 - 7 的真值表

M_1	M_0	A	B	F	M_1	M_0	A	B	F
0	0	0	0	1	1	0	0	0	0
0	0	0	1	0	1	0	0	1	1
0	0	1	0	0	1	0	1	0	1
0	0	1	1	0	1	0	1	1	0
0	1	0	0	1	1	1	0	0	1
0	1	0	1	1	1	1	0	1	0
0	1	1	0	1	1	1	1	0	0
0	1	1	1	0	1	1	1	1	1

(2) 画卡诺图,如图 3 - 14 所示。

(3) 由卡诺图得逻辑表达式为

$$F(M_1, M_0, A, B) = \sum m(0, 4, 5, 6, 9, 10, 12, 15)$$
$$= \overline{M}_1 \overline{M}_0 \overline{A}\overline{B} + \overline{M}_1 M_0 \overline{A}\overline{B} + \overline{M}_1 M_0 \overline{A}B + \overline{M}_1 M_0 A\overline{B}$$
$$+ M_1 \overline{M}_0 \overline{A}B + M_1 \overline{M}_0 A\overline{B} + M_1 M_0 \overline{A}\overline{B} + M_1 M_0 AB$$

(4) 画电路图。以前三个变量(即 $M_1 M_0 A$)为地址,最后一个变量为数据,得 $D_0 = D_3 = D_5 = D_6 = \overline{B}$, $D_1 = 0$, $D_2 = 1$, $D_4 = D_7 = B$。电路连接如图 3 - 15 所示。

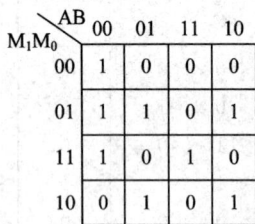

图 3 - 14　例 3 - 7 的卡诺图

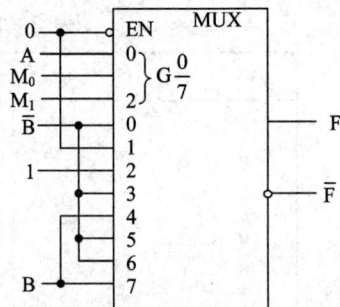

图 3 - 15　例 3 - 7 的电路连接图

【解题指南与点评】　该题的关键是列真值表。该题易出错之处在于地址线 $A_2 A_1 A_0$ 的高低位易混淆。

3.4　习题解答

3 - 1　74148 是 8 线—3 线优先编码器,其真值表如表 3 - 11 所示。在图 3 - 16 所示各电路中,确定输出 $\overline{Y}_{EX}$、$\overline{Y}_2$、$\overline{Y}_1$、$\overline{Y}_0$、Y_S 的值。

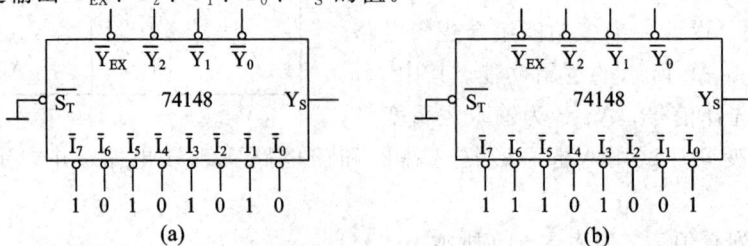

图 3 - 16　习题 3 - 1 图

表 3–11　74148 优先编码器真值表

输　入									输　出				
$\overline{S_T}$	$\overline{I}_0$	$\overline{I}_1$	$\overline{I}_2$	$\overline{I}_3$	$\overline{I}_4$	$\overline{I}_5$	$\overline{I}_6$	$\overline{I}_7$	$\overline{Y}_2$	$\overline{Y}_1$	$\overline{Y}_0$	$\overline{Y}_{EX}$	Y_S
1	×	×	×	×	×	×	×	×	1	1	1	1	1
0	1	1	1	1	1	1	1	1	1	1	1	1	0
0	×	×	×	×	×	×	×	0	0	0	0	0	1
0	×	×	×	×	×	×	0	1	0	0	1	0	1
0	×	×	×	×	×	0	1	1	0	1	0	0	1
0	×	×	×	×	0	1	1	1	0	1	1	0	1
0	×	×	×	0	1	1	1	1	1	0	0	0	1
0	×	×	0	1	1	1	1	1	1	0	1	0	1
0	×	0	1	1	1	1	1	1	1	1	0	0	1
0	0	1	1	1	1	1	1	1	1	1	1	0	1

解　(a) $\overline{Y}_{EX}$、$\overline{Y}_2$、$\overline{Y}_1$、$\overline{Y}_0$、Y_S 的值分别为 0、0、0、1、1。

(b) $\overline{Y}_{EX}$、$\overline{Y}_2$、$\overline{Y}_1$、$\overline{Y}_0$、Y_S 的值分别为 0、0、1、1、1。

3–2　用 74148 优先编码器和其他门电路构成一个 10 线—4 线 8421 BCD 编码器。提示：利用选通输入端 $\overline{S_T}$。

解　(1) 设计真值表：

输　入										输　出			
$\overline{I}_9$	$\overline{I}_8$	$\overline{I}_7$	$\overline{I}_6$	$\overline{I}_5$	$\overline{I}_4$	$\overline{I}_3$	$\overline{I}_2$	$\overline{I}_1$	$\overline{I}_0$	Y_3	Y_2	Y_1	Y_0
0	×	×	×	×	×	×	×	×	×	1	0	0	1
1	0	×	×	×	×	×	×	×	×	1	0	0	0
1	1	0	×	×	×	×	×	×	×	0	1	1	1
1	1	1	0	×	×	×	×	×	×	0	1	1	0
1	1	1	1	0	×	×	×	×	×	0	1	0	1
1	1	1	1	1	0	×	×	×	×	0	1	0	0
1	1	1	1	1	1	0	×	×	×	0	0	1	1
1	1	1	1	1	1	1	0	×	×	0	0	1	0
1	1	1	1	1	1	1	1	0	×	0	0	0	1
1	1	1	1	1	1	1	1	1	0	0	0	0	0

(2) 画电路图：

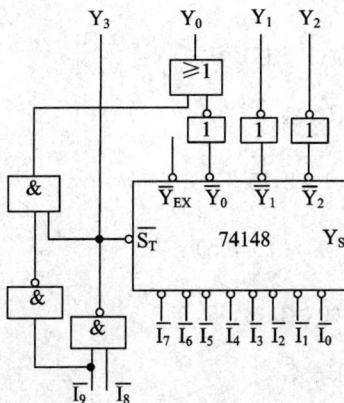

3-3 图 3-17 所示为 10 线—4 线 8421 BCD 优先编码器 74147 的引脚图,其真值表如表 3-12 所示。试确定下列情况下输出的 BCD 码:

(1) 输入引脚 1、3、5 为 0,其他输入引脚为 1。

(2) 输入引脚 2、4、10 为 0,其他输入引脚为 1。

(3) 输入引脚 3、5、11 为 0,其他输入引脚为 1。

(4) 输入引脚 4、10、12 为 0,其他输入引脚为 1。

(5) 输入引脚 5、10、13 为 0,其他输入引脚为 1。

(6) 输入引脚 10、11、13 为 0,其他输入引脚为 1。

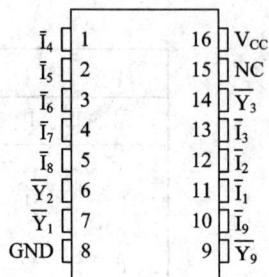

图 3-17 74147 的引脚图

表 3-12 8421 BCD 优先编码器 74147 的真值表

输 入									输 出			
$\bar{I}_1$	$\bar{I}_2$	$\bar{I}_3$	$\bar{I}_4$	$\bar{I}_5$	$\bar{I}_6$	$\bar{I}_7$	$\bar{I}_8$	$\bar{I}_9$	$\bar{Y}_3$	$\bar{Y}_2$	$\bar{Y}_1$	$\bar{Y}_0$
1	1	1	1	1	1	1	1	1	1	1	1	1
×	×	×	×	×	×	×	×	0	0	1	1	0
×	×	×	×	×	×	×	0	1	0	1	1	1
×	×	×	×	×	×	0	1	1	1	0	0	0
×	×	×	×	×	0	1	1	1	1	0	0	1
×	×	×	×	0	1	1	1	1	1	0	1	0
×	×	×	0	1	1	1	1	1	1	0	1	1
×	×	0	1	1	1	1	1	1	1	1	0	0
×	0	1	1	1	1	1	1	1	1	1	0	1
0	1	1	1	1	1	1	1	1	1	1	1	0

解 (1) 0111 (2) 0110 (3) 0111
  (4) 0110 (5) 0110 (6) 0110

3-4 用 3 线—8 线译码器 74138 和与非门实现下列函数:

(1) $F_1(A, B, C) = AB + C$

(2) $F_2(A, B, C) = A\bar{B} + B\bar{C} + C\bar{A}$

(3) $F_3(A, B, C) = (\bar{A} + \bar{B})C$

(4) $F_4(A, B, C) = (\bar{A} + B)(\bar{B} + \bar{C})$

(5) $F_5(A, B, C) = \sum m(0, 3, 5, 6)$

(6) $F_6(A, B, C) = \sum m(1, 2, 5, 7)$

(7) $F_7(A, B, C) = \prod M(0, 1, 4, 5)$

(8) $F_8(A, B, C) = \prod M(0, 2, 3, 5, 6)$

解 (1) $F_1(A, B, C) = AB + C$

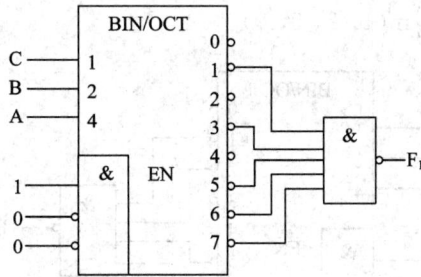

(2) $F_2(A, B, C) = A\bar{B} + B\bar{C} + C\bar{A}$

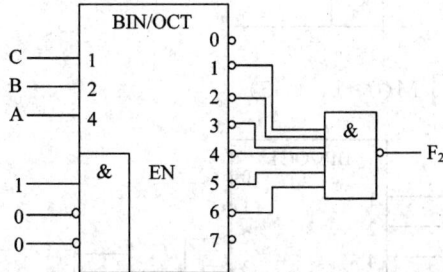

(3) $F_3(A, B, C) = (\bar{A} + \bar{B})C$

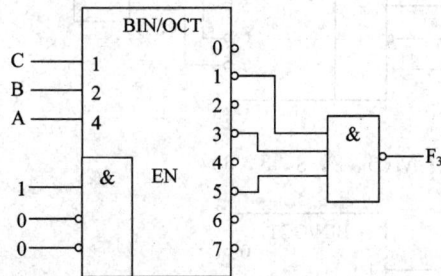

(4) $F_4(A, B, C) = (\bar{A} + B)(\bar{B} + \bar{C})$

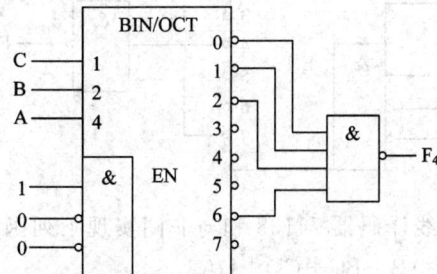

(5) $F_5(A, B, C) = \sum m(0, 3, 5, 6)$

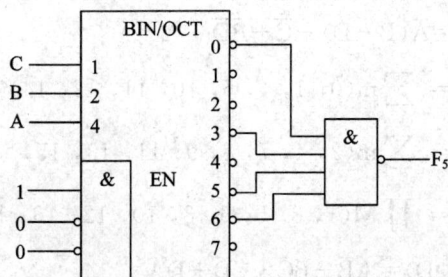

(6) $F_6(A, B, C) = \sum m(1, 2, 5, 7)$

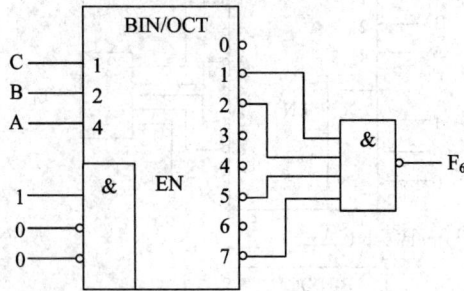

(7) $F_7(A, B, C) = \prod M(0, 1, 4, 5)$

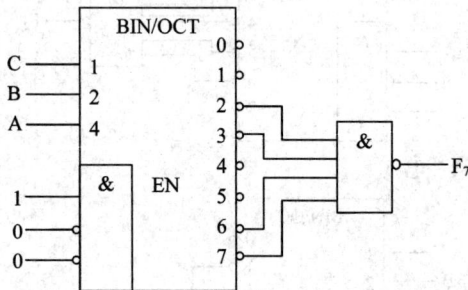

(8) $F_8(A, B, C) = \prod M(0, 2, 3, 5, 6)$

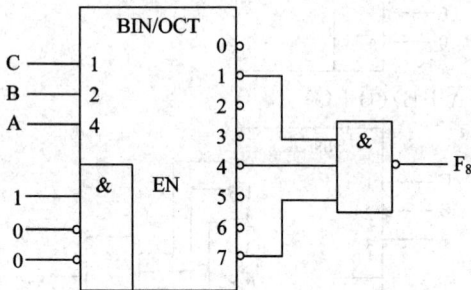

3-5 用两个 3 线—8 线译码器 74138 和与非门实现下列函数:

(1) $F_1(A, B, C, D) = A\overline{B} + B\overline{C} + C\overline{D} + D\overline{A}$

(2) $F_2(A, B, C, D) = AC + \overline{B}C\overline{D} + \overline{A}B\overline{C}\overline{D}$

(3) $F_3(A, B, C, D) = \overline{A}(B + D) + \overline{\overline{C} + B\overline{D}}$

(4) $F_4(A, B, C, D) = \sum m(0, 1, 4, 6, 10, 11, 12, 14)$

(5) $F_5(A, B, C, D) = \sum m(2, 4, 7, 8, 9, 11, 13, 15)$

(6) $F_6(A, B, C, D) = \prod M(1, 3, 5, 6, 8, 10, 12, 13, 15)$

解 (1) $F_1(A, B, C, D) = A\overline{B} + B\overline{C} + C\overline{D} + D\overline{A}$

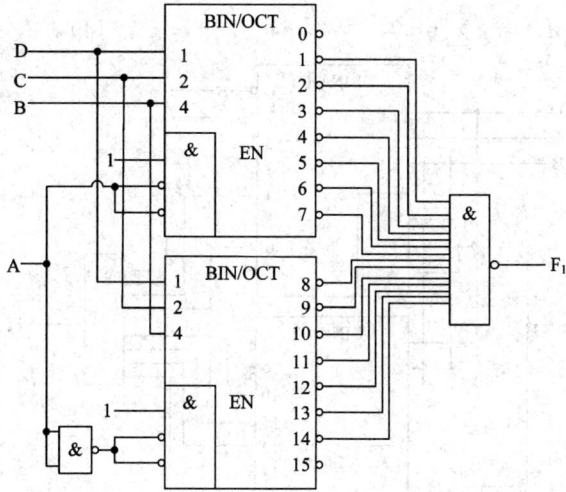

(2) $F_2(A, B, C, D) = AC + \overline{B}C\overline{D} + \overline{A}B\overline{C}D$

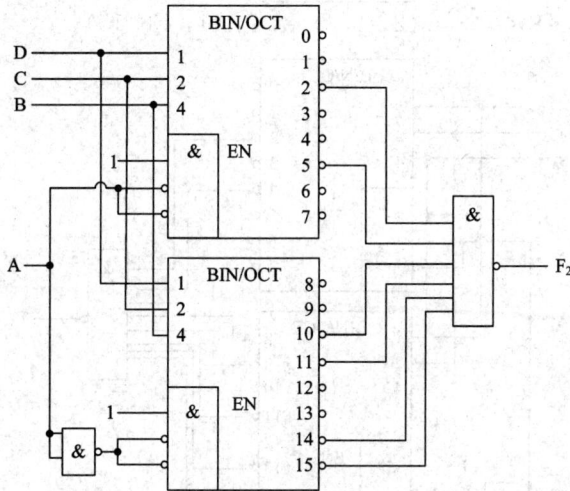

(3) $F_3(A, B, C, D) = \overline{A}(B + D) + \overline{C + \overline{B}D}$

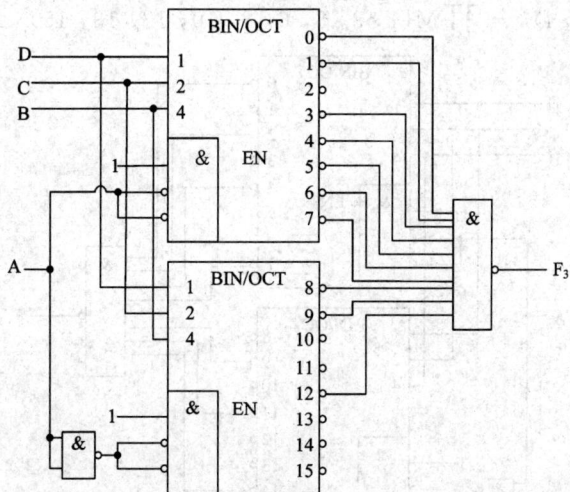

(4) $F_4(A, B, C, D) = \sum m(0, 1, 4, 6, 10, 11, 12, 14)$

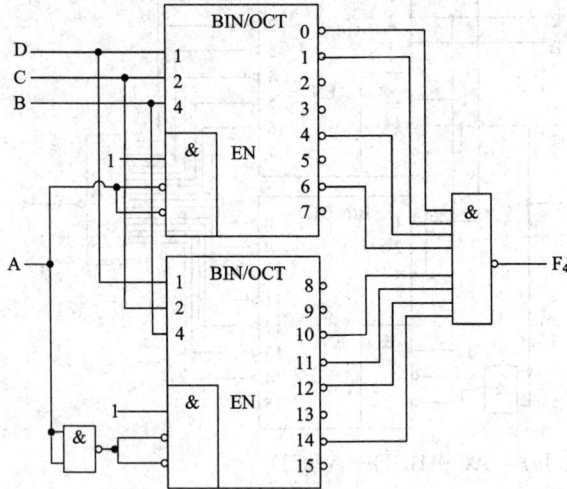

(5) $F_5(A, B, C, D) = \sum m(2, 4, 7, 8, 9, 11, 13, 15)$

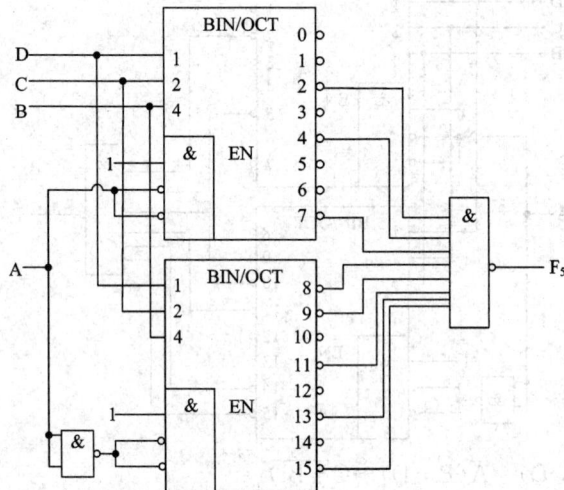

(6) $F_6(A, B, C, D) = \prod M(1, 3, 5, 6, 8, 10, 12, 13, 15)$

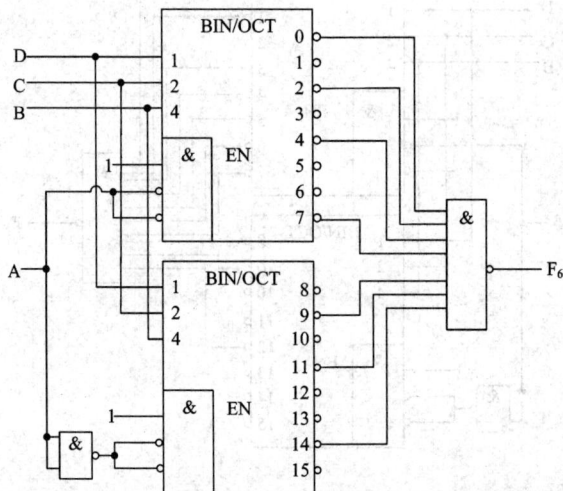

3-6　二—十进制译码器 74LS42 的真值表如表 3-13 所示，写出各个输出的逻辑表达式。

表 3-13　二—十进制译码器 74LS42 的真值表

输　入				输　　出									
A_3	A_2	A_1	A_0	$\overline{Y}_0$	$\overline{Y}_1$	$\overline{Y}_2$	$\overline{Y}_3$	$\overline{Y}_4$	$\overline{Y}_5$	$\overline{Y}_6$	$\overline{Y}_7$	$\overline{Y}_8$	$\overline{Y}_9$
0	0	0	0	0	1	1	1	1	1	1	1	1	1
0	0	0	1	1	0	1	1	1	1	1	1	1	1
0	0	1	0	1	1	0	1	1	1	1	1	1	1
0	0	1	1	1	1	1	0	1	1	1	1	1	1
0	1	0	0	1	1	1	1	0	1	1	1	1	1
0	1	0	1	1	1	1	1	1	0	1	1	1	1
0	1	1	0	1	1	1	1	1	1	0	1	1	1
0	1	1	1	1	1	1	1	1	1	1	0	1	1
1	0	0	0	1	1	1	1	1	1	1	1	0	1
1	0	0	1	1	1	1	1	1	1	1	1	1	0
1	0	1	0	1	1	1	1	1	1	1	1	1	1
1	0	1	1	1	1	1	1	1	1	1	1	1	1
1	1	0	0	1	1	1	1	1	1	1	1	1	1
1	1	0	1	1	1	1	1	1	1	1	1	1	1
1	1	1	0	1	1	1	1	1	1	1	1	1	1
1	1	1	1	1	1	1	1	1	1	1	1	1	1

解　$\overline{Y}_0=A_3+A_2+A_1+A_0$, $\overline{Y}_1=A_3+A_2+A_1+\overline{A}_0$, $\overline{Y}_2=A_3+A_2+\overline{A}_1+A_0$

$\overline{Y}_3=A_3+A_2+\overline{A}_1+\overline{A}_0$, $\overline{Y}_4=A_3+\overline{A}_2+A_1+A_0$, $\overline{Y}_5=A_3+\overline{A}_2+A_1+\overline{A}_0$

$\overline{Y}_6=A_3+\overline{A}_2+\overline{A}_1+A_0$, $\overline{Y}_7=A_3+\overline{A}_2+\overline{A}_1+\overline{A}_0$, $\overline{Y}_8=\overline{A}_3+A_2+A_1+A_0$

$\overline{Y}_9=\overline{A}_3+A_2+A_1+\overline{A}_0$

3-7　写出如图 3-18(a)所示电路中 F_1、F_2、F_3 的逻辑表达式并画出它们的波形图，其中，A、B、C、D 的波形如图 3-18(b)所示。

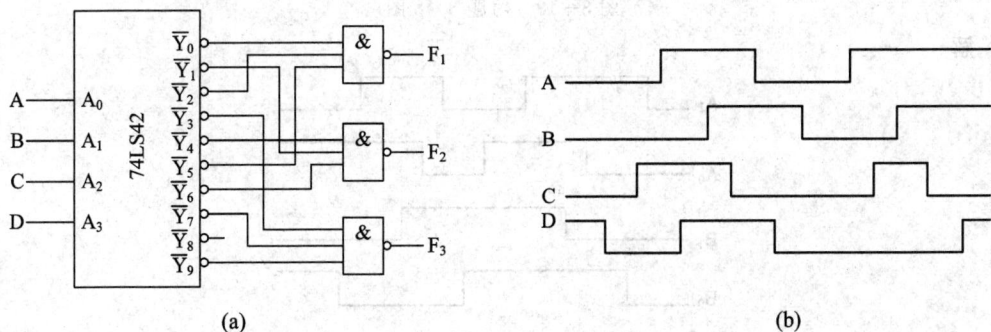

(a)　　　　　　　　　　　　　　(b)

图 3-18　习题 3-7 图

解　F_1、F_2、F_3 的逻辑表达式分别为

$$F_1=\overline{(D+C+B+A)(D+C+\overline{B}+A)(D+\overline{C}+B+\overline{A})}=\overline{A}C\overline{D}+AB\overline{C}\overline{D}$$

$$F_2=\overline{(D+\overline{C}+B+A)(D+C+B+\overline{A})(D+\overline{C}+\overline{B}+A)}=\overline{A}C\overline{D}+A\overline{B}\overline{C}\overline{D}$$

$$F_3=\overline{(D+C+\overline{B}+\overline{A})(D+\overline{C}+\overline{B}+\overline{A})(\overline{D}+C+B+\overline{A})}=AB\overline{D}+A\overline{B}CD$$

它们的波形图如下：

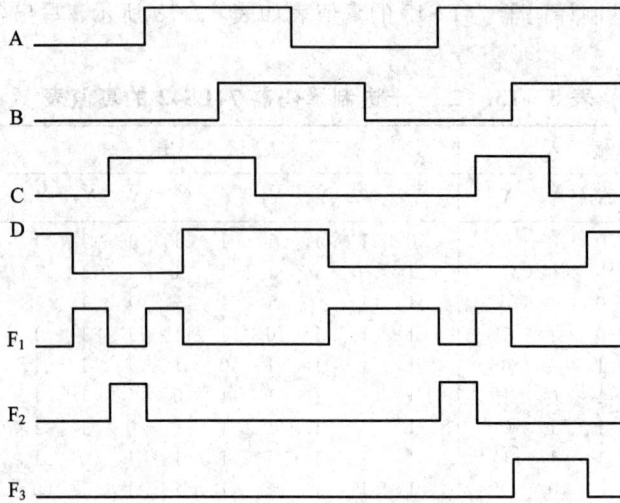

3-8 画出如图 3-19(a)所示电路中 S_1、S_0、C_1 的波形图,其中,A_1、A_0、B_1、B_0、C_0 的波形如图 3-19(b)所示。

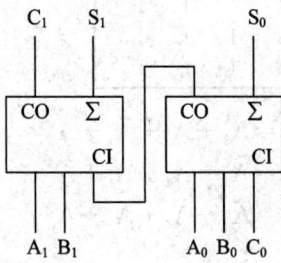

(a)

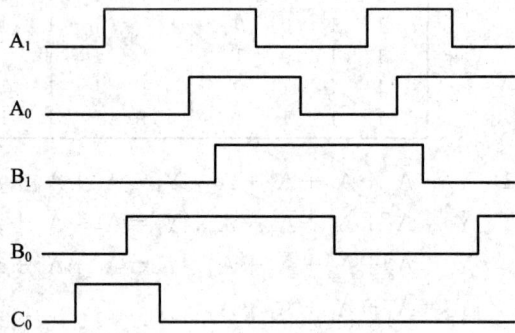

(b)

图 3-19 习题 3-8 图

解

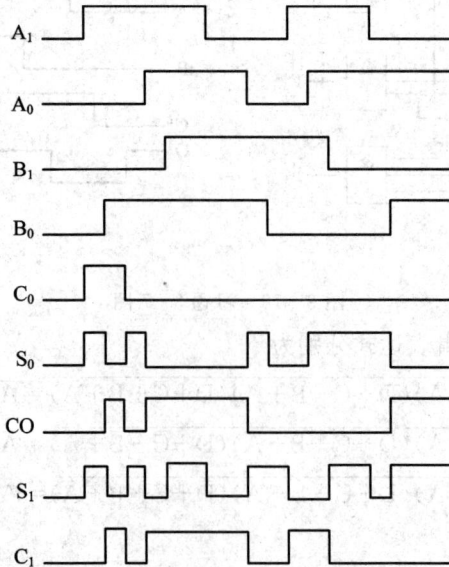

3 - 9　分析图 3 - 20 所示电路，写出 F_1 和 F_2 的逻辑表达式。

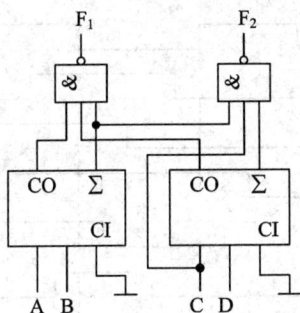

图 3 - 20　习题 3 - 9 图

解　$F_1 = \overline{(A \oplus B) \overline{ABCD}}$，$F_2 = \overline{(A \oplus B)(C \oplus D)C}$

3 - 10　用 74238 四位加法器和门电路设计一个四位二进制减法电路。

解　先求减数的补码，然后与被减数相加即可。电路图如下：

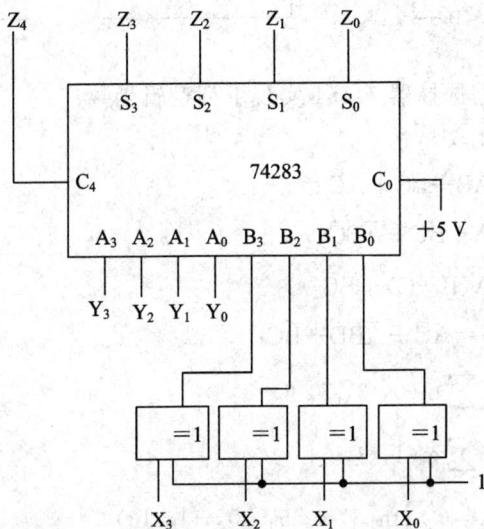

3 - 11　画出如图 3 - 21 所示电路中四位比较器 7485 输出端的波形图。

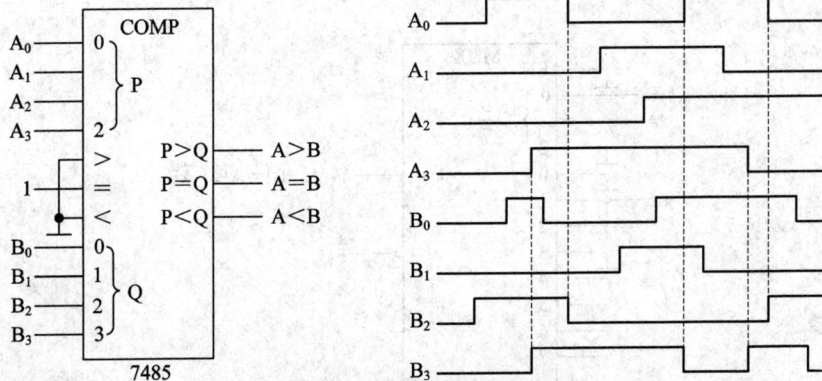

图 3 - 21　习题 3 - 11 图

解

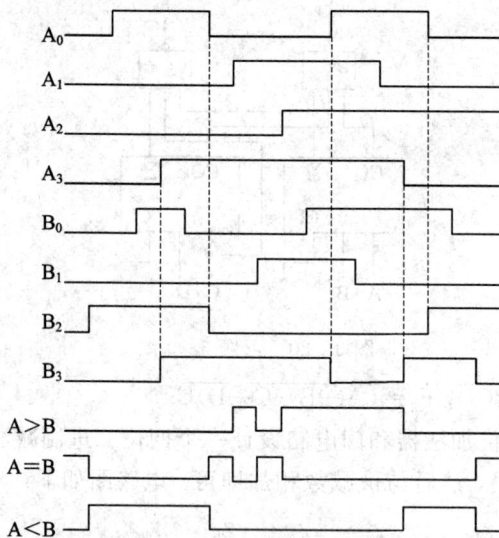

3-12 用八选一数据选择器 74151 实现下列逻辑函数:

(1) $F_1(A, B) = A\overline{B} + \overline{A}B$

(2) $F_2(A, B, C) = \overline{A}\overline{B} + \overline{B}\overline{C} + \overline{A}\overline{C}$

(3) $F_3(A, B, C) = A + \overline{B}C + \overline{A}B\overline{C}$

(4) $F_4(A, B, C) = \overline{A}(B+C) + \overline{B}\overline{C}$

(5) $F_5(A, B, C, D) = A\overline{C} + A\overline{B}D + \overline{B}CD$

(6) $F_6(A, B, C) = \sum m(0, 3, 5, 6)$

(7) $F_7(A, B, C) = \sum m(1, 3, 6, 7)$

(8) $F_8(A, B, C, D) = \sum m(3, 4, 5, 10, 11, 13)$

解 (1) $F_1(A, B) = A\overline{B} + \overline{A}B$

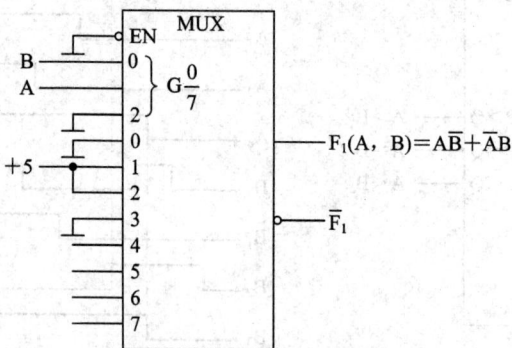

(2) $F_2(A, B, C) = \overline{A}\overline{B} + \overline{B}\overline{C} + \overline{A}C$

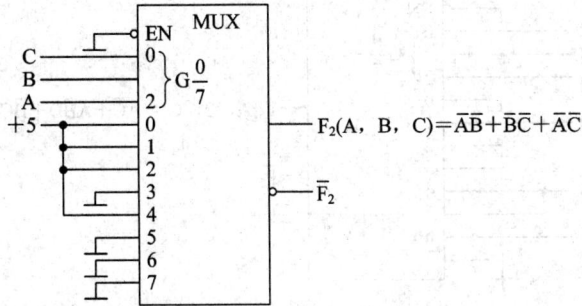

(3) $F_3(A, B, C) = A + \overline{B}C + \overline{A}B\overline{C}$

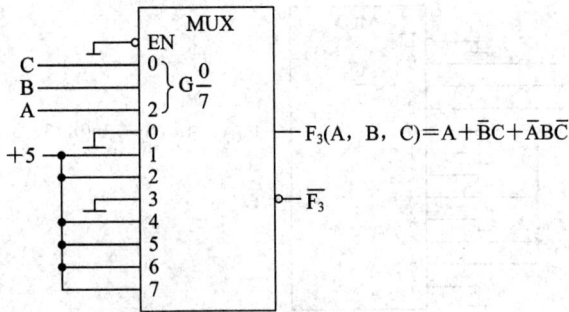

(4) $F_4(A, B, C) = \overline{A}(B+C) + \overline{B}\overline{C}$

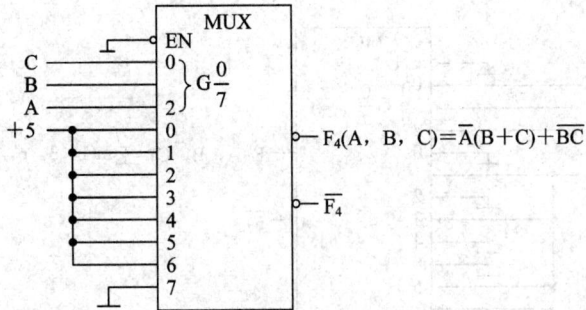

(5) $F_5(A, B, C, D) = A\overline{C} + A\overline{B}D + \overline{B}CD$

A	B	C	D	F	A	B	C	D	F
0	0	0	0	0	1	0	0	0	1
0	0	0	1	0	1	0	0	1	1
0	0	1	0	0	1	0	1	0	0
0	0	1	1	1	1	0	1	1	1
0	1	0	0	0	1	1	0	0	1
0	1	0	1	0	1	1	0	1	1
0	1	1	0	0	1	1	1	0	0
0	1	1	1	0	1	1	1	1	0

MUX
EN
0
1
2 } G $\frac{0}{7}$
0
1
2
3
4
5
6
7

C
B
A

D

+5

+5

$F_5(A, B, C) = A\bar{C} + A\bar{B}D + \bar{B}CD$

$\overline{F_5}$

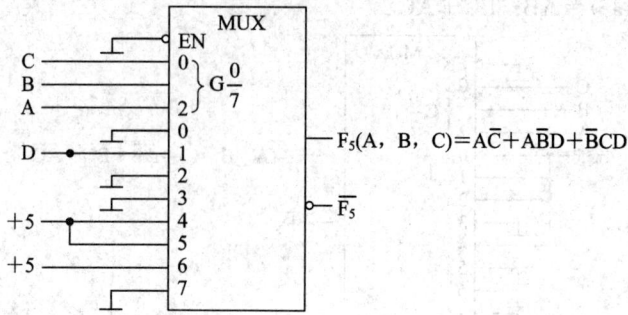

(6) $F_6(A, B, C) = \sum m(0, 3, 5, 6)$

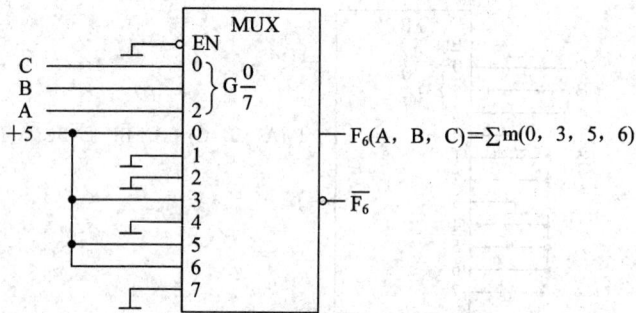

MUX
EN
0
1
2 } G $\frac{0}{7}$
0
1
2
3
4
5
6
7

C
B
A
+5

$F_6(A, B, C) = \sum m(0, 3, 5, 6)$

$\overline{F_6}$

(7) $F_7(A, B, C) = \sum m(1, 3, 6, 7)$

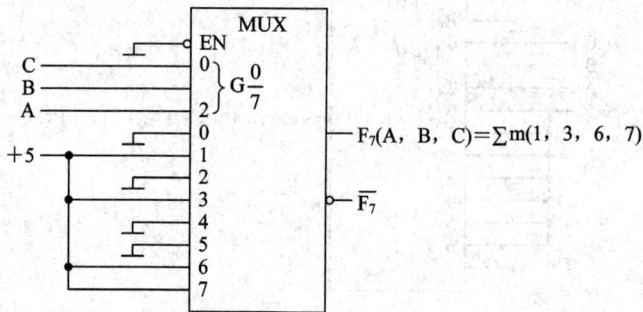

MUX
EN
0
1
2 } G $\frac{0}{7}$
0
1
2
3
4
5
6
7

C
B
A
+5

$F_7(A, B, C) = \sum m(1, 3, 6, 7)$

$\overline{F_7}$

(8) $F_8(A, B, C, D) = \sum m(3, 4, 5, 10, 11, 13)$

A	B	C	D	F	A	B	C	D	F
0	0	0	0	0	1	0	0	0	0
0	0	0	1	0	1	0	0	1	0
0	0	1	0	0	1	0	1	0	1
0	0	1	1	1	1	0	1	1	1
0	1	0	0	1	1	1	0	0	0
0	1	0	1	1	1	1	0	1	1
0	1	1	0	0	1	1	1	0	0
0	1	1	1	0	1	1	1	1	0

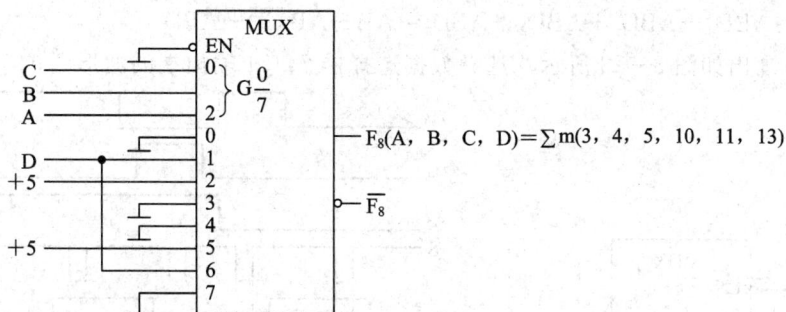

$F_8(A, B, C, D) = \sum m(3, 4, 5, 10, 11, 13)$

3-13　用八选一数据选择器 74151 设计实现一个一位全加器。

解　(1) 真值表：

C_I	A	B	F	C_O	C_I	A	B	F	C_O
0	0	0	0	0	1	0	0	1	0
0	0	1	1	0	1	0	1	0	1
0	1	0	1	0	1	1	0	0	1
0	1	1	0	1	1	1	1	1	1

(2) 电路图：

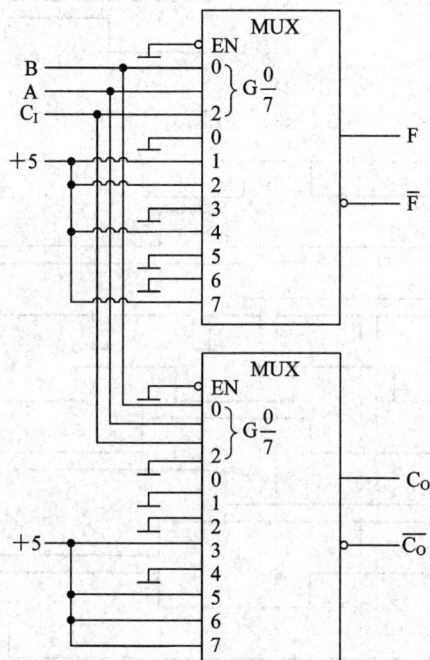

3-14　写出如图 3-22 所示电路输出的逻辑表达式。

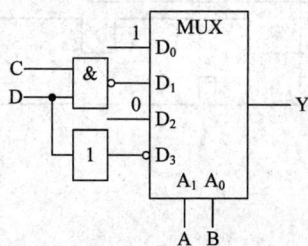

图 3-22　习题 3-14 图

解　$Y = \overline{A}\overline{B}D_0 + \overline{A}BD_1 + A\overline{B}D_2 + ABD_3 = \overline{A}\overline{B} + \overline{A}B\,\overline{C}\overline{D} + AB\overline{D}$

3-15　画出如图 3-23 所示八选一数据选择器 74151 输出端的波形图。

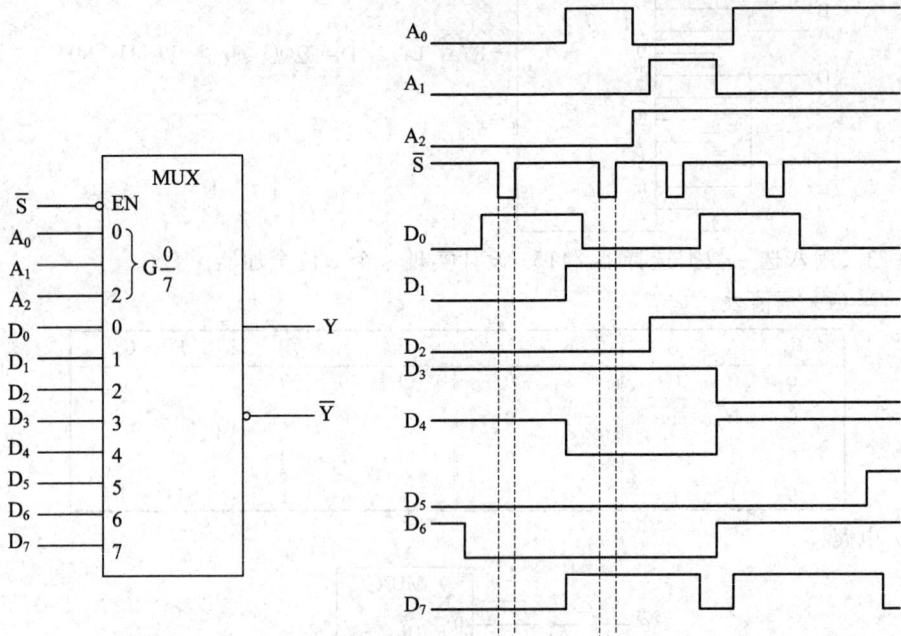

图 3-23　习题 3-15 图

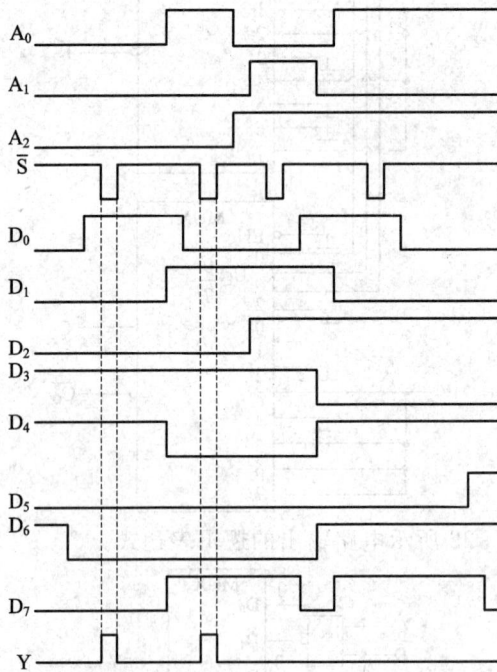

第 4 章　时序逻辑电路

4.1　内　容　提　要

1. 时序逻辑电路的基本特点

时序逻辑电路的特点是：电路的输出状态不仅与同一时刻的输入状态有关，而且与电路的原有状态有关。组成时序电路的除有组合逻辑电路外，还有存储记忆电路。常见的存储记忆电路是由触发器构成的。时序逻辑电路按时钟信号的不同可分为两大类：

(1) 同步时序逻辑电路：电路中的存储单元(触发器)共用同一时钟信号，并在同一时刻进行各自状态的转移。

(2) 异步时序逻辑电路：电路中的存储单元(触发器)有各自的时钟信号，其状态的转移不是同时进行的。

2. 触发器

触发器是时序逻辑电路中的基本单元电路，它具有两个稳定的状态，分别称为 0 状态和 1 状态。

3. 触发器的电路结构和动作特点

1) 基本 RS 触发器

基本 RS 触发器是各种触发器中结构最简单的一种，可用两个与非门或两个或非门通过交叉耦合构成。

图 4-1(a)是一个由两个与非门构成的基本 RS 触发器电路，图 4-1(b)是它的逻辑符号。$\bar{R}$ 和 $\bar{S}$ 是信号输入端，字母上的反号表示低电平有效。它有两个输出端，分别为 Q 与 $\bar{Q}$。

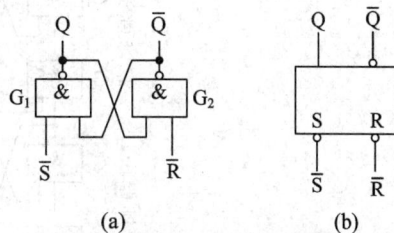

图 4-1　基本 RS 触发器
(a) 电路图；(b) 逻辑符号

在基本 RS 触发器电路中，由于不存在控制信号，且输入信号是直接加到与非门的输入端的，因此只要 S 或 R 发生变化，都可能导致触发器的输出状态随之发生变化。其中，S 称为直接置位端，R 称为直接复位端。

2) 同步 RS 触发器

同步 RS 触发器是在基本 RS 触发器的基础上增加一个时钟控制端构成的，其目的是提高触发器的抗干扰能力，同时使多个触发器能够在一个控制信号的作用下同步工作。图

4-2(a)是一个由与非门组成的同步 RS 触发器,图 4-2(b)是它的逻辑符号。

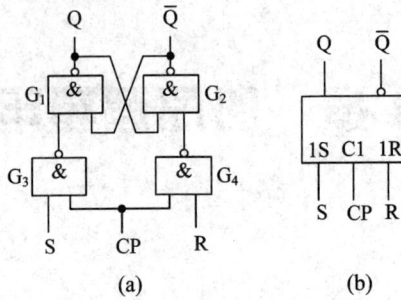

图 4-2 同步 RS 触发器
(a) 电路图;(b) 逻辑符号

在 R 和 S 之间连接一个非门,使 R 和 S 互反,这样就得到了 D 触发器。图 4-3(a)是一个由与非门组成的同步 D 触发器,图 4-3(b)是它的逻辑符号。

对于同步触发器,当时钟控制信号为某一种电平值时(在上述同步电路中,CP=1 时),输入信号能影响触发器的输出状态,此时称为时钟控制信号有效;而当时钟控制信号为另一种电平值时(在上述同步电路中,CP=0 时),输入信号不会影响触发器的输出,其状态保持不变,此时称时钟信号无效。

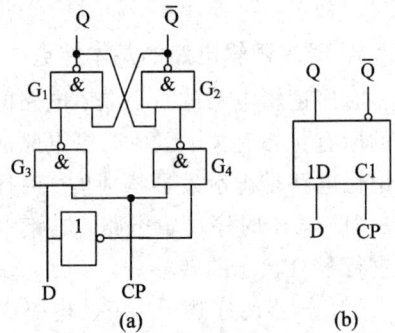

图 4-3 同步 D 触发器
(a) 电路图;(b) 逻辑符号

3) 主从触发器

主从触发器由两个时钟信号相反的同步触发器相连而成。图 4-4(a)是一个主从 RS 触发器电路,图 4-4(b)是它的逻辑符号。

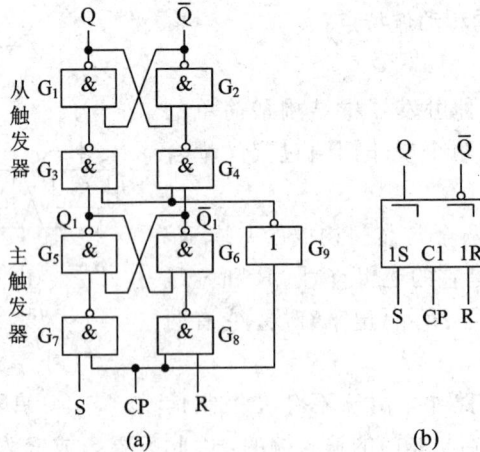

图 4-4 主从 RS 触发器
(a) 电路图;(b) 逻辑符号

从 Q 和 $\overline{Q}$ 端引回反馈,从而可构成所谓的 JK 触发器。JK 触发器电路图如图 4-5(a)所示,图 4-5(b)为其逻辑符号。

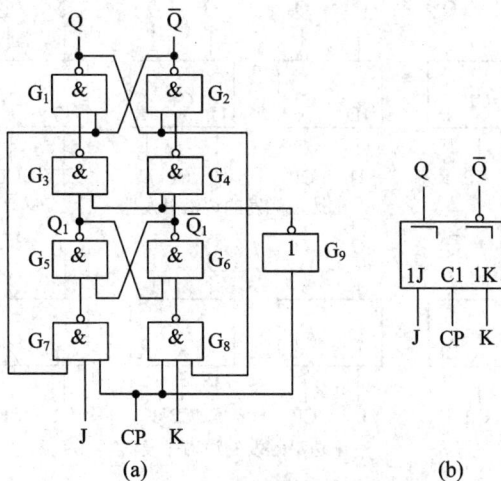

图 4-5　主从 JK 触发器

(a) 电路图；(b) 逻辑符号

把 JK 触发器的 J 端和 K 端连接在一起并用 T 表示，就能得到 T 触发器，如图 4-6 (a)所示，图 4-6(b)为它的逻辑符号。

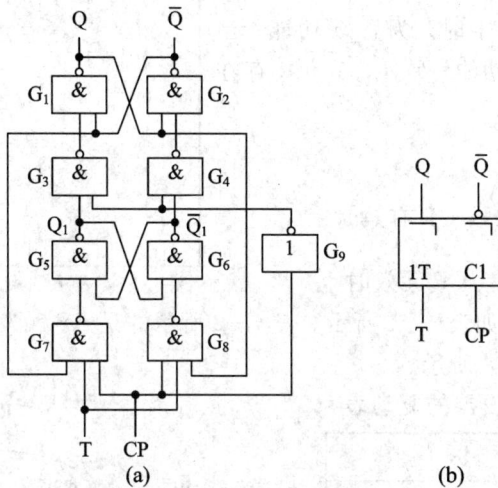

图 4-6　主从 T 触发器

(a) 电路图；(b) 逻辑符号

主从触发器采用主从控制结构，从根本上解决了输入信号直接控制的问题，具有 CP=1 期间接收输入信号、CP 下降沿到来时触发的特点。

4) 边沿触发器

为进一步提供可靠性，增强抗干扰能力，克服主从触发器存在的缺点，设计了边沿触发器。边沿触发器分为上边沿触发和下边沿触发，其逻辑符号如图 4-7 所示。

边沿触发器输出的次态仅取决于现态和时钟边沿时的输入信号，在这之前的输入信号的变化对触发器输出的次态无影响，即触发器状态只在时钟边沿时能发生改变，而当时钟控制信号不为边沿时，输入信号不会影响触发器的输出，其状态保持不变。

上边沿触发的边沿触发器

下边沿触发的边沿触发器

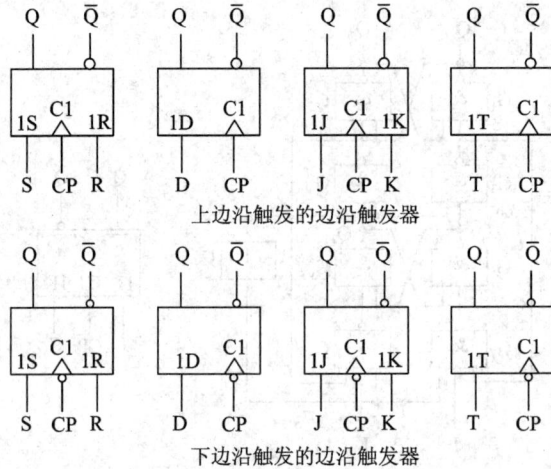

图 4 - 7 边沿触发器的逻辑符号

4. 触发器的逻辑功能

1) RS 触发器

逻辑功能:RS 触发器具有三种逻辑功能,分别为保持、置 0 和置 1。当 S＝0,R＝0 时,为保持功能;当 S＝0,R＝1 时,为置 0 功能;当 S＝1,R＝0 时,为置 1 功能。另外,S 和 R 存在约束条件 RS＝0。

特性方程:

$$\begin{cases} Q^{n+1}=S+\overline{R}Q^n \\ RS=0 \end{cases}, \text{CP 有效时}$$

$$Q^{n+1}=Q^n, \quad \text{CP 无效时}$$

表 4 - 1 基本 RS 触发器的特性表

R	S	Q^n	Q^{n+1}	逻辑功能
0	0	0	0	保持
0	0	1	1	保持
0	1	0	1	置 1
0	1	1	1	置 1
1	0	0	0	置 0
1	0	1	0	置 0
1	1	0	×	约束
1	1	1	×	约束

注:"×"表示约束。

RS 触发器的特性表如表 4 - 1 所示。表 4 - 2 所示的是 RS 触发器的驱动表。RS 触发器的状态转移图如图 4 - 8 所示。

表 4 - 2 RS 触发器的驱动表

Q^n	Q^{n+1}	R	S
0	0	×	0
0	1	0	1
1	0	1	0
1	1	0	×

注:"×"表示可 0 可 1。

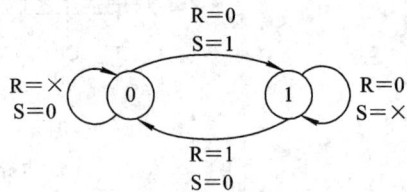

图 4 - 8 RS 触发器的状态转换图

注意:触发器的特性表、驱动表、状态转换图都是在时钟有效这一前提下才有意义的。

2) D 触发器

逻辑功能:D 触发器具有两种逻辑功能,分别为置 0 和置 1。当 D＝0 时,为置 0 功能;当 D＝1 时,为置 1 功能。

特性方程:

$$Q^{n+1}=D, \text{CP 有效时}$$

$$Q^{n+1}=Q^n，CP 无效时$$

D 触发器的特性表、驱动表和状态转换图分别如表 4-3、表 4-4 和图 4-9 所示。

表 4-3 D 触发器的特性表

D	Q^n	Q^{n+1}	逻辑功能
0	0	0	置 0
0	1	0	
1	0	1	置 1
1	1	1	

表 4-4 D 触发器的驱动表

Q^n	Q^{n+1}	D
0	0	0
0	1	1
1	0	0
1	1	1

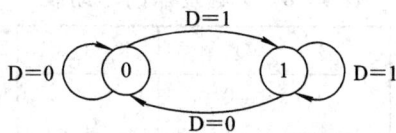

图 4-9 D 触发器的状态转换图

3) JK 触发器

逻辑功能：JK 触发器具有四种逻辑功能，分别为保持、置 0、置 1 和翻转。当 J=0，K=0 时，为保持功能；当 J=0，K=1 时，为置 0 功能；当 J=1，K=0 时，为置 1 功能；当 J=1，K=1 时，为翻转功能。

特性方程：

$$Q^{n+1}=J\overline{Q}^n+\overline{K}Q^n，CP 有效时$$
$$Q^{n+1}=Q^n，\qquad CP 无效时$$

JK 触发器的特性表如表 4-5 所示。表 4-6 所示的是 JK 触发器的驱动表。JK 触发器的状态转换图如图 4-10 所示。

表 4-5 JK 触发器的特性表

J	K	Q^n	Q^{n+1}	逻辑功能
0	0	0	0	保持
0	0	1	1	
0	1	0	0	置 0
0	1	1	0	
1	0	0	1	置 1
1	0	1	1	
1	1	0	1	翻转
1	1	1	0	

表 4-6 JK 触发器的驱动表

Q^n	Q^{n+1}	J	K
0	0	0	×
0	1	1	×
1	0	×	1
1	1	×	0

注："×"表示可 0 可 1。

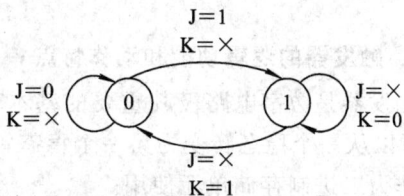

图 4-10 JK 触发器的状态转换图

4) T 触发器

逻辑功能：T 触发器具有两种逻辑功能，分别为保持和翻转。当 T=0 时，为保持功能；当 T=1 时，为翻转功能。

特性方程：

$$Q^{n+1} = T\overline{Q^n} + \overline{T}Q^n, \quad \text{CP 有效时}$$
$$Q^{n+1} = Q^n, \qquad\qquad \text{CP 无效时}$$

T 触发器的特性表、驱动表和状态转换图分别如表 4-7、表 4-8 和图 4-11 所示。

表 4-7 T 触发器的特性表

T	Q^n	Q^{n+1}	逻辑功能
0	0	0	保持
0	1	1	
1	0	1	翻转
1	1	0	

表 4-8 T 触发器的驱动表

Q^n	Q^{n+1}	T
0	0	0
0	1	1
1	0	1
1	1	0

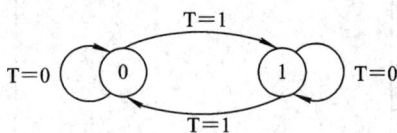

图 4-11 T 触发器的状态转换图

5. 状态转换表和状态转换图

时序电路的输出 Z 与组合电路不同,它不仅与当时的输入 X 有关,而且与时序电路的状态 Q 有关。时序电路不同的状态变化规律,也即转换规律形成了不同的时序逻辑电路。时序电路状态的变化规律可用状态转换表或状态转换图来描述。状态转换表或状态转换图简称为状态表或状态图。

状态表以表格形式表示输入变量 X 和时序电路原状态 Q^n 与输出变量 Z 和时序电路次状态 Q^{n+1} 之间的转换关系。

状态图则以图形的形式来表示这种转换关系,比状态表更直观地描述了状态转换与循环规律。

4.2 重点难点

1. 触发器的逻辑功能和动作特点

触发器是数字电路极其重要的基本单元。触发器有两个稳定状态,在外界信号作用下,可以从一个稳态转变为另一个稳态;无外界信号作用时状态保持不变。因此,触发器可以作为二进制存储单元使用。

触发器的逻辑功能可以用真值表、卡诺图、特性方程、状态图和波形图等五种方式来描述。触发器的特性方程是表示其逻辑功能的重要逻辑函数,在分析和设计时序电路时常用来作为判断电路状态转换的依据。

要区分触发器的电路结构和逻辑功能这两个不同的概念,重点要掌握触发器的外部特性,对触发器内部电路的具体结构和内部各部分的详细工作过程进行介绍和分析的目的就是为了帮助理解每种触发器的动作特点。同一种功能的触发器可以用不同的电路结构形式来实现;反之,同一种电路结构形式,可以构成具有不同功能的各种类型触发器。

由于动作特点的不同,不同电路结构的两个触发器即使逻辑功能相同,在同样的输入信号作用下得到的输出也可能是不同的,因此,不一定能互换使用。

2. 不同逻辑功能触发器间的转换

触发器转换常用的方法有公式法和图表法两种。

公式法的转换步骤:

(1) 写出已有触发器和期待触发器的特性方程。

(2) 将期待触发器的特性方程变换成已有触发器特性方程的形式。

(3) 比较两个触发器的特性方程,求出转换电路的逻辑表达式。

(4) 画出逻辑电路图。

图表法的转换步骤:

(1) 根据期待触发器的特性表和已有触发器的驱动表列出转换电路的真值表。

(2) 根据真值表求出转换电路的逻辑表达式。

(3) 画出逻辑电路图。

3. 时序逻辑电路的分析

分析时序逻辑电路,就是要根据电路的逻辑图,总结出其逻辑功能,并用一定的方式描述出来。

同步时序逻辑电路的分析步骤:

(1) 根据逻辑图写方程,包括时钟方程、输出方程和各个触发器的驱动方程。由于同步时序逻辑电路的时钟都是统一的,因此时钟方程也可以省略不写。

(2) 将驱动方程代入触发器的特性方程,得到各个触发器的状态方程。

(3) 根据状态方程和输出方程进行计算,求出各种不同输入和现态情况下电路的次态和输出;根据计算结果列状态表。

(4) 画状态图和时序图。

异步时序逻辑电路的分析步骤:

(1) 根据逻辑图写方程,包括时钟方程、输出方程和各个触发器的驱动方程。

(2) 将驱动方程代入触发器的特性方程,得到各个触发器的状态方程。

(3) 根据时钟方程、状态方程和输出方程进行计算,求出各种不同输入和现态情况下电路的次态和输出;根据计算结果列状态表。在计算的时候,要根据各个触发器的时钟方程来确定触发器的时钟信号是否有效。如果时钟信号有效,则按照状态方程计算触发器的次态;如果时钟信号无效,则触发器的状态不变。

(4) 画状态图和时序图。

4. 时序逻辑电路的设计

设计时序逻辑电路就是要根据具体的逻辑功能要求,求出电路输入/输出间的逻辑关系,画出逻辑图,并用最少的器件实现电路。

同步时序逻辑电路的设计步骤:

(1) 分析逻辑功能要求,画符号状态转换图。

(2) 进行状态化简。

(3) 确定触发器的数目,进行状态分配,画状态转换图。

(4) 选定触发器的类型,求出各触发器的驱动信号和电路输出的方程。

(5) 检查电路能否自启动。如不能自启动,则进行修改。

(6) 画逻辑图并实现电路。

异步时序逻辑电路的设计步骤:

(1) 分析逻辑功能要求,画符号状态转换图,进行状态化简。

(2) 确定触发器的数目和类型,进行状态分配,画状态转换图。

(3) 根据状态转换图画时序图。

(4) 利用时序图给各个触发器选时钟信号。

(5) 根据状态转换图列状态转换表。

(6) 根据所选时钟和状态转换表,列出触发器驱动信号的真值表。

(7) 求驱动方程。

(8) 检查电路能否自启动。如不能自启动,则进行修改。

(9) 根据驱动方程和时钟方程画逻辑图,实现电路。

在异步时序逻辑电路的设计中,选择时钟一般依据的原则为:在触发器状态发生变化的时刻,必须有有效的时钟信号;在触发器状态不发生变化的其他时刻,最好没有有效的时钟信号。

4.3 典 型 例 题

【例 4 - 1】 一种特殊的同步 RS 触发器如图 4 - 12 所示。

(1) 列出状态转换真值表。

(2) 写出次态方程。

(3) R 与 S 是否需要约束条件?

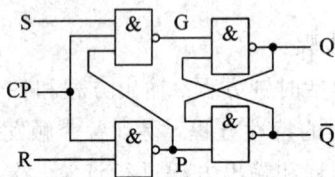

图 4 - 12 例 4 - 1 的电路图

解 (1) 列出电路的状态转换真值表。

① CP = 0 时: G = 1, P = 1, $Q^{n+1} = Q^n$,状态保持。

② CP = 1 时:

· 若 R = 0, S = 0,则 G = 1, P = 1, $Q^{n+1} = Q^n$,状态保持。

· 若 R = 0, S = 1,则 G = 0, P = 1,从而 $Q^{n+1} = 1$。

· 若 R = 1, S = 0,则 G = 1, P = 0,从而 $Q^{n+1} = 0$。

· 若 R = 1, S = 1,则 G = 1, P = 0,从而 $Q^{n+1} = 0$。

电路的状态转换真值表如表 4 - 9 所示。

(2) 求次态方程。将表 4 - 9 转换成状态转换卡诺图,如图 4 - 13 所示。

表 4-9　例 4-1 的状态转换真值表

CP	R	S	Q^{n+1}
0	×	×	Q^n
1	0	0	Q^n
1	0	1	1
1	1	0	0
1	1	1	0

CPQ\RS	00	01	11	10
00	0	0	0	0
01	1	1	1	1
11	1	1	0	0
10	0	1	0	0

图 4-13　例 4-1 的卡诺图

由图可得：

$$Q^{n+1}=CP\cdot\overline{R}\cdot(S+Q^n)+\overline{CP}\cdot Q^n$$

(3) R 与 S 不需要约束条件。

【解题指南与点评】　该题是一个基本概念题，解题所用的方法也是基本分析方法，是必须掌握的。

【例 4-2】　JK 触发器的时钟 CP 及输入信号 J、K 的波形如图 4-14 所示。试分别画出主从 JK 触发器和下降沿触发的边沿 JK 触发器的输出 Q 的波形。设触发器初态为 0。

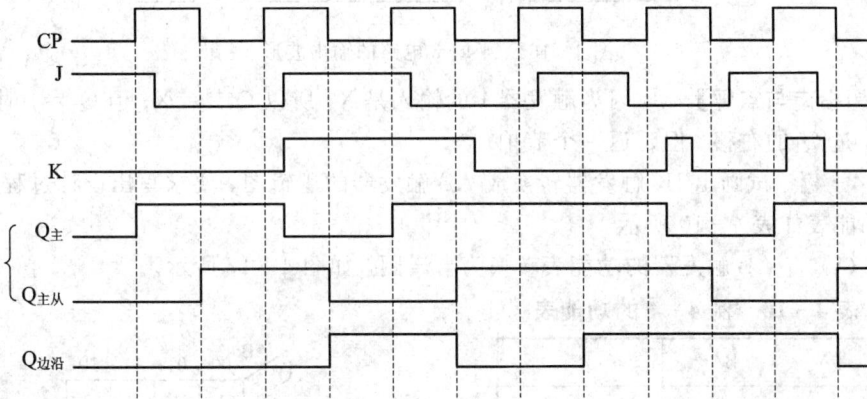

图 4-14　例 4-2 的工作波形图

解　主从 JK 触发器的特性方程为

$$Q^{n+1}=J\overline{Q^n}+\overline{K}Q^n\qquad(CP:\sqcap)$$

下降沿触发的边沿 JK 触发器的特性方程为

$$Q^{n+1}=J\overline{Q^n}+\overline{K}Q^n\qquad(CP:\downarrow)$$

【解题指南与点评】　主从型和下降沿触发边沿型 JK 触发器的状态转换特点相同，状态转换时刻相同，但二者采样激励信号的时刻不同。主从型 JK 触发器在 CP 脉冲的上升沿采样激励信号，并且存在主触发器在 CP=1 期间的"一次变化特性"；下降沿触发的边沿型 JK 触发器只在 CP 脉冲的下降沿到达时刻采样激励信号的值，而在此时刻之前或之后激励信号的值对触发器的状态没有影响。

【例 4-3】　已知 D 触发器构成的时序电路及输入波形如图 4-15 所示，设 Q_2、Q_1 初态均为 0。试画出 Q_2、Q_1 的波形图。

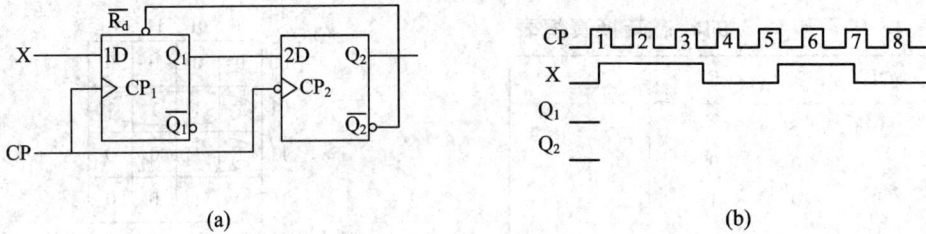

(a)　　　　　　　　　　　　　　　　　　(b)

图 4-15　例 4-3 的电路及输入波形

(a) 电路图;(b) 输入波形图

解　Q_2、Q_1 的波形图如 4-16 所示。

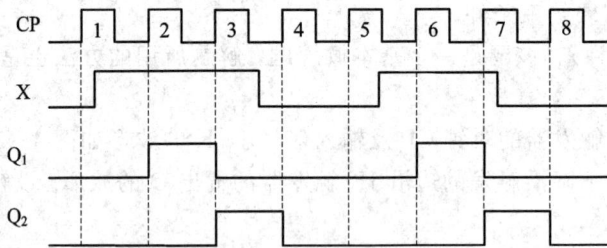

图 4-16　例 4-3 电路的输出波形

【解题指南与点评】　① 因为触发器 1 的输入是 X,所以 $Q_1^{n+1}=X$;但 $Q_2=1$ 时,Q_1 清 0。② Q_2 是 Q_1 的右移,但延迟一个节拍。

【**例 4-4**】　试画出 JK 触发器转换成 AB 触发器的逻辑图,要求写出设计过程。AB 触发器的功能表如表 4-10 所示。

解　(1) 将 AB 触发器的功能表转换为卡诺图,如图 4-17 所示。

表 4-10　例 4-4 的功能表

A	B	Q^{n+1}
0	0	$\overline{Q}^n$
0	1	1
1	0	Q^n
1	1	0

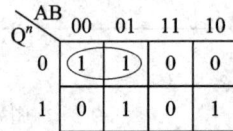

图 4-17　例 4-4 的卡诺图

(2) 由卡诺图求出 AB 触发器的状态方程。化简图 4-17 所示的卡诺图,得 AB 触发器的特性方程为

$$Q^{n+1}=\overline{A} \cdot \overline{Q}^n+\overline{A}BQ^n+A\overline{B}Q^n=\overline{A} \cdot \overline{Q}^n+(\overline{A}B+A\overline{B})Q^n$$

(3) 将 AB 触发器的特性方程同 JK 触发器的特性方程:

$$Q^{n+1}=J\overline{Q}^n+\overline{K}Q^n$$

相比较,得 JK 触发器的驱动方程为

$$J=\overline{A}$$

$$K=\overline{\overline{A}B+A\overline{B}}$$

所以转换电路如图 4-18 所示。

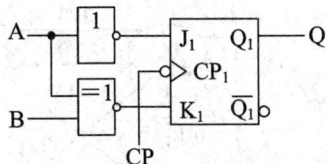

图 4 - 18　例 4 - 4 的电路实现

【解题指南与点评】　将一种功能的触发器转换成其他功能的触发器，其基本依据是：某个触发器的逻辑功能在转换之前与转换之后应当等效。所以转换的方法是：令两种功能的触发器的特性方程相等，求出触发器的驱动方程即可。

【例 4 - 5】　试分析图 4 - 19 所示的逻辑电路的逻辑功能。若输入 X 的串行序列为 $(5D36)_H$，则输出 Z 的序列是什么？

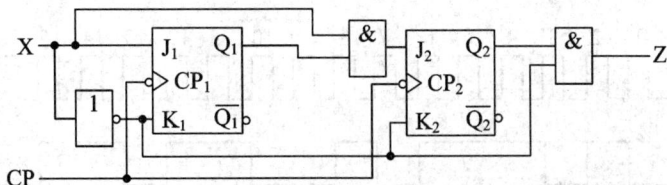

图 4 - 19　例 4 - 5 的逻辑图

解　(1) 这是一个同步时序电路，在 CP 信号的下降沿时状态发生转换。其驱动方程为

$$J_1 = X, \qquad K_1 = \overline{X}$$
$$J_2 = XQ_1^n, \qquad K_2 = \overline{X}$$

(2) 列出状态方程和输出方程。

状态方程：

$$Q_1^{n+1} = X$$
$$Q_2^{n+1} = X(Q_1^n + Q_2^n)$$

输出方程：

$$Z = \overline{X}Q_2$$

(3) 作状态转换表，如表 4 - 11 所示。

表 4 - 11　例 4 - 5 的状态转换表

$Q_2^n Q_1^n$　$Z/Q_2^{n+1}Q_1^{n+1}$	X	
	0	1
0　　0	0/00	0/01
0　　1	0/00	0/11
1　　0	1/00	0/11
1　　1	1/00	0/11

(4) 画逻辑电路状态图，如图 4 - 20 所示。

— 88 — 《数字电路与逻辑设计(第三版)》学习指导与习题解答

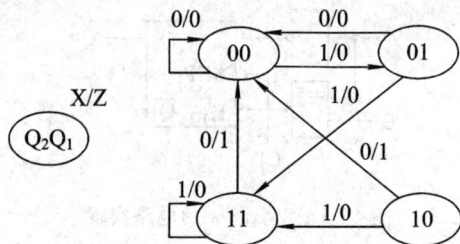

图 4-20 例 4-5 所示逻辑电路的状态图

（5）求电路在输入 X＝(5D36)$_H$ 作用下的输出响应序列，即作出在相应输入信号作用下的输出信号时序波形图。由逻辑图知该电路输出方程为

$$Z＝\bar{X}Q_2$$

根据输出方程，由输入和触发器各 Q 端的逻辑波形，可以得到输出的逻辑波形，如图 4-21 所示。

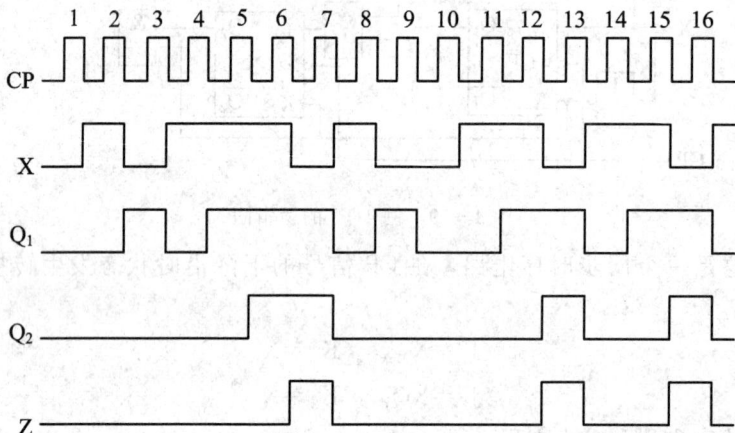

图 4-21 例 4-5 的时序波形图

由时序波形图可以看出，在串行输入 X＝(5D36)$_H$＝(0101110100110110)$_B$ 的作用下，输出序列信号 Z＝(0209)$_H$＝(0000001000001001)$_B$。

【解题指南与点评】 图 4-19 所示时序电路在 CP 下降沿时状态发生变化，输入二进制序列以时钟 CP 划分二进制序列位。要分析输出序列，首先要得出该逻辑电路的状态转换图或状态转换表。然后，根据状态图或状态表以及输入序列，逐一求出相应输入时的输出。应注意，相同的输入由于状态不同，会有不同的输出。

【例 4-6】 试分析图 4-22 所示的时序逻辑电路。

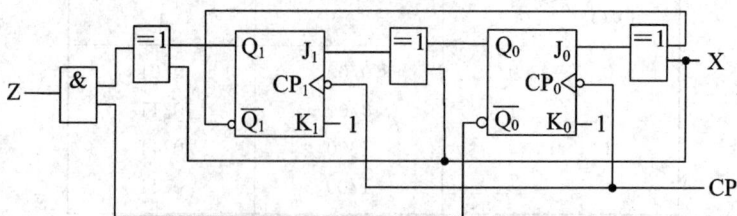

图 4-22 例 4-6 的逻辑电路图

解 由于图 4-22 所示为同步时序逻辑电路，图中的两个触发器都接至同一个时钟脉冲源 CP，因此各触发器的时钟方程可以不写。

（1）写出输出方程：

$$Z = (X \oplus Q_1^n) \cdot \overline{Q}_0^n$$

（2）写出驱动方程：

$$J_0 = X \oplus \overline{Q}_1^n \qquad K_0 = 1$$
$$J_1 = X \oplus Q_0^n \qquad K_1 = 1$$

（3）写出 JK 触发器的特性方程 $Q^{n+1} = J\overline{Q}^n + \overline{K}Q^n$，然后将各驱动方程代入 JK 触发器的特性方程，得各触发器的次态方程：

$$Q_0^{n+1} = J_0\overline{Q}_0^n + \overline{K}_0 Q_0^n = (X \oplus \overline{Q}_1^n)\overline{Q}_0^n$$
$$Q_1^{n+1} = J_1\overline{Q}_1^n + \overline{K}_1 Q_1^n = (X \oplus Q_0^n) \cdot \overline{Q}_1^n$$

（4）作状态转换表及状态图。

由于输入控制信号 X 可取 1，也可取 0，因此分两种情况列状态转换表和画状态图。

① 当 X=0 时。

将 X=0 代入触发器的输出方程和次态方程，输出方程简化为 $Z = Q_1^n \overline{Q}_0^n$；触发器的次态方程简化为

$$Q_0^{n+1} = \overline{Q}_1^n \overline{Q}_0^n, \quad Q_1^{n+1} = Q_0^n \overline{Q}_1^n$$

设电路的现态为 $Q_1^n Q_0^n = 00$，依次代入上述触发器的次态方程和输出方程中进行计算，得到电路的状态转换表，如表 4-12 所示。

根据表 4-12 所示的状态转换表可得状态转换图，如图 4-23 所示。

表 4-12 X=0 时的状态转换表

Q_1^n	Q_0^n	Q_1^{n+1}	Q_0^{n+1}	Z
0	0	0	1	0
0	1	1	0	0
1	0	0	0	1

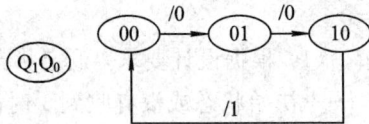

图 4-23 X=0 时的状态转换图

② 当 X=1 时。

将 X=1 代入触发器的输出方程和次态方程，输出方程简化为 $Z = \overline{Q}_1^n \overline{Q}_0^n$；次态方程简化为

$$Q_0^{n+1} = Q_1^n \overline{Q}_0^n, \quad Q_1^{n+1} = \overline{Q}_0^n \overline{Q}_1^n$$

进行计算可得电路的状态转换表如表 4-13 所示，状态图如图 4-24 所示。

表 4-13 X=1 时的状态转换表

Q_1^n	Q_0^n	Q_1^{n+1}	Q_0^{n+1}	Y
0	0	1	0	1
1	0	0	1	0
0	1	0	0	0

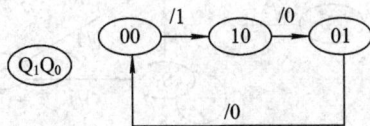

图 4-24 X=1 时的状态图

将图 4-23 和图 4-24 合并起来，就是电路完整的状态图，如图 4-25 所示。

(5) 画时序波形图，如图 4-26 所示。

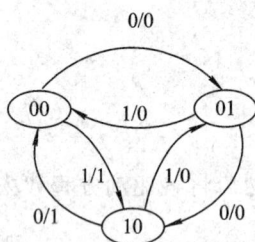

图 4-25　例 4-6 的完整状态图

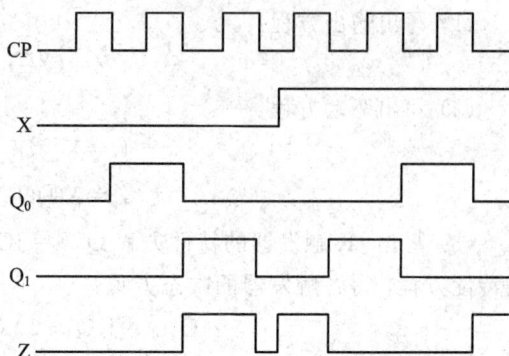

图 4-26　例 4-6 的时序波形图

(6) 逻辑功能分析。该电路一共有三个状态：00、01 和 10。当 $X=0$ 时，按照加 1 规律从 $00 \rightarrow 01 \rightarrow 10 \rightarrow 00$ 循环变化，且每当转换为 10 状态(最大数)时，输出 $Z=1$。当 $X=1$ 时，按照减 1 规律从 $10 \rightarrow 01 \rightarrow 00 \rightarrow 10$ 循环变化，且每当转换为 00 状态(最小数)时，输出 $Z=1$。所以该电路是一个可控的三进制计数器，当 $X=0$ 时，作加法计数，Z 是进位信号；当 $X=1$ 时，作减法计数，Z 是借位信号。

【解题指南与点评】　分析时序电路时按照驱动方程→状态方程、输出方程→状态转移表(图)→检验自启动特性→波形图→电路功能的顺序，就可完整地理解电路特性，这是应严格遵循的方法。

【例 4-7】　设计一个串行数据检测器，该检测器有一个输入端 X，它的功能是对输入信号进行检测。当连续输入三个 1(以及三个以上 1)时，该电路输出 $Y=1$，否则该电路输出 $Y=0$。

解　(1) 根据设计要求，设定状态，画出状态转换图。

S_0——初始状态或没有收到 1 时的状态；

S_1——收到一个 1 后的状态；

S_2——连续收到两个 1 后的状态；

S_3——连续收到三个 1(以及三个以上 1)后的状态。

根据题意可列出如图 4-27 所示的原始状态图。

(2) 状态化简。状态化简就是合并等效状态。所谓等效状态，就是那些在相同的输入条件下，输出相同、次态也相同的状态。观察图 4-27 可知，S_2 和 S_3 是等价状态，所以将 S_2 和 S_3 合并，并用 S_2 表示。图 4-28 是经过化简之后的状态图。

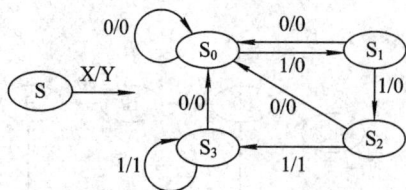

图 4-27　例 4-7 的原始状态图

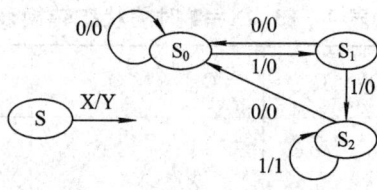

图 4-28　化简后的状态图

（4）状态分配，并列状态转换编码表。本例取 $S_0=00$、$S_1=01$ 和 $S_2=11$。图 4-29 是该例的编码形式的状态图。

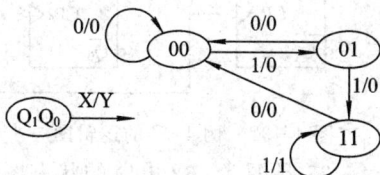

图 4-29 例 4-7 编码后的状态图

由图 4-29 可列出编码后的状态表如表 4-14 所示。

表 4-14 例 4-7 的编码状态表

$Q_1^{n+1} Q_0^{n+1}$ X $Q_1^n Q_0^n$	0	1
0 0	00/0	01/0
0 1	00/0	11/0
1 1	00/0	11/1

（5）选择触发器，求出状态方程、驱动方程和输出方程。

本例选用两个 D 触发器。列出 D 触发器的驱动表，如表 4-15 所示；画出电路的次态和输出卡诺图，如图 4-30 所示。由输出卡诺图可得电路的输出方程为 $Y=XQ_1^n$。

表 4-15 D 触发器的驱动表

Q^n	Q^{n+1}	D
0	0	0
0	1	1
1	0	0
1	1	1

图 4-30 例 4-7 的次态和输出卡诺图

根据次态卡诺图和 D 触发器的驱动表可得各触发器的驱动卡诺图，如图 4-31 所示。由各驱动卡诺图可得电路的驱动方程为

$$D_0=X, \quad D_1=XQ_0^n$$

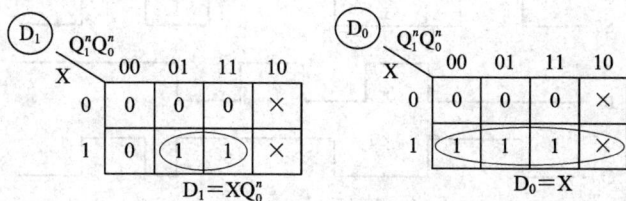

图 4-31 例 4-7 各触发器的驱动卡诺图

（6）画逻辑图。根据驱动方程和输出方程，画出该串行数据检测器的逻辑图，如图 4-32 所示。

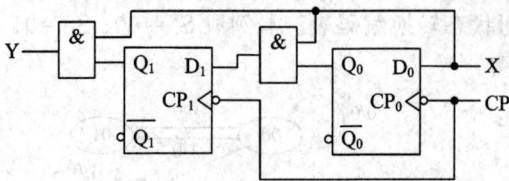

图 4 - 32 例 4 - 7 的逻辑图

(7) 检查能否自启动。图 4 - 33 是图 4 - 32 电路的状态图,可见,电路能够自启动。

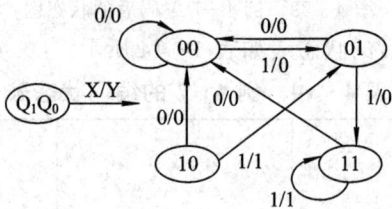

图 4 - 33 检查自启动

【解题指南与点评】 设计时序逻辑电路时,按照状态转移表(图)→状态化简→状态编码、确定触发器数目→选定触发器类型→驱动方程、输出方程→检查自启动特性→画逻辑电路图的顺序,就可设计出满足要求的电路。

4.4 习 题 解 答

4 - 1 在图 4 - 34 所示的由与非门组成的基本 RS 触发器中,加入图示的 S 和 R 波形,画出触发器 Q 和 $\overline{Q}$ 输出端的波形。假设触发器的初始状态为 0。

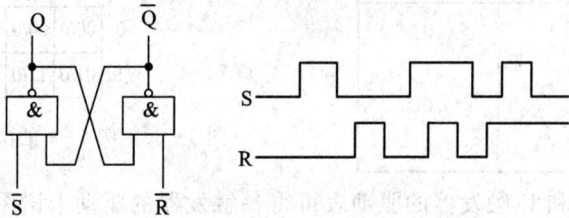

图 4 - 34 习题 4 - 1 图

解

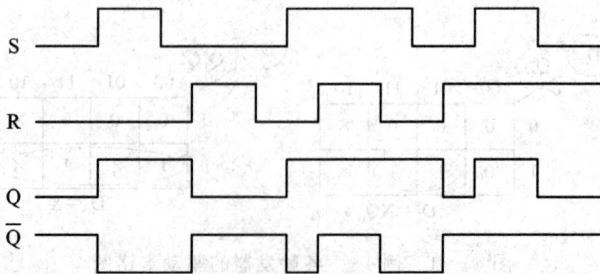

4 - 2 在图 4 - 35 所示的由或非门组成的基本 RS 触发器中,加入图示的 S 和 R 波形,画出触发器 Q 和 $\overline{Q}$ 输出端的波形。假设触发器的初始状态为 0。

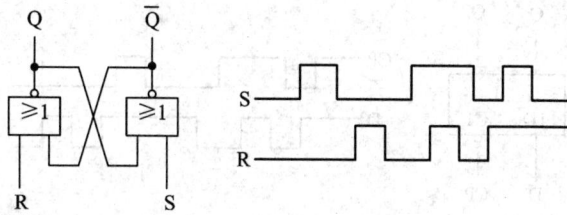

图 4-35　习题 4-2 图

解

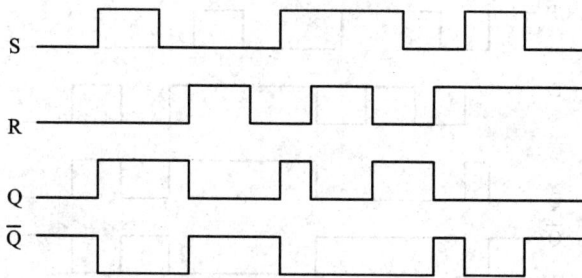

4-3　在图 4-36 所示的同步 RS 触发器中，加入图示的 S、R 和 CP 波形，画出触发器 Q 和 Q̄ 输出端的波形。假设触发器的初始状态为 0。

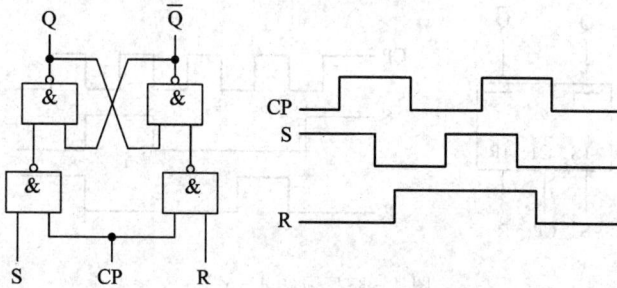

图 4-36　习题 4-3 图

解

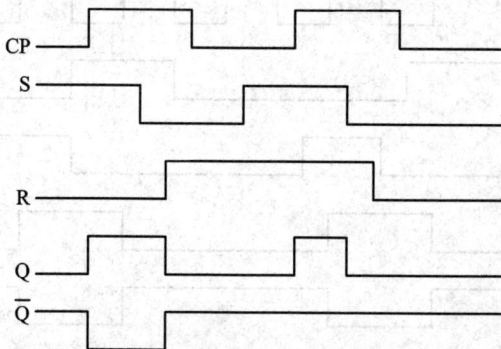

4-4　在图 4-37 所示的同步 D 触发器中，加入图示的 D 和 CP 波形，画出触发器 Q 和 Q̄ 输出端的波形。假设触发器的初始状态为 0。

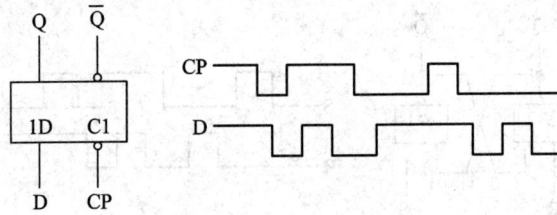

图 4-37 习题 4-4 图

解

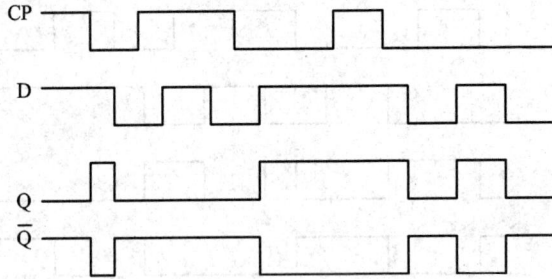

4-5 在图 4-38 所示的主从 RS 触发器中，加入图示的 S、R 和 CP 波形，画出触发器 Q 和 $\overline{Q}$ 输出端的波形。假设触发器的初始状态为 0。

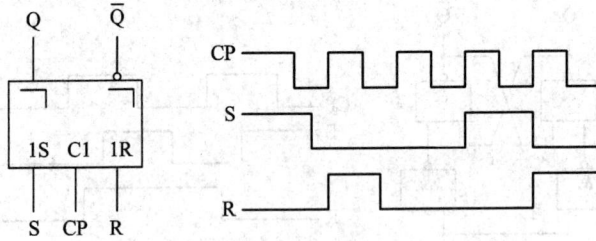

图 4-38 习题 4-5 图

解

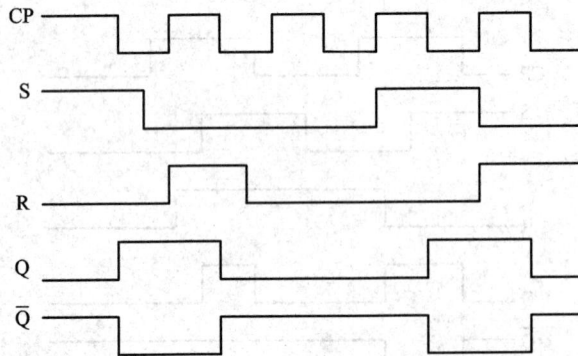

4-6 在图 4-39 所示的带异步输入端的主从 RS 触发器中，加入图示的输入波形，画出触发器 Q 和 $\overline{Q}$ 输出端的波形。

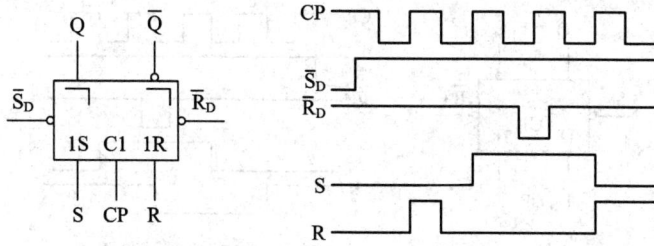

图 4 - 39　习题 4 - 6 图

解

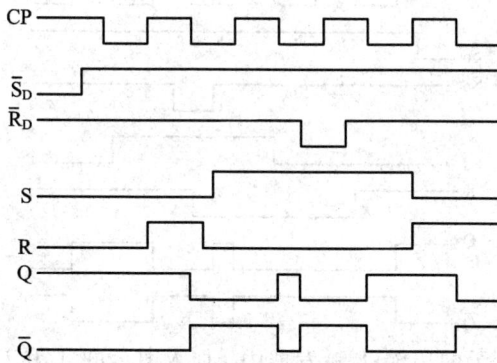

4 - 7　在图 4 - 40 所示的主从 JK 触发器中，加入图示的 J、K 和 CP 波形，画出触发器 Q 和 $\overline{Q}$ 输出端的波形。假设触发器的初始状态为 0。

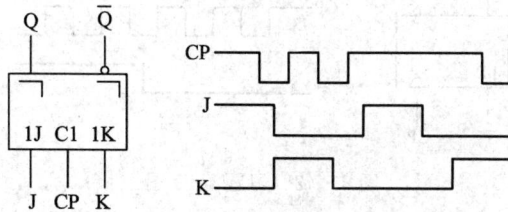

图 4 - 40　习题 4 - 7 图

解

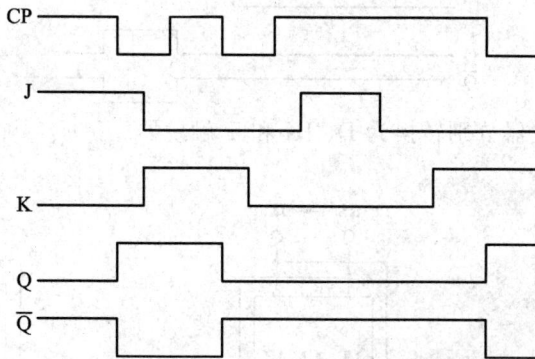

4 - 8　在图 4 - 41 所示的边沿 JK 触发器中，加入图示的输入波形，画出触发器 Q 和 $\overline{Q}$ 输出端的波形。

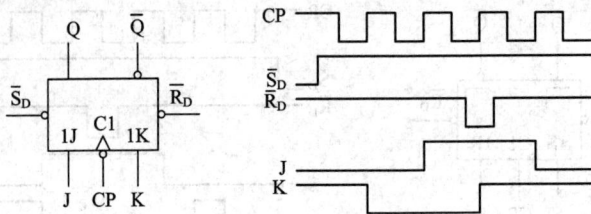

图 4-41 习题 4-8 图

解

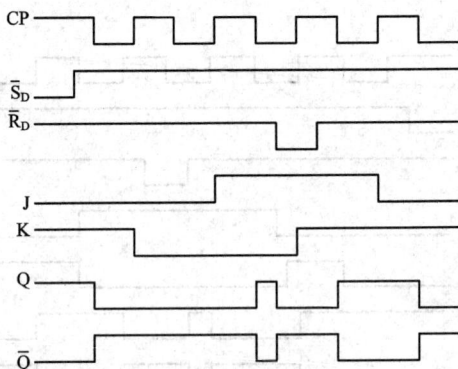

4-9 在图 4-42 所示的边沿 T 触发器中,加入图示的 T 和 CP 输入波形,画出触发器 Q 和 $\overline{Q}$ 输出端的波形。假设触发器的初始状态为 0。

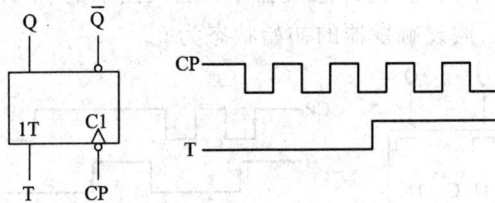

图 4-42 习题 4-9 图

解

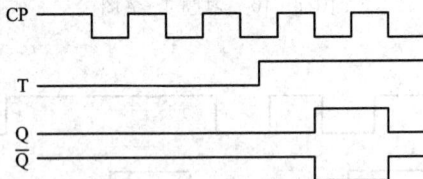

4-10 将 RS 触发器分别转换为 D、JK 和 T 触发器。

解

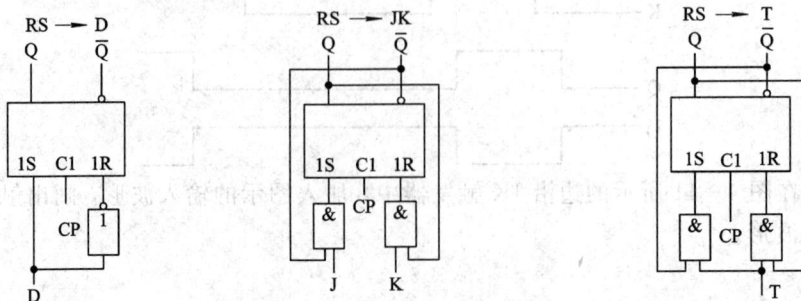

4-11 将 T 触发器分别转换为 RS、D 和 JK 触发器。

解 （1）转换真值表：

$$T \to RS$$

R	S	Q^n	Q^{n+1}	T	R	S	Q^n	Q^{n+1}	T
0	0	0	0	0	1	0	0	0	0
0	0	1	1	0	1	0	1	0	1
0	1	0	1	1	1	1	0	$\times$	$\times$
0	1	1	1	0	1	1	1	$\times$	$\times$

$$T = S\bar{Q}^n + RQ^n$$

$$T \to JK$$

J	K	Q^n	Q^{n+1}	T	J	K	Q^n	Q^{n+1}	T
0	0	0	0	0	1	0	0	1	1
0	0	1	1	0	1	0	1	1	0
0	1	0	0	0	1	1	0	1	1
0	1	1	0	1	1	1	1	0	1

$$T = J\bar{Q}^n + KQ^n$$

$$T \to D$$

D	Q^n	Q^{n+1}	T
0	0	0	0
0	1	0	1
1	0	1	1
1	1	1	0

$$T = D \oplus Q^n$$

（2）转换电路图：

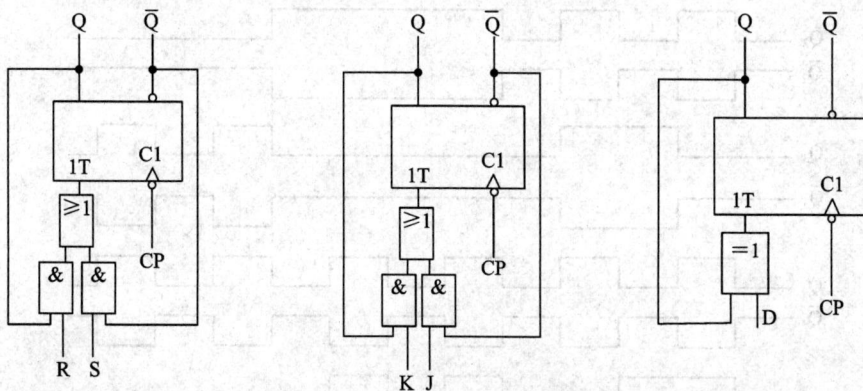

4-12 画出图 4-43 中各个触发器 Q 和 $\overline{Q}$ 输出端的波形。假设触发器的初始状态为 0。

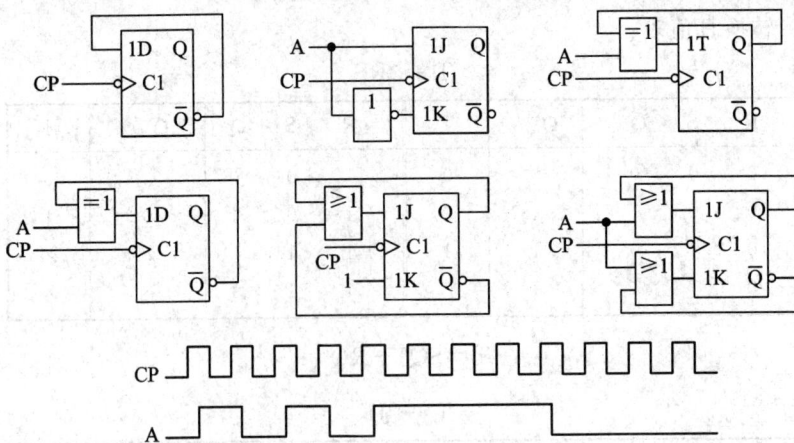

图 4-43 习题 4-12 图

解 (1) $Q_0^{n+1}=D=\overline{Q}_0^n$, CP↓

(2) $Q_1^{n+1}=J\overline{Q}_1^n+\overline{K}Q_1^n=A\overline{Q}_1^n+AQ_1^n=A$, CP↓

(3) $Q_2^{n+1}=A\oplus Q_2^n\oplus Q_2^n=A$, CP↓

(4) $Q_3^{n+1}=D=A\oplus\overline{Q}_3^n$, CP↓

(5) $Q_4^{n+1}=J\overline{Q}_4^n+\overline{K}Q_4^n=\overline{Q}_4^n$, CP↓

(6) $Q_5^{n+1}=J\overline{Q}_5^n+\overline{K}Q_5^n=(A+Q_5^n)\overline{Q}_5^n+\overline{(A+\overline{Q}_5^n)}Q_5^n=A\oplus Q_5^n$, CP↓

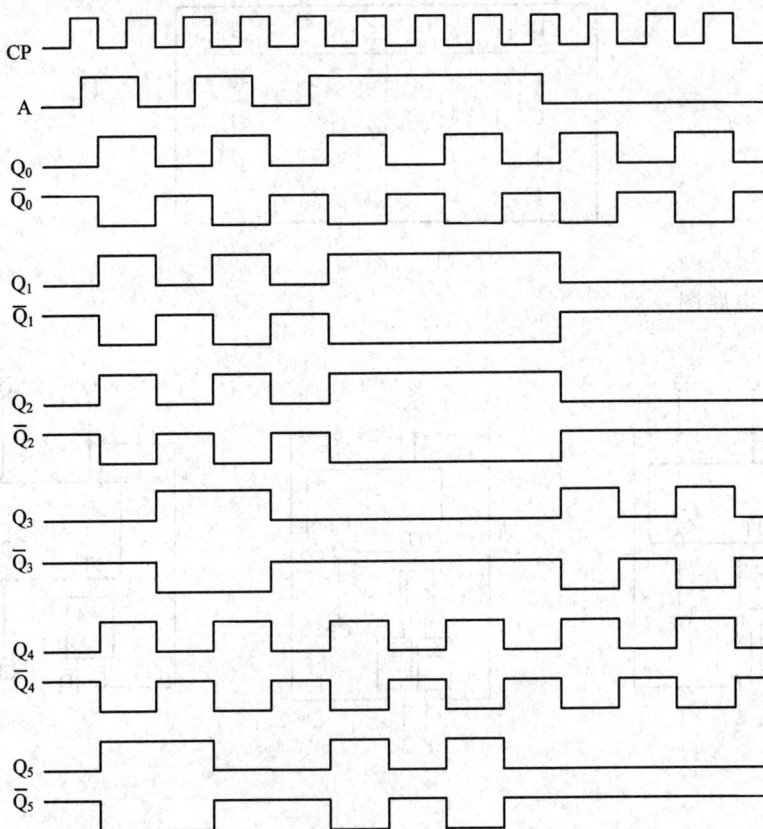

4-13　分析图 4-44 所示电路，写出电路的驱动方程和状态方程，画出电路的状态图。

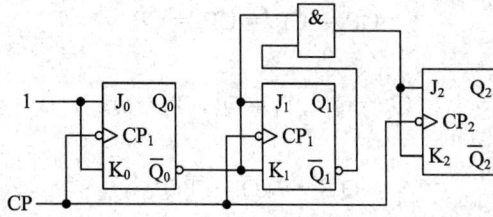

图 4-44　习题 4-13 图

解

(1) 列写方程。

时钟方程：

$$CP_0 = CP_1 = CP_2 = CP$$

驱动方程：

$$J_0 = 1, \ J_1 = \overline{Q}_0^n, \ J_2 = \overline{Q}_0^n \overline{Q}_1^n$$
$$K_0 = 1, \ K_1 = \overline{Q}_0^n, \ K_2 = \overline{Q}_0^n \overline{Q}_1^n$$

特性方程：

$$Q^{n+1} = J\overline{Q}^n + \overline{K}Q^n$$

状态方程：

$$Q_0^{n+1} = \overline{Q}_0^n, \ Q_1^{n+1} = \overline{Q}_0^n \overline{Q}_1^n + Q_0^n Q_1^n, \ Q_2^{n+1} = \overline{Q}_0^n \overline{Q}_1^n \overline{Q}_2^n + \overline{\overline{Q}_0^n \overline{Q}_1^n} Q_2^n$$

(2) 状态转换表：

Q_2^n	Q_1^n	Q_0^n	Q_2^{n+1}	Q_1^{n+1}	Q_0^{n+1}	Q_2^n	Q_1^n	Q_0^n	Q_2^{n+1}	Q_1^{n+1}	Q_0^{n+1}
0	0	0	1	1	1	1	0	0	0	1	1
0	0	1	0	0	0	1	0	1	1	0	0
0	1	0	0	0	1	1	1	0	1	0	1
0	1	1	0	1	0	1	1	1	1	1	0

(3) 状态图：

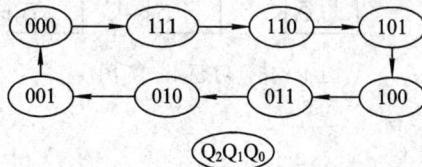

4-14　分析图 4-45 所示电路，写出电路的驱动方程和状态方程，画出电路的状态图。

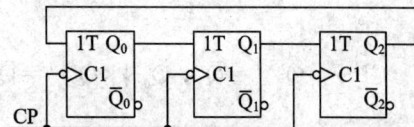

图 4-45　习题 4-14 图

解 (1)列写方程。

时钟方程:

$$CP_0 = CP_1 = CP_2 = CP$$

驱动方程:

$$T_0 = Q_2^n, \ T_1 = Q_0^n, \ T_2 = Q_1^n$$

特性方程:

$$Q^{n+1} = T\overline{Q}^n + \overline{T}Q^n$$

状态方程:

$$Q_0^{n+1} = Q_2^n \oplus Q_0^n, \ Q_1^{n+1} = Q_0^n \oplus Q_1^n, \ Q_2^{n+1} = Q_2^n \oplus Q_1^n$$

(2)状态转换表:

Q_2^n	Q_1^n	Q_0^n	Q_2^{n+1}	Q_1^{n+1}	Q_0^{n+1}	Q_2^n	Q_1^n	Q_0^n	Q_2^{n+1}	Q_1^{n+1}	Q_0^{n+1}
0	0	0	0	0	0	1	0	0	1	0	1
0	0	1	0	1	1	1	0	1	1	1	0
0	1	0	1	1	0	1	1	0	0	1	1
0	1	1	1	0	1	1	1	1	0	0	0

(3)状态图:

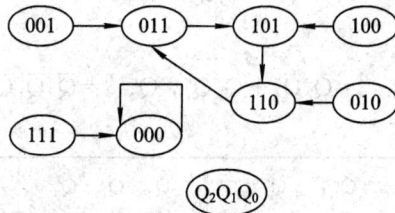

$$Q_2Q_1Q_0$$

4-15 分析图4-46所示电路,写出电路的时钟方程、驱动方程和状态方程,画出电路的状态图。

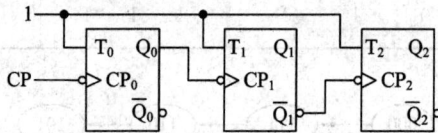

图4-46 习题4-15图

解 (1)列写方程。

时钟方程:

$$CP_0 = CP, \ CP_1 = Q_0, \ CP_2 = \overline{Q}_1$$

驱动方程:

$$T_0 = T_1 = T_2 = 1$$

状态方程:

$$Q_0^{n+1} = \overline{Q}_0^n, \ CP \downarrow, \ Q_1^{n+1} = \overline{Q}_1^n, \ Q_0 \downarrow, \ Q_2^{n+1} = \overline{Q}_2^n, \ \overline{Q}_1 \downarrow$$

(2)状态转换表:

Q_2^n	Q_1^n	Q_0^n	Q_2^{n+1}	Q_1^{n+1}	Q_0^{n+1}	CP	CP_0	CP_1	CP_2
0	0	0	0	0	1	↓	↓		
0	0	1	1	1	0	↓	↓	↓	↓
0	1	0	0	1	1	↓	↓		
0	1	1	0	0	0	↓	↓	↓	
1	0	0	1	0	1	↓	↓		
1	0	1	0	1	0	↓	↓		↓
1	1	0	1	1	1	↓	↓		
1	1	1	1	0	0	↓	↓	↓	

（3）状态图：

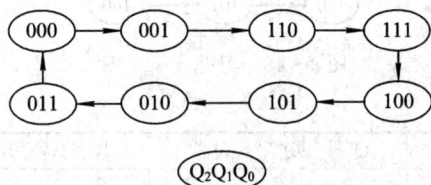

4-16　分析图 4-47 所示电路，写出电路的时钟方程、驱动方程和状态方程，画出电路的状态图。

解　（1）列写方程。

时钟方程：

$$CP_0 = CP, \ CP_1 = Q_0, \ CP_2 = Q_0$$

驱动方程：

$$J_0 = K_0 = 1$$
$$J_1 = K_1 = \overline{Q}_2^n$$
$$J_2 = K_2 = Q_1^n$$

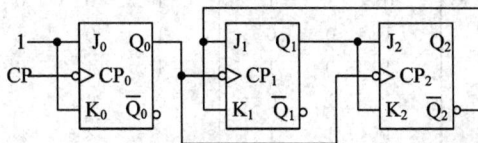

图 4-47　习题 4-16 图

状态方程：

$$Q_0^n = \overline{Q}_0^n, \ CP \downarrow$$
$$Q_1^{n+1} = \overline{Q}_2^n \overline{Q}_1^n + Q_2^n Q_1^n, \ Q_0 \downarrow$$
$$Q_2^{n+1} = \overline{Q}_2^n Q_1^n + Q_2^n \overline{Q}_1^n, \ Q_0 \downarrow$$

（2）状态转换表：

Q_2^n	Q_1^n	Q_0^n	Q_2^{n+1}	Q_1^{n+1}	Q_0^{n+1}	CP	CP_0	CP_1	CP_2
0	0	0	0	0	1	↓	↓		
0	0	1	0	1	0	↓	↓	↓	↓
0	1	0	0	1	1	↓	↓		
0	1	1	1	0	0	↓	↓	↓	↓
1	0	0	1	0	1	↓	↓		
1	0	1	1	0	0	↓	↓		↓
1	1	0	1	1	1	↓	↓		
1	1	1	0	1	0	↓	↓	↓	↓

（3）状态图：

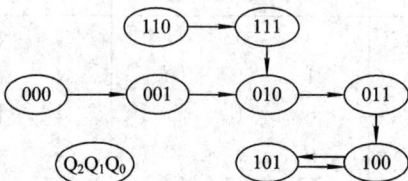

4-17　用上升沿触发的边沿 JK 触发器和与非门设计一同步逻辑电路，要求电路的状态图如图 4-48 所示。

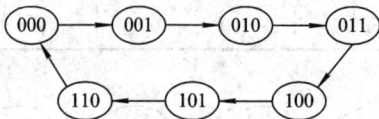

图 4-48　习题 4-17 图

解　（1）状态转换表：

Q_2^n	Q_1^n	Q_0^n	Q_2^{n+1}	Q_1^{n+1}	Q_0^{n+1}	J_2	K_2	J_1	K_1	J_0	K_0
0	0	0	0	0	1	0	×	0	×	1	×
0	0	1	0	1	0	0	×	1	×	×	1
0	1	0	0	1	1	0	×	×	0	1	×
0	1	1	1	0	0	1	×	×	1	×	1
1	0	0	1	0	1	×	0	0	×	1	×
1	0	1	1	1	0	×	0	1	×	×	1
1	1	0	0	0	0	×	1	×	1	0	×
1	1	1	×	×	×	×	×	×	×	×	×

（2）卡诺图及驱动方程：

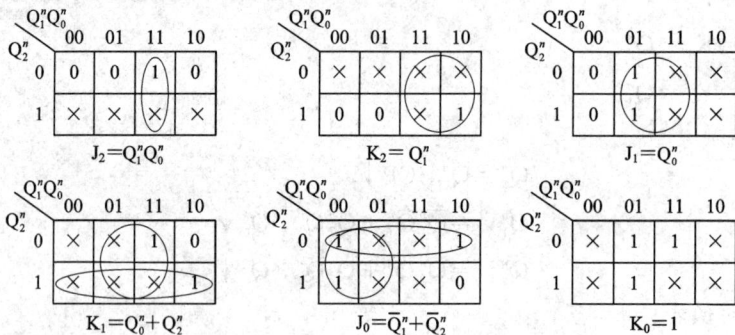

$$J_2 = Q_1^n Q_0^n \qquad K_2 = Q_1^n \qquad J_1 = Q_0^n$$

$$K_1 = Q_0^n + Q_2^n \qquad J_0 = \overline{Q_1^n} + \overline{Q_2^n} \qquad K_0 = 1$$

（3）电路图：

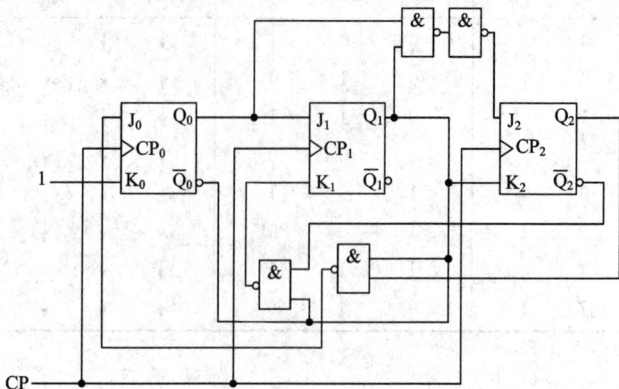

4-18 用下降沿触发的边沿 D 触发器和与非门设计一同步逻辑电路,要求电路的时序如图 4-49 所示。

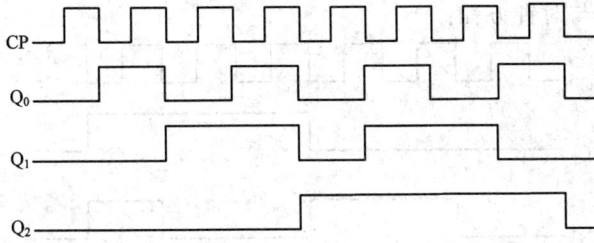

图 4-49 习题 4-18 图

解 (1) 列写方程。

时钟方程:

$$CP_0 = CP_1 = CP_2 = CP$$

(2) 状态转换表:

Q_2^n	Q_1^n	Q_0^n	Q_2^{n+1}	Q_1^{n+1}	Q_0^{n+1}	D_2	D_1	D_0
0	0	0	0	0	1	0	0	1
0	0	1	0	1	0	0	1	0
0	1	0	0	1	1	0	1	1
0	1	1	1	0	0	1	0	0
1	0	0	1	1	1	1	1	1
1	0	1	0	0	0	0	0	0
1	1	0	1	0	1	1	0	1
1	1	1	1	1	0	1	1	0

(3) 卡诺图及驱动方程:

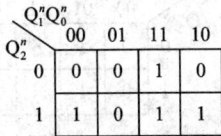

$$D_2 = Q_2^n \overline{Q_0^n} + \overline{Q_2^n} Q_0^n$$

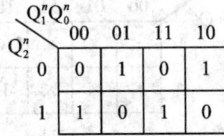

$$D_1 = \overline{\overline{Q_2^n \overline{Q_1^n} \overline{Q_0^n}} \cdot \overline{\overline{Q_2^n} Q_1^n \overline{Q_0^n}} \cdot \overline{Q_2^n \overline{Q_1^n} Q_0^n} \cdot \overline{Q_2^n Q_1^n Q_0^n}}$$

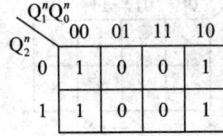

$$D_0 = \overline{Q_0^n}$$

(4) 电路图:

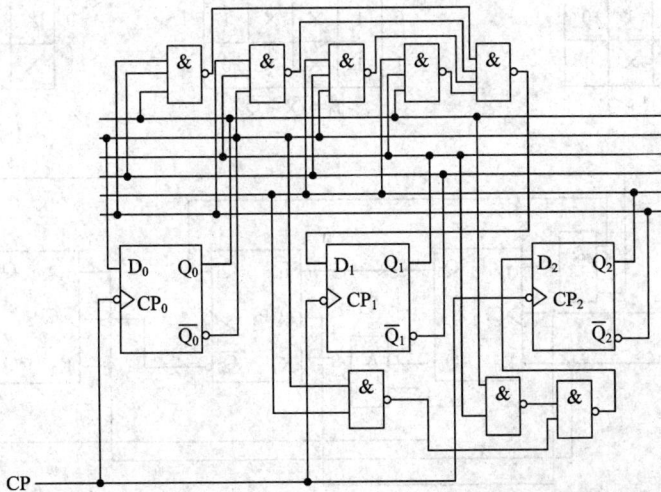

4-19 用上升沿触发的边沿 JK 触发器和与非门设计一异步逻辑电路,要求电路的状态图如图 4-48 所示。

解 (1) 时序图与时钟方程:

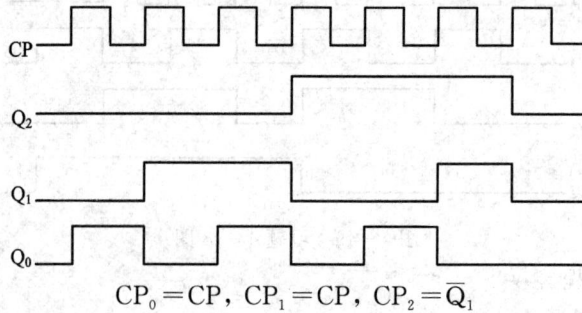

$$CP_0 = CP, \quad CP_1 = CP, \quad CP_2 = \overline{Q_1}$$

(2) 状态转换表:

Q_2^n	Q_1^n	Q_0^n	Q_2^{n+1}	Q_1^{n+1}	Q_0^{n+1}	J_2	K_2	J_1	K_1	J_0	K_0	CP_2	CP_1	CP_0
0	0	0	0	0	1	×	×	0	×	1	×		↑	↑
0	0	1	0	1	0	×	×	1	×	×	1		↑	↑
0	1	0	0	1	1	×	×	×	0	1	×		↑	↑
0	1	1	1	0	0	1	×	×	1	×	1	↑	↑	↑
1	0	0	1	0	1	×	×	0	×	1	×		↑	↑
1	0	1	1	1	0	×	×	1	×	×	1		↑	↑
1	1	0	0	0	0	×	1	×	1	0	×	↑	↑	↑
1	1	1	×	×	×	×	×	×	×	×	×	↑	↑	↑

(3) 卡诺图及驱动方程:

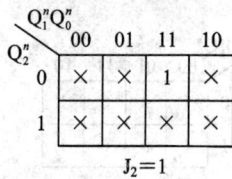

$J_2 = 1$

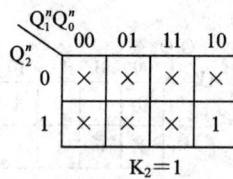

$K_2 = 1$

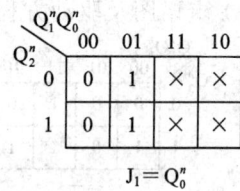

$J_1 = Q_0^n$

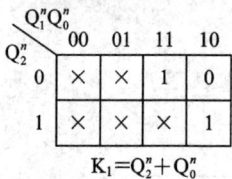

$K_1 = Q_2^n + Q_0^n$

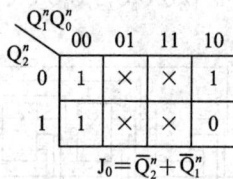

$J_0 = \overline{Q_2^n} + \overline{Q_1^n}$

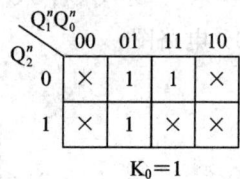

$K_0 = 1$

(4) 电路图:

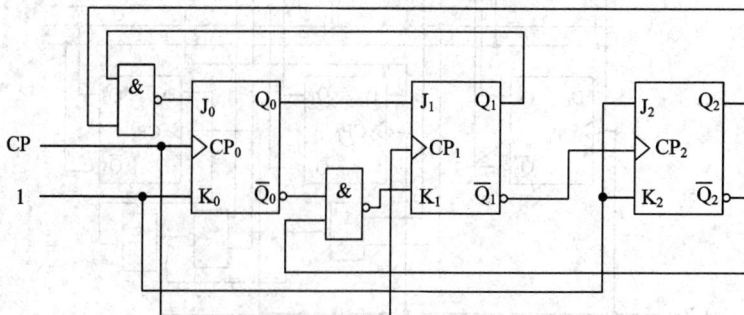

4-20　用下降沿触发的边沿 D 触发器和与非门设计一异步逻辑电路，要求电路的时序图如图 4-49 所示。

解　（1）时序图与时钟方程：

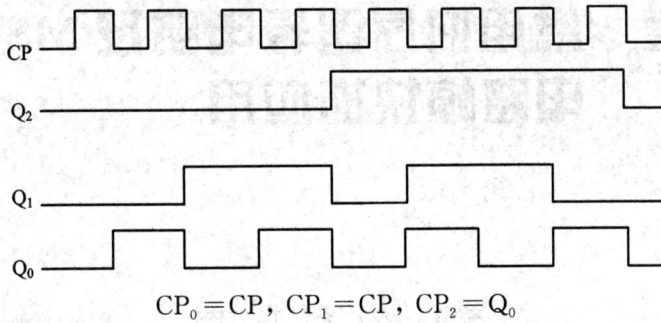

$$CP_0 = CP, \quad CP_1 = CP, \quad CP_2 = Q_0$$

（2）状态转换表：

Q_2^n	Q_1^n	Q_0^n	Q_2^{n+1}	Q_1^{n+1}	Q_0^{n+1}	D_2	D_1	D_0	CP	CP_0	CP_1	CP_2
0	0	0	0	0	1	×	0	1	↓	↓	↓	
0	0	1	0	1	0	0	1	0	↓	↓	↓	↓
0	1	0	0	1	1	×	1	1	↓	↓	↓	
0	1	1	1	0	0	1	0	0	↓	↓	↓	↓
1	0	0	1	1	1	×	1	1	↓	↓	↓	
1	0	1	0	0	0	0	0	0	↓	↓	↓	↓
1	1	0	1	0	1	×	0	1	↓	↓	↓	
1	1	1	1	1	0	1	1	0	↓	↓	↓	↓

（3）卡诺图及驱动方程：

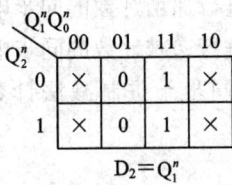

$$D_2 = Q_1^n$$

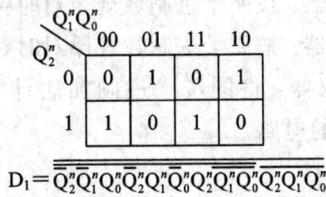

$$D_1 = \overline{\overline{Q_2^n Q_1^n Q_0^n} \cdot \overline{\overline{Q_2^n} Q_1^n \overline{Q_0^n}} \cdot \overline{Q_2^n \overline{Q_1^n} \overline{Q_0^n}} \cdot \overline{\overline{Q_2^n} \overline{Q_1^n} Q_0^n}}$$

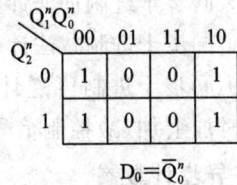

$$D_0 = \overline{Q_0^n}$$

（4）电路图：

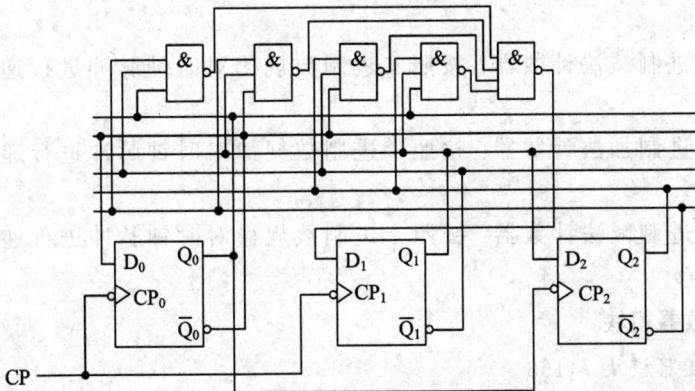

第5章 常用时序逻辑电路及 MSI 时序电路模块的应用

5.1 内 容 提 要

1. 计数器的分类

(1) 按计数器中触发器状态的更新是否同步可分为同步计数器和异步计数器。

(2) 按计数进制可分为二进制计数器、十进制计数器和 N 进制计数器。

(3) 按计数过程中的增减规律可以分为加法计数器、减法计数器和可逆计数器。

2. 同步计数器

(1) 同步二进制加法计数器:按照二进制数规律对时钟脉冲进行递增计数的同步电路。

(2) 同步二进制减法计数器:按照二进制数规律对时钟脉冲进行递减计数的同步电路。

(3) 同步二进制加/减可逆计数器:将同步二进制加法计数器和同步二进制减法计数器合并,同时加上加/减控制信号的电路。

(4) 同步十进制加法计数器:按照十进制数规律对时钟脉冲进行递增计数的同步电路。

(5) 同步十进制减法计数器:按照十进制数规律对时钟脉冲进行递减计数的同步电路。

(6) 同步十进制可逆计数器:将同步十进制加法计数器和同步十进制减法计数器合并,同时加上加/减控制信号的电路。

3. 异步计数器

(1) 异步二进制加法计数器:按照二进制数规律对时钟脉冲进行递增计数的异步电路。

(2) 异步二进制减法计数器:按照二进制数规律对时钟脉冲进行递减计数的异步电路。

(3) 异步十进制加法计数器:按照十进制数规律对时钟脉冲进行递增计数的异步电路。

(4) 异步十进制减法计数器:按照十进制数规律对时钟脉冲进行递减计数的异步电路。

4. MSI 计数器模块

1) MSI 计数器模块 74163

74163 是中规模集成四位同步二进制加法计数器,计数范围为 0～15。它具有同步置数、同步清零、保持和二进制加法计数等逻辑功能。图 5-1(a)和(b)所示分别是它的国际符号和惯用模块符号，表 5-1 所示为它的功能表。

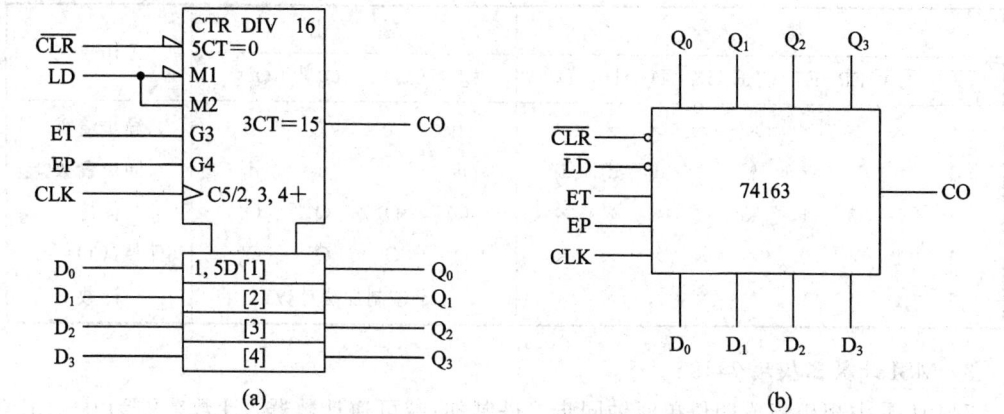

图 5-1 74163 四位同步二进制加法计数器
(a) 国际标号；(b) 惯用模块符号

表 5-1 74163 四位同步二进制加法计数器的功能表

输　　入									输　　出				工作模式
$\overline{CLR}$	$\overline{LD}$	EP	ET	CLK	D_0	D_1	D_2	D_3	Q_0^{n+1}	Q_1^{n+1}	Q_2^{n+1}	Q_3^{n+1}	
0	×	×	×	↑	×	×	×	×	0	0	0	0	同步清零
1	0	×	×	↑	d_0	d_1	d_2	d_3	d_0	d_1	d_2	d_3	同步置数
1	1	0	1	×	×	×	×	×	Q_0^n	Q_1^n	Q_2^n	Q_3^n	保持
1	1	×	0	×	×	×	×	×	Q_0^n	Q_1^n	Q_2^n	Q_3^n	保持(CO=0)
1	1	1	1	↑	×	×	×	×	二进制加法计数				计数

2) MSI 计数器模块 74160

74160 是中规模集成 8421BCD 码同步十进制加法计数器，计数范围为 0~9。它具有同步置数、异步清零、保持和十进制加法计数等逻辑功能。74160 的国际符号和惯用模块符号分别如图 5-2(a)和(b)所示，表 5-2 是它的功能表。

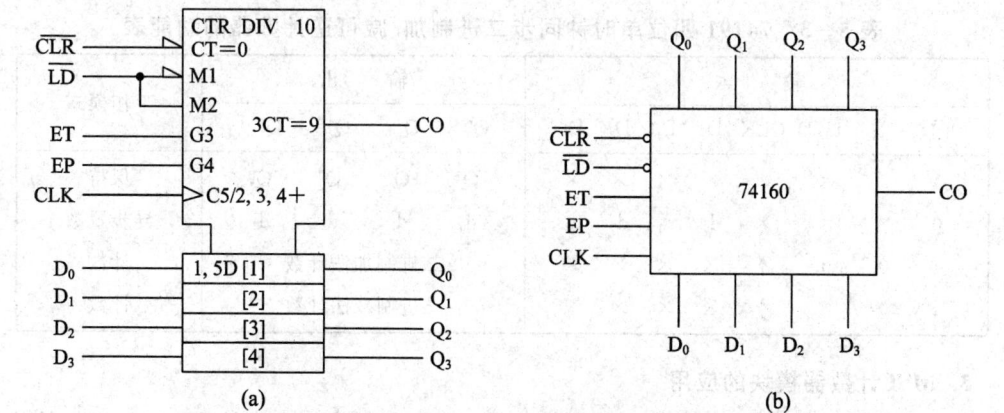

图 5-2 74160 四位同步十进制加法计数器
(a) 国际标号；(b) 惯用模块符号

表 5-2　74160 四位同步十进制加法计数器的功能表

输　　　入								输　　　出				工作模式
$\overline{CLR}$	$\overline{LD}$	EP	ET	CLK	D_0	D_1	D_2	D_3	Q_0^{n+1}	Q_1^{n+1}	Q_2^{n+1}	Q_3^{n+1}	
0	×	×	×	×	×	×	×	×	0	0	0	0	异步清零
1	0	×	×	↑	d_0	d_1	d_2	d_3	d_0	d_1	d_2	d_3	同步置数
1	1	0	1	×	×	×	×	×	Q_0^n	Q_1^n	Q_2^n	Q_3^n	保持
1	1	×	0	×	×	×	×	×	Q_0^n	Q_1^n	Q_2^n	Q_3^n	保持(CO=0)
1	1	1	1	↑	×	×	×	×	十进制加法计数				计数

3) MSI 计数器模块 74191

74191 是中规模集成四位单时钟同步二进制加/减可逆计数器，计数范围为 0~15。它具有异步置数、保持、二进制加法计数和二进制减法计数等逻辑功能。图 5-3(a) 和 (b) 所示分别是它的国际符号和惯用模块符号，表 5-3 为它的功能表。

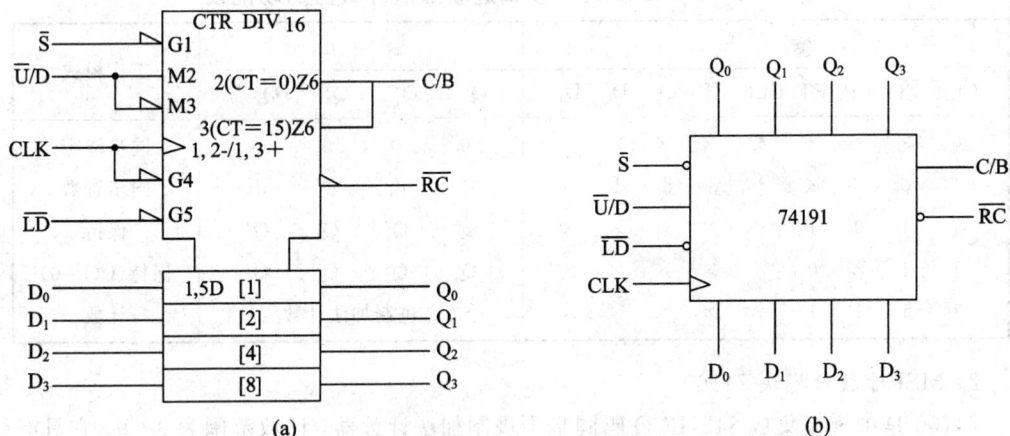

图 5-3　74191 四位单时钟同步二进制加/减可逆计数器
(a) 国际标号；(b) 惯用模块符号

表 5-3　74191 四位单时钟同步二进制加/减可逆计数器的功能表

输　　　入								输　　　出				工作模式
$\overline{LD}$	$\bar{S}$	$\bar{U}/D$	CLK	D_0	D_1	D_2	D_3	Q_0^{n+1}	Q_1^{n+1}	Q_2^{n+1}	Q_3^{n+1}	
1	1	×	×	×	×	×	×	Q_0^n	Q_1^n	Q_2^n	Q_3^n	保持
0	×	×	×	d_0	d_1	d_2	d_3	d_0	d_1	d_2	d_3	异步置数
1	0	0	↑	×	×	×	×	二进制加法计数				计数
1	0	0	↑	×	×	×	×	二进制减法计数				计数

5. MSI 计数器模块的应用

MSI 计数器模块的应用非常广泛，除了能够构成任意进制计数器外，还有很多其他的用途，典型的有分频器、定时器、并行/串行数据转换电路、序列信号发生器等。

6. 寄存器

寄存器可分为两大类：基本寄存器和移位寄存器。

（1）基本寄存器：只能寄存数据，其特点是数据并行输入、并行输出。

（2）移位寄存器：可分为单向移位寄存器和双向移位寄存器。单向移位寄存器只能进行单方向的数据移位，有右移和左移两种。双向移位寄存器在控制信号的作用下可进行向右和向左两个方向的数据移位。移位寄存器不仅可以用来寄存数据，还广泛应用于数据的串行/并行转换、数值运算等。

7. MSI 寄存器模块

1）MSI 八位单向移位寄存器 74164

74164 是具有异步清零功能的八位串行输入/并行输出单向移位寄存器，它的逻辑符号如图 5 - 4 所示，表 5 - 4 所示是它的功能表。

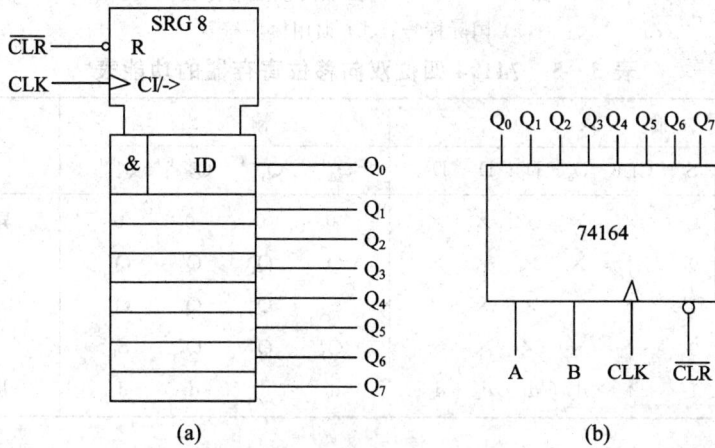

图 5 - 4　74164 八位单向移位寄存器
（a）国际标号；（b）惯用模块符号

表 5 - 4　74164 八位单向移位寄存器的功能表

输　入			输　出								工作模式
$\overline{CLR}$	CLK	$A\cdot B$	Q_0^{n+1}	Q_1^{n+1}	Q_2^{n+1}	Q_3^{n+1}	Q_4^{n+1}	Q_5^{n+1}	Q_6^{n+1}	Q_7^{n+1}	
0	×	×	0	0	0	0	0	0	0	0	异步清零
1	↑	0	0	Q_0^n	Q_1^n	Q_2^n	Q_3^n	Q_4^n	Q_5^n	Q_6^n	移入 0
1	↑	1	1	Q_0^n	Q_1^n	Q_2^n	Q_3^n	Q_4^n	Q_5^n	Q_6^n	移入 1

2）MSI 四位双向移位寄存器 74194

74194 是四位双向移位寄存器，数据可串行输入也可并行输入，可串行输出也可并行输出，同时具有保持和异步清零功能。它的逻辑符号如图 5 - 5 所示，表 5 - 5 所示是它的功能表。

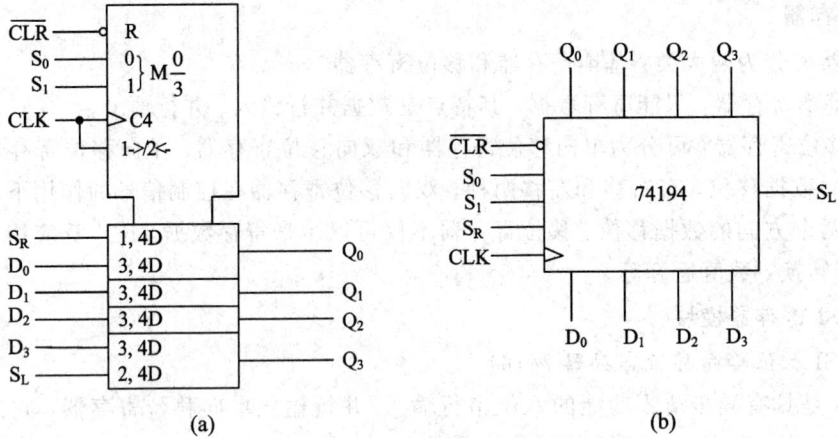

(a)

(b)

图 5-5 74194 四位双向移位寄存器

(a) 国际标号;(b) 惯用模块符号

表 5-5 74194 四位双向移位寄存器的功能表

输　　入								输　　出				工作模式
$\overline{CLR}$	S_1	S_0	CLK	D_0	D_1	D_2	D_3	Q_0^{n+1}	Q_1^{n+1}	Q_2^{n+1}	Q_3^{n+1}	
0	×	×	×	×	×	×	×	0	0	0	0	异步清零
1	0	0	↑	×	×	×	×	Q_0^n	Q_1^n	Q_2^n	Q_3^n	保持
1	0	1	↑	×	×	×	×	S_R	Q_0^n	Q_1^n	Q_2^n	右移
1	1	0	↑	×	×	×	×	Q_1^n	Q_2^n	Q_3^n	S_L	左移
1	1	1	↑	d_0	d_1	d_2	d_3	d_0	d_1	d_2	d_3	并行输入

8. MSI 寄存器模块的应用

MSI 寄存器模块的用途很广泛,比较常用的有延时控制、序列发生与检测、串行/并行数据转换等。

9. 移位寄存器型计数器

移位寄存器型计数器是在移位寄存器的基础上,通过增加反馈构成的。图 5-6 所示是移位寄存器型计数器的逻辑结构图。环型计数器和扭环型计数器是两种最常用的移位寄存器型计数器。

(1) 环形计数器:基本的环形计数器是将移位寄存器中最后一级的 Q 输出端直接反馈至串行输入端构成的。

(2) 扭环形计数器:基本的扭环形计数器是将

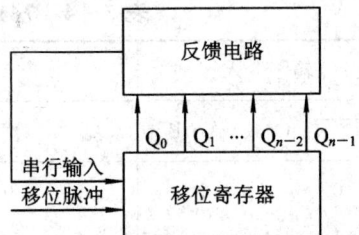

图 5-6 移位寄存器型计数器的逻辑结构图

移位寄存器中最后一级的 $\overline{Q}$(而不是 Q)输出端直接反馈至串行输入端构成的。

在环形计数器中,有效循环只包含了很少的状态(有效状态),其余多数的状态都没有利用,是无效状态,状态的利用率很低。扭环形计数器是在不改变移位寄存器内部结构的条件下,为了提高计数器状态的利用率而设计出来的。

5.2 重 点 难 点

1. 用 MSI 计数器模块构成任意进制计数器

1）已有计数器的模 N 大于要构造计数器的模 M

此时要设法让计数器绕过其中的 $N-M$ 个状态，提前完成计数循环，实现的方法有清零法和置数法两种。

清零法是在计数器尚未完成计数循环之前，使其清零端有效，让计数器提前回到全 0 状态；置数法是在计数器计数到某个状态时，给它置入一个新的状态，从而绕过若干个状态。

2）已有计数器的模 N 小于要构造计数器的模 M

此时如果 M 可以表示为已有计数器的模的乘积，则只需将计数器串接起来即可，无需利用计数器的清零端和置数端；如果 M 不能表示为已有计数器的模的乘积，则不仅要将计数器串接起来，还要利用计数器的清零端和置数端，使计数器绕过多余的状态。

2. 常用二进制、十进制以及任意进制计数器的逻辑功能及应用

常用计数器模块有 74163、74160、74191 等。其中，74163 为四位同步二进制加法计数器，具有同步置数、同步清零、保持和二进制加法计数等逻辑功能；74160 为 8421BCD 码同步十进制加法计数器，具有同步置数、异步清零、保持和十进制加法计数等逻辑功能；74191 为四位同步二进制加/减可逆计数器，具有异步置数、保持、二进制加法计数和减法计数等逻辑功能。

计数器是统计输入脉冲个数的时序电路，在数字系统中，它主要用于计数、定时、分频、并行/串行数据转换电路、序列信号发生器等。

3. 常用寄存器的功能与使用方法以及应用

常用寄存器模块有 74164、74194 等 MSI 模块。其中，74164 是具有异步清零功能、串行输入/并行输出等逻辑功能的八位单向移位寄存器；74194 是具有串行输入/串行输出、串行输入/并行输出、并行输入/串行输出、并行输入/并行输出、保持和异步清零功能的四位双向移位寄存器。

寄存器模块的用途很广泛，比较常用的有延时控制、序列发生与检测、串行/并行数据转换等。

5.3 典 型 例 题

【例 5-1】 画出图 5-7 所示计数器的状态转移图，并说明其逻辑功能。

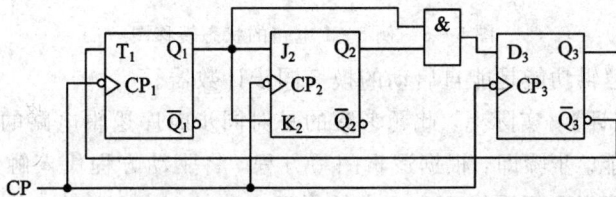

图 5-7 例 5-1 的电路图

解　由电路列出下列表达式和方程。

(1) 时钟表达式为

$$CP_1 = CP_2 = CP_3 = CP \downarrow$$

故例 5-1 电路为时钟下降沿触发的同步时序电路。

(2) 各触发器的驱动方程为

$$T_1 = \overline{Q}_3^n$$

$$J_2 = K_2 = Q_1^n$$

$$D_3 = Q_2^n Q_1^n$$

(3) 各触发器的状态转移方程为

$$\begin{cases} Q_1^{n+1} = T_1 \overline{Q}_1^n + \overline{T}_1 Q_1^n = \overline{Q}_3^n \overline{Q}_1^n + Q_3^n Q_1^n \\ Q_2^{n+1} = J_2 \overline{Q}_2^n + \overline{K}_2 Q_2^n = Q_1^n \overline{Q}_2^n + \overline{Q}_1^n Q_2^n \\ Q_3^{n+1} = D_3 = Q_2^n Q_1^n \end{cases}$$

(4) 列出状态转移表,如表 5-6 所示。

表 5-6　例 5-1 的状态转移表

序号	Q_3^n	Q_2^n	Q_1^n	Q_3^{n+1}	Q_2^{n+1}	Q_1^{n+1}
0	0	0	0	0	0	1
1	0	0	1	0	1	0
2	0	1	0	0	1	1
3	0	1	1	1	0	0
4	1	0	0	0	0	0
	1	0	1	0	1	0
	1	1	0	0	1	0
	1	1	1	1	0	1

除去五个有效状态外(见表 5-6 有序号部分),还有三个偏离状态。只有检验了三个偏离状态的转移情况(见表 5-6 无序号部分),才能得到完整的状态转移图。

(5) 画状态转移图,如图 5-8 所示。

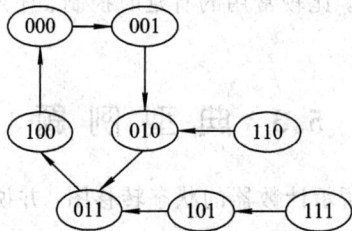

图 5-8　例 5-1 电路的状态转移图

(6) 该电路的逻辑功能是能自启动的模 5 同步计数器。

【解题指南与点评】　实际上,此题考察的是对同步时序逻辑电路的分析,只要按照步骤便能知其逻辑功能。步骤即:根据逻辑图写方程,将驱动方程代入触发器的特性方程以得到状态方程,计算得到不同输入和现态情况下电路的次态和输出,最后根据计算结果列状态表和画出状态图。

【例 5 - 2】 用 74LS161 构成一个十二进制计数器。

解 (1) 用异步清零端$\overline{CR}$归零。

$$S_N = S_{12} = 1100$$

$$\overline{CR} = \overline{Q_3^n Q_2^n}$$

(2) 用同步置数端归零。

$$S_{N-1} = S_{12-1} = S_{11} = 1011$$

$$\overline{LD} = \overline{Q_3^n Q_1^n Q_0^n}$$

(3) 画连线图,如图 5 - 9 所示。

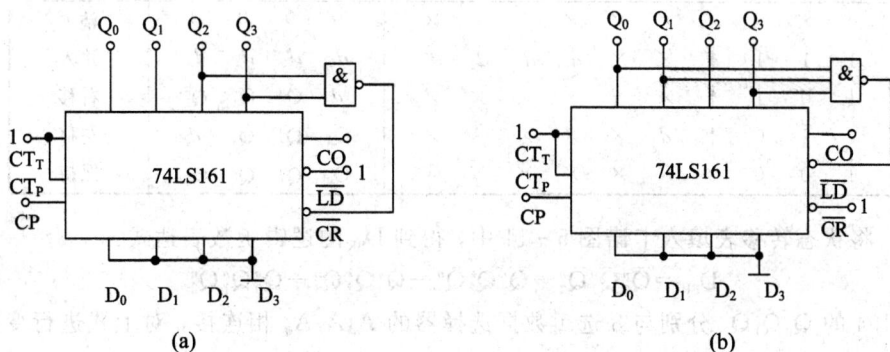

图 5 - 9 例 5 - 2 的电路图

(a) 用异步清零端$\overline{CR}$归零;(b) 用同步置数端$\overline{LD}$归零

【解题指南与点评】 计数器可利用触发器和门电路构成,但在实际工作中,主要是利用集成计数器来构成。在用集成计数器构成 N 进制计数器时,需要利用清零端或置数控制端,让电路跳过某些状态来获得 N 进制计数器。

【例 5 - 3】 用 74LS161 来构成一个二十四进制计数器。

解 用 74LS161 芯片构成二十四进制计数器时,因 $N=24$(大于十六进制),故需要两片 74LS161。每块芯片的计数时钟输入端 CP 端均接同一个 CP 信号,利用芯片的计数控制端 CT_P、CT_T 和进位输出端 CO,采用直接清零法实现二十四进制计数,即将低位芯片的 CO 与高位芯片的 CT_P 相连。$24 \div 16 = 1$ 余 8,把商作为高位输出,余数作为低位输出,对应产生的清零信号同时送到每块芯片的复位端$\overline{CR}$,从而完成二十四进制计数。对应电路如图 5 - 10 所示。

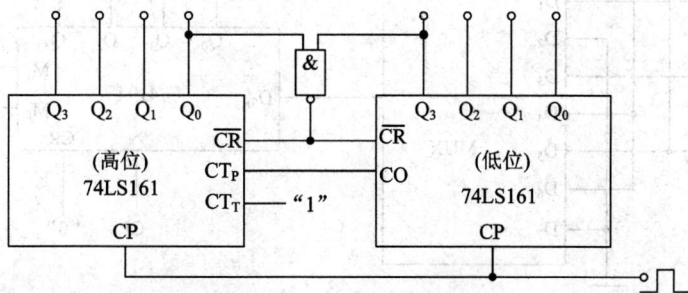

图 5 - 10 例 5 - 3 的电路图

【解题指南与点评】 若要构造计数器的模 M 大于已有计数器的模 N，需将已有计数器串接。如果 M 可以表示为已有计数器的模的乘积，则只需将计数器串接起来即可，无需利用计数器的清零端和置数端；如果 M 不能表示为已有计数器的模的乘积，则不仅要将计数器串接起来，还要利用计数器的清零端和置数端，使计数器绕过多余的状态。

【例 5－4】 已知 74194 双向移位寄存器的功能表如表 5－7 所示。使用 74194 和 8 选 1 数据选择器实现模 12 计数器。

表 5－7　74194 双向移位寄存器功能表

$\overline{CR}$	M_1	M_0	CP	D_{SL}	D_{SR}	D_0	D_1	D_2	D_3	Q_0	Q_1	Q_2	Q_3	备注
0	×	×	×	×	×	×	×	×	×	0	0	0	0	清 0
1	1	1	↑	×	×	d_0	d_1	d_2	d_3	d_0	d_1	d_2	d_3	并入
1	0	1	↑	×	d	×	×	×	×	d	Q_0^n	Q_1^n	Q_2^n	右移
1	1	0	↑	d	×	×	×	×	×	Q_1^n	Q_2^n	Q_3^n	d	左移
1	0	0	×	×	×	×	×	×	×	Q_0^n	Q_1^n	Q_2^n	Q_3^n	保持

解 　将状态转移表填入卡诺图 5－11 中，得到 D_{SR} 的逻辑函数表达式：

$$D_{SR} = \overline{Q_0^n}\,\overline{Q_1^n}\,\overline{Q_2^n} + \overline{Q_0^n}\,Q_2^n\,\overline{Q_3^n} + Q_0^n\,\overline{Q_2^n}\,Q_3^n + Q_0^n\,\overline{Q_1^n}\,Q_2^n$$

可将 74194 的 $Q_0 Q_1 Q_2$ 分别与 8 选 1 数据选择器的 $A_2 A_1 A_0$ 相连接，对上式进行变换，使每个乘积均包含 Q_0^n、Q_1^n、Q_2^n（略去右上角的"n"）：

$$D_{SR} = \overline{Q}_0\,\overline{Q}_1\,\overline{Q}_2 + \overline{Q}_0\,\overline{Q}_1\,Q_2\,\overline{Q}_3 + \overline{Q}_0\,Q_1\,Q_2\,\overline{Q}_3 + Q_0\,\overline{Q}_1\,\overline{Q}_2\,Q_3 + Q_0\,Q_1\,\overline{Q}_2\,Q_3 + Q_0\,\overline{Q}_1\,Q_2$$

将上式与 8 选 1 数据选择器的逻辑表达式对比，有

$$D_0 = 1, \quad D_1 = \overline{Q}_3$$
$$D_2 = 0, \quad D_3 = \overline{Q}_3$$
$$D_4 = Q_3, \quad D_5 = 1$$
$$D_6 = Q_3, \quad D_7 = 0$$

用 74194 和 8 选 1 数据选择器实现模 12 计数器的逻辑图如图 5－12 所示，图中，$M_1 M_0 = 01$（右移），$\overline{CR} = 1$。

$Q_2^n Q_3^n$ \ $Q_0^n Q_1^n$	00	01	11	10
00	1	0	0	0
01	1	0	1	1
11	0	0	0	1
10	1	1	0	1

图 5－11　例 5－4 的卡诺图

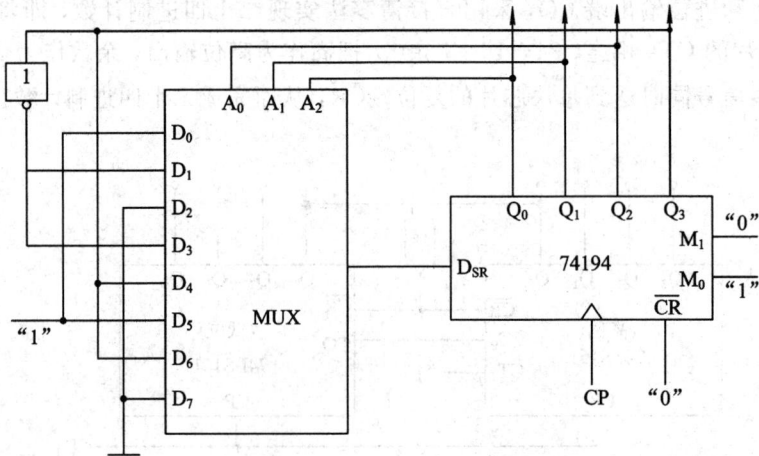

图 5－12　模 12 计数器的逻辑图

【解题指南与点评】　中规模逻辑器件的功能多以功能表形式给出，完整的理解其含义是正确使用的基础。在逻辑电路设计中遵循的原则是尽可能使用现有的器件。

【例 5 - 5】　试用 74160 设计双模计数器，由 M 控制计数模值，当 M＝0 和 M＝1 时分别实现模 6 和模 8 计数。

解　使用 $\overline{LD}$，将 CO 取反后与 $\overline{LD}$ 相连。当 M＝0 时进行模 6 计数，并行输入数据为 $(10-6)_{10}=(4)_{10}=(0100)_2$；当 M＝1 时进行模 8 计数，并行输入数据应为 $(10-8)_{10}=(2)_{10}=(0010)_2$。将 0100 和 0010 作比较，发现 $D_3=D_0=0$、$D_1=M$、$D_2=\overline{M}$，这样就可完成双模计数。

实现双模计数的逻辑电路如图 5 - 13 所示。

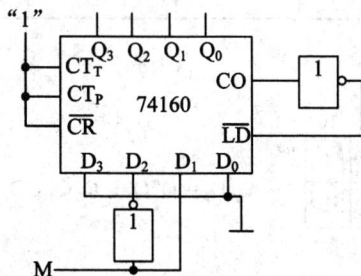

图 5 - 13　例 5 - 5 的逻辑电路图

当 M＝0 时，主循环为 0100→0101→0110→0111→1000→1001，实现模 6 计数。

当 M＝1 时，主循环为 0010→0011→0100→0101→0110→0111→1000→1001，实现模 8 计数。

【解题指南与点评】　此题的关键是根据不同模值下 $D_3D_2D_1D_0$ 的初值，分析 M 与其内在关系，这样就不难解决问题。这里涉及到是利用 $\overline{CR}$ 还是 $\overline{LD}$ 端控制计数模值的选择问题。如果使用 $\overline{CR}$，必须综合 6(0110)、8(1000) 和 M 产生控制信号 $\overline{CR}$，需附加一个较复杂的组合电路。如果使用 $\overline{LD}$，除了 M 之外还有并行输入数据输入端 $D_3D_2D_1D_0$ 可以利用，问题就简单得多。所以在用 74160 实现双模（甚至多模）计数器时，一般使用 $\overline{LD}$ 信号控制计数模值。

5.4　习 题 解 答

5 - 1　用下降沿触发的边沿 D 触发器和与非门设计一个同步七进制加法计数器。

解　(1) 状态图：

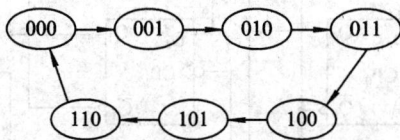

（2）状态转换和驱动真值表：

Q_2^n	Q_1^n	Q_0^n	Q_2^{n+1}	Q_1^{n+1}	Q_0^{n+1}	D_2	D_1	D_0
0	0	0	0	0	1	0	0	1
0	0	1	0	1	0	0	1	0
0	1	0	0	1	1	0	1	1
0	1	1	1	0	0	1	0	0
1	0	0	1	0	1	1	0	1
1	0	1	1	1	0	1	1	0
1	1	0	0	0	0	0	0	0
1	1	1	×	×	×	×	×	×

（3）卡诺图：

Q_0^n \ $Q_2^nQ_1^n$	00	01	11	10
0	0	0	0	1
1	0	1	×	1

$$D_2 = Q_1^n Q_0^n + Q_2^n \overline{Q_1^n}, \quad D_2 = \overline{\overline{Q_1^n Q_0^n} \cdot \overline{Q_2^n \overline{Q_1^n}}}$$

Q_0^n \ $Q_2^nQ_1^n$	00	01	11	10
0	0	1	0	0
1	1	0	×	1

$$D_1 = \overline{Q_1^n} Q_0^n + Q_2^n Q_1^n \overline{Q_0^n}, \quad D_1 = \overline{\overline{Q_1^n} Q_0^n \cdot \overline{Q_2^n Q_1^n \overline{Q_0^n}}}$$

Q_0^n \ $Q_2^nQ_1^n$	00	01	11	10
0	1	1	0	1
1	0	0	×	0

$$D_0 = \overline{Q_2^n} \overline{Q_0^n} + \overline{Q_1^n} \overline{Q_0^n}, \quad D_0 = \overline{\overline{Q_2^n} \overline{Q_0^n} \cdot \overline{Q_1^n} \overline{Q_0^n}}$$

（4）电路图：

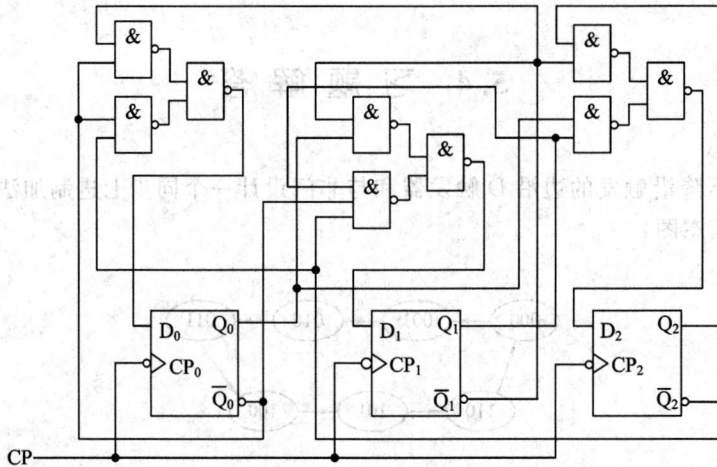

5-2　用下降沿触发的边沿 T 触发器和与非门设计一个同步十二进制加/减可逆计数器。

解　(1) 状态图：

```
 0000  0/→  0001  0/→  0010  0/→  0011  0/→  0100  0/→  0101
  ↑   ←1/         ←1/         ←1/         ←1/         ←1/
 1/│ │0/                                              0/│ │1/
  │ ↓                                                  │ ↓
 1011  0/→  1010  0/→  1001  0/→  1000  0/→  0111  0/→  0110
      ←1/         ←1/         ←1/         ←1/         ←1/
```

(2) 状态转换和驱动真值表：

X	Q_3^n	Q_2^n	Q_1^n	Q_0^n	Q_3^{n+1}	Q_2^{n+1}	Q_1^{n+1}	Q_0^{n+1}	T_3	T_2	T_1	T_0
0	0	0	0	0	0	0	0	1	0	0	0	1
0	0	0	0	1	0	0	1	0	0	0	1	1
0	0	0	1	0	0	0	1	1	0	0	0	1
0	0	0	1	1	0	1	0	0	0	1	1	1
0	0	1	0	0	0	1	0	1	0	0	0	1
0	0	1	0	1	0	1	1	0	0	0	1	1
0	0	1	1	0	0	1	1	1	0	0	0	1
0	0	1	1	1	1	0	0	0	1	1	1	1
0	1	0	0	0	1	0	0	1	0	0	0	1
0	1	0	0	1	1	0	1	0	0	0	1	1
0	1	0	1	0	1	0	1	1	0	0	0	1
0	1	0	1	1	0	0	0	0	1	0	1	1
0	1	1	0	0	×	×	×	×	×	×	×	×
0	1	1	0	1	×	×	×	×	×	×	×	×
0	1	1	1	0	×	×	×	×	×	×	×	×
0	1	1	1	1	×	×	×	×	×	×	×	×
1	0	0	0	0	1	0	1	1	1	0	1	1
1	0	0	0	1	0	0	0	0	0	0	0	1
1	0	0	1	0	0	0	0	1	0	0	1	1
1	0	0	1	1	0	0	1	0	0	0	0	1
1	0	1	0	0	0	0	1	1	0	1	1	1
1	0	1	0	1	0	1	0	0	0	0	0	1
1	0	1	1	0	0	1	0	1	0	0	1	1
1	0	1	1	1	0	1	1	0	0	0	0	1
1	1	0	0	0	0	1	1	1	1	1	1	1
1	1	0	0	1	1	0	0	0	0	0	0	1
1	1	0	1	0	1	0	0	1	0	0	1	1
1	1	0	1	1	1	0	1	0	0	0	0	1
1	1	1	0	0	×	×	×	×	×	×	×	×
1	1	1	0	1	×	×	×	×	×	×	×	×
1	1	1	1	0	×	×	×	×	×	×	×	×
1	1	1	1	1	×	×	×	×	×	×	×	×

（3）卡诺图：

$Q_1^n Q_0^n$ \ $XQ_3^n Q_2^n$

$Q_1^n Q_0^n$ \ $XQ_3^n Q_2^n$	000	001	011	010	110	111	101	100
00	0	0	×	0	1	×	0	1
01	0	0	×	0	0	×	0	0
11	0	1	×	1	0	×	0	0
10	0	0	×	0	0	×	0	0

$$T_3 = \overline{X}Q_2^n Q_1^n Q_0^n + \overline{X}Q_3^n Q_1^n Q_0^n + X\overline{Q}_2^n \overline{Q}_1^n \overline{Q}_0^n$$

$Q_1^n Q_0^n$ \ $XQ_3^n Q_2^n$	000	001	011	010	110	111	101	100
00	0	0	×	0	1	×	1	0
01	0	0	×	0	×	0	0	0
11	1	1	×	0	0	×	0	0
10	0	0	×	0	0	×	0	0

$$T_2 = \overline{X}\overline{Q}_3^n Q_1^n Q_0^n + XQ_3^n \overline{Q}_1^n \overline{Q}_0^n + XQ_2^n \overline{Q}_1^n \overline{Q}_0^n$$

$Q_1^n Q_0^n$ \ $XQ_3^n Q_2^n$	000	001	011	010	110	111	101	100
00	0	0	×	0	1	×	1	1
01	1	1	×	1	0	×	0	0
11	1	1	×	1	0	×	0	0
10	0	0	×	0	1	×	1	1

$$T_1 = \overline{X}Q_0^n + X\overline{Q}_0^n$$

$Q_1^n Q_0^n$ \ $XQ_3^n Q_2^n$	000	001	011	010	110	111	101	100
00	1	1	×	1	1	×	1	1
01	1	1	×	1	1	×	1	1
11	1	1	×	1	1	×	1	1
10	1	1	×	1	1	×	1	1

$$T_0 = 1$$

（4）电路图：

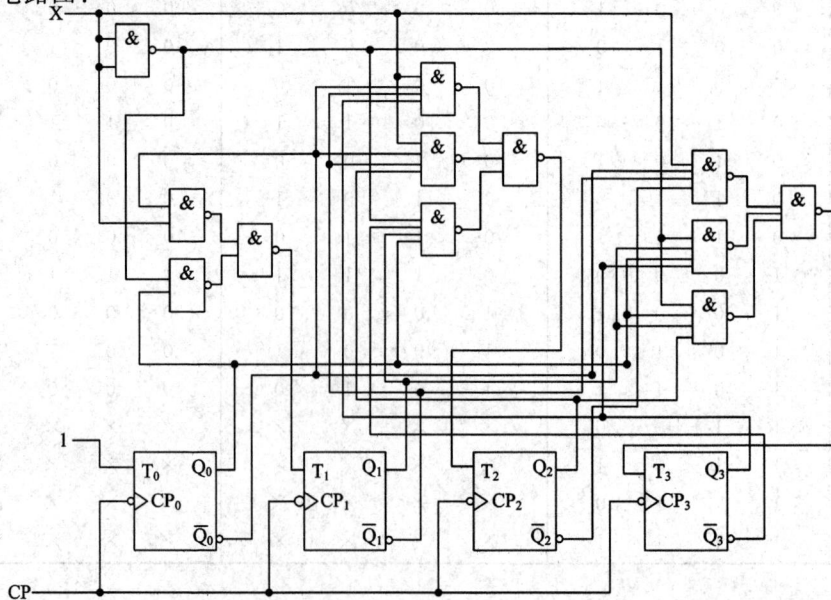

5-3　用下降沿触发的边沿 JK 触发器和与非门设计一个同步可控进制减法计数器，要求当控制变量为 0 时为十一进制，当控制变量为 1 时为十四进制。

解　(1) 状态图(X 为控制变量)：

X＝0 时的状态图

X＝1 时的状态图

(2) 状态转换及真值表：

X	Q_3^n	Q_2^n	Q_1^n	Q_0^n	Q_3^{n+1}	Q_2^{n+1}	Q_1^{n+1}	Q_0^{n+1}	J_3	K_3	J_2	K_2	J_1	K_1	J_0	K_0
0	0	0	0	0	1	0	1	0	1	×	0	×	1	×	0	×
0	0	0	0	1	0	0	0	0	0	×	0	×	0	×	×	1
0	0	0	1	0	0	0	0	1	0	×	0	×	×	1	1	×
0	0	0	1	1	0	0	1	0	0	×	0	×	×	0	×	1
0	0	1	0	0	0	0	1	1	0	×	×	1	1	×	1	×
0	0	1	0	1	0	1	0	0	0	×	×	0	0	×	×	1
0	0	1	1	0	0	1	0	1	0	×	×	0	×	1	1	×
0	0	1	1	1	0	1	1	0	0	×	×	0	×	0	×	1
0	1	0	0	0	0	1	1	1	×	1	1	×	1	×	1	×
0	1	0	0	1	1	0	0	0	×	0	0	×	0	×	×	1
0	1	0	1	0	1	0	0	1	×	0	0	×	×	1	1	×
0	1	0	1	1	×	×	×	×	×	×	×	×	×	×	×	×
0	1	1	0	0	×	×	×	×	×	×	×	×	×	×	×	×
0	1	1	0	1	×	×	×	×	×	×	×	×	×	×	×	×
0	1	1	1	0	×	×	×	×	×	×	×	×	×	×	×	×
0	1	1	1	1	×	×	×	×	×	×	×	×	×	×	×	×
1	0	0	0	0	1	1	0	1	1	×	1	×	0	×	1	×
1	0	0	0	1	0	0	0	0	0	×	0	×	0	×	×	1
1	0	0	1	0	0	0	0	1	0	×	0	×	×	1	1	×
1	0	0	1	1	0	0	1	0	0	×	0	×	×	0	×	1
1	0	1	0	0	0	0	1	1	0	×	×	1	1	×	1	×
1	0	1	0	1	0	1	0	0	0	×	×	0	0	×	×	1
1	0	1	1	0	0	1	0	1	0	×	×	0	×	1	1	×
1	0	1	1	1	0	1	1	0	0	×	×	0	×	0	×	1
1	1	0	0	0	0	1	1	1	×	1	1	×	1	×	1	×
1	1	0	0	1	1	0	0	0	×	0	0	×	0	×	×	1
1	1	0	1	0	1	0	0	1	×	0	0	×	×	1	1	×
1	1	0	1	1	1	0	1	0	×	0	0	×	×	0	×	1
1	1	1	0	0	1	0	1	1	×	0	×	1	1	×	1	×
1	1	1	0	1	1	1	0	0	×	0	×	0	0	×	×	1
1	1	1	1	0	×	×	×	×	×	×	×	×	×	×	×	×
1	1	1	1	1	×	×	×	×	×	×	×	×	×	×	×	×

（3）卡诺图：

X＝0 时：

J_3 卡诺图 ($Q_3^n Q_2^n$ 列: 00 01 11 10; $Q_1^n Q_0^n$ 行)

$Q_1^n Q_0^n \backslash Q_3^n Q_2^n$	00	01	11	10
00	1	0	×	×
01	0	0	×	×
11	0	0	×	×
10	0	0	×	×

$J_3 = \overline{Q_2^n}\,\overline{Q_1^n}\,\overline{Q_0^n}$

K_3 卡诺图

$Q_1^n Q_0^n \backslash Q_3^n Q_2^n$	00	01	11	10
00	×	×	×	1
01	×	×	×	0
11	×	×	×	×
10	×	×	×	×

$K_3 = \overline{Q_1^n}\,\overline{Q_0^n}$

J_2 卡诺图

$Q_1^n Q_0^n \backslash Q_3^n Q_2^n$	00	01	11	10
00	0	×	×	1
01	0	×	×	0
11	×	×	×	×
10	0	×	×	0

$J_2 = Q_3^n\,\overline{Q_1^n}\,\overline{Q_0^n}$

K_2 卡诺图

$Q_1^n Q_0^n \backslash Q_3^n Q_2^n$	00	01	11	10
00	×	1	×	×
01	×	0	×	×
11	×	0	×	×
10	×	0	×	×

$K_2 = \overline{Q_1^n}\,\overline{Q_0^n}$

J_1 卡诺图

$Q_1^n Q_0^n \backslash Q_3^n Q_2^n$	00	01	11	10
00	1	1	×	1
01	0	0	×	0
11	×	×	×	×
10	×	×	×	×

$J_1 = \overline{Q_0^n}$

K_1 卡诺图

$Q_1^n Q_0^n \backslash Q_3^n Q_2^n$	00	01	11	10
00	×	×	×	×
01	×	×	×	×
11	0	0	×	×
10	1	1	×	×

$K_1 = \overline{Q_0^n}$

J_0 卡诺图

$Q_1^n Q_0^n \backslash Q_3^n Q_2^n$	00	01	11	10
00	0	1	×	1
01	×	×	×	×
11	×	×	×	×
10	1	1	×	1

$J_0 = Q_1^n + Q_2^n + Q_3^n$

K_0 卡诺图

$Q_1^n Q_0^n \backslash Q_3^n Q_2^n$	00	01	11	10
00	×	×	×	×
01	1	1	×	1
11	1	1	×	1
10	×	×	×	×

$K_0 = 1$

X＝1 时：

J_3 卡诺图

$Q_1^n Q_0^n \backslash Q_3^n Q_2^n$	00	01	11	10
00	1	0	×	×
01	0	0	×	×
11	0	0	×	×
10	0	0	×	×

$J_3 = \overline{Q_2^n}\,\overline{Q_1^n}\,\overline{Q_0^n}$

K_3 卡诺图

$Q_1^n Q_0^n \backslash Q_3^n Q_2^n$	00	01	11	10
00	×	×	0	1
01	×	×	0	0
11	×	×	0	0
10	×	×	0	0

$K_3 = \overline{Q_2^n}\,\overline{Q_1^n}\,\overline{Q_0^n}$

J_2 卡诺图

$Q_1^n Q_0^n \backslash Q_3^n Q_2^n$	00	01	11	10
00	1	×	×	1
01	0	×	×	0
11	0	×	×	0
10	0	×	×	0

$J_2 = \overline{Q_1^n}\,\overline{Q_0^n}$

K_2 卡诺图

$Q_1^n Q_0^n \backslash Q_3^n Q_2^n$	00	01	11	10
00	×	1	1	×
01	×	0	0	×
11	×	×	×	×
10	×	×	×	×

$K_2 = \overline{Q_1^n}\,\overline{Q_0^n}$

J_1 卡诺图

$Q_1^n Q_0^n \backslash Q_3^n Q_2^n$	00	01	11	10
00	0	1	1	1
01	0	0	0	0
11	×	×	×	×
10	×	×	×	×

$J_1 = Q_2^n\,\overline{Q_0^n} + Q_3^n\,\overline{Q_0^n}$

K_1 卡诺图

$Q_1^n Q_0^n \backslash Q_3^n Q_2^n$	00	01	11	10
00	×	×	×	×
01	×	×	×	×
11	0	0	×	0
10	1	1	×	1

$K_1 = \overline{Q_0^n}$

J_0 卡诺图

$Q_1^n Q_0^n \backslash Q_3^n Q_2^n$	00	01	11	10
00	1	1	1	1
01	×	×	×	×
11	×	×	×	×
10	1	1	×	1

$J_0 = 1$

K_0 卡诺图

$Q_1^n Q_0^n \backslash Q_3^n Q_2^n$	00	01	11	10
00	×	×	×	×
01	1	1	1	1
11	1	1	1	1
10	×	×	×	×

$K_0 = 1$

由以上卡诺图，有：

$$J_3 = \overline{Q_2^n}\,\overline{Q_1^n}\,\overline{Q_0^n}$$

$$K_3 = \overline{X}\,\overline{Q_1^n}\,\overline{Q_0^n} + X\overline{Q_2^n}\,\overline{Q_1^n}\,\overline{Q_0^n} = \overline{Q_1^n}\,\overline{Q_0^n}(\overline{X} + X\overline{Q_2^n}) = \overline{X}\,\overline{Q_1^n}\,\overline{Q_0^n} + \overline{Q_2^n}\,\overline{Q_1^n}\,\overline{Q_0^n}$$

$$J_2 = \overline{X}Q_3^n\,\overline{Q_1^n}\,\overline{Q_0^n} + X\overline{Q_1^n}\,\overline{Q_0^n} = Q_3^n\,\overline{Q_1^n}\,\overline{Q_0^n} + X\overline{Q_1^n}\,\overline{Q_0^n}$$

$$K_2 = \overline{Q_1^n}\,\overline{Q_0^n}$$

$$J_1 = \overline{X}Q_0^n + X(Q_0^n\,\overline{Q_0^n} + Q_3^n\,\overline{Q_0^n}) = \overline{X}Q_0^n + Q_0^n + Q_3^n\,\overline{Q_0^n}$$

$$K_1 = \overline{Q_0^n}$$

$$J_0 = \overline{X}(Q_1^n + Q_2^n + Q_3^n) + X = X + Q_1^n + Q_2^n + Q_3^n$$

$$K_0 = 1$$

（4）电路图：

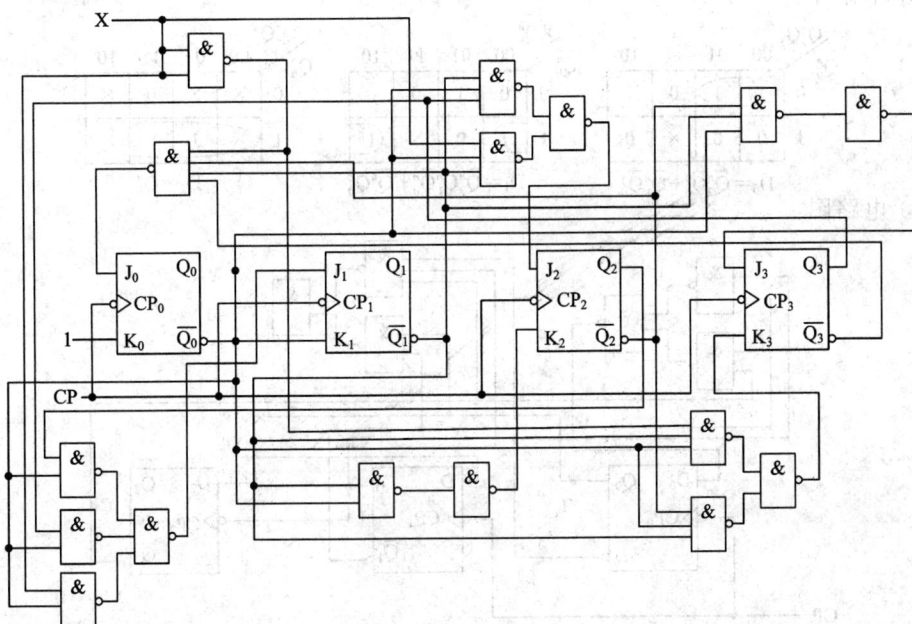

5-4　用下降沿触发的边沿 D 触发器和与非门设计一个异步七进制加法计数器。

解　（1）状态图和相应的时序图：

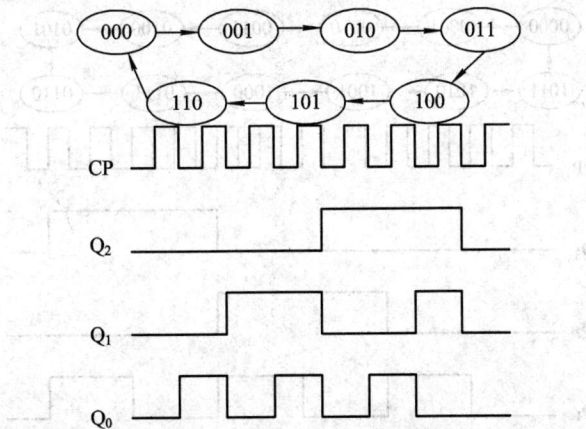

可见：　　　　　$CP_0 = CP\downarrow,\ CP_1 = CP\downarrow,\ CP_2 = Q_1\downarrow$

（2）状态转换图及真值表：

Q_2^n	Q_1^n	Q_0^n	Q_2^{n+1}	Q_1^{n+1}	Q_0^{n+1}	D_2	D_1	D_0	CP	CP_0	CP_1	CP_2
0	0	0	0	0	1	×	0	1	↓	↓	↓	
0	0	1	0	1	0	×	1	0	↓	↓	↓	
0	1	0	0	1	1	×	1	1	↓	↓	↓	
0	1	1	1	0	0	1	0	0	↓	↓	↓	↓
1	0	0	1	0	1	×	0	1	↓	↓	↓	
1	0	1	1	1	0	×	1	0	↓	↓	↓	
1	1	0	0	0	0	0	0	0	↓	↓	↓	↓
1	1	1	×	×	×	×	×	×	↓	↓	↓	

（3）卡诺图：

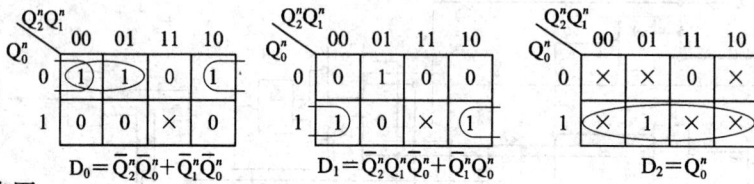

$$D_0 = \bar{Q}_2^n \bar{Q}_0^n + \bar{Q}_1^n \bar{Q}_0^n$$
$$D_1 = \bar{Q}_2^n Q_1^n \bar{Q}_0^n + \bar{Q}_1^n Q_0^n$$
$$D_2 = Q_0^n$$

（4）电路图：

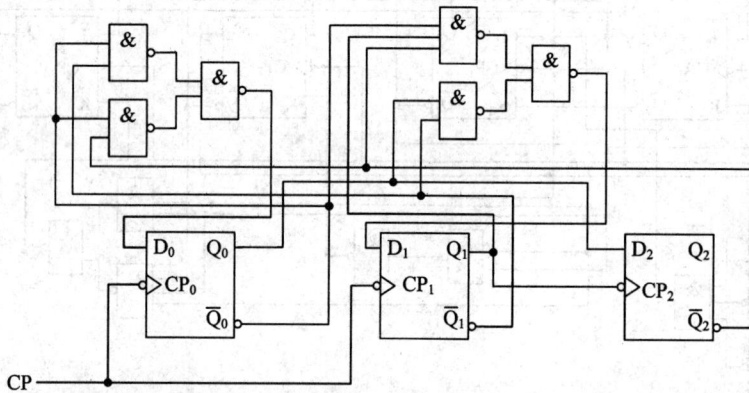

5-5　用下降沿触发的边沿 T 触发器和与非门设计一个异步十二进制加法计数器。

解　（1）状态图和相应的时序图：

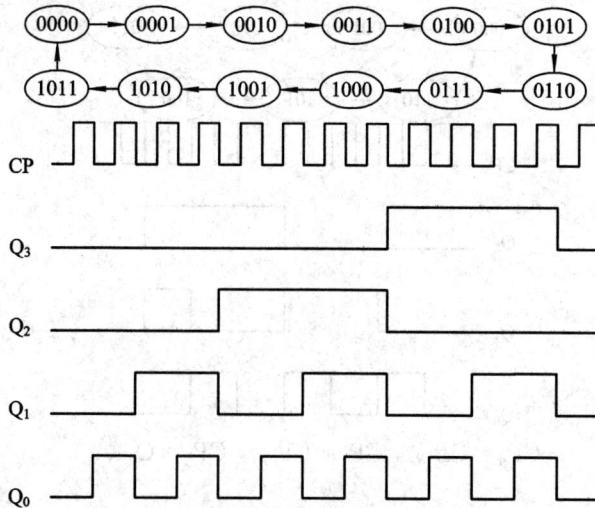

可见：　　　　　　$CP_0 = CP\downarrow$，$CP_1 = Q_0\downarrow$，$CP_2 = Q_1\downarrow$，$CP_3 = Q_1\downarrow$

（2）状态转换及真值表：

Q_3^n	Q_2^n	Q_1^n	Q_0^n	Q_3^{n+1}	Q_2^{n+1}	Q_1^{n+1}	Q_0^{n+1}	T_3	T_2	T_1	T_0	CP	CP_0	CP_1	CP_2	CP_3
0	0	0	0	0	0	0	1	×	×	×	1	↓	↓			
0	0	0	1	0	0	1	0	×	×	1	1	↓	↓	↓		
0	0	1	0	0	0	1	1	×	×	×	1	↓	↓			
0	0	1	1	0	1	0	0	0	1	1	1	↓	↓	↓	↓	↓
0	1	0	0	0	1	0	1	×	×	×	1	↓	↓			
0	1	0	1	0	1	1	0	×	×	1	1	↓	↓	↓		
0	1	1	0	0	1	1	1	×	×	×	1	↓	↓			
0	1	1	1	1	0	0	0	1	1	1	1	↓	↓	↓	↓	↓
1	0	0	0	1	0	0	1	×	×	×	1	↓	↓			
1	0	0	1	1	0	1	0	×	×	1	1	↓	↓	↓		
1	0	1	0	1	0	1	1	×	×	×	1	↓	↓			
1	0	1	1	0	0	0	0	1	0	1	1	↓	↓	↓	↓	↓
1	1	0	0	×	×	×	×	×	×	×	×	↓	↓			
1	1	0	1	×	×	×	×	×	×	×	×	↓	↓			
1	1	1	0	×	×	×	×	×	×	×	×	↓	↓			
1	1	1	1	×	×	×	×	×	×	×	×	↓	↓			

（3）卡诺图：

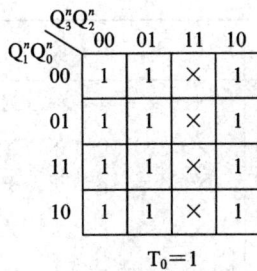

$T_0 = 1$

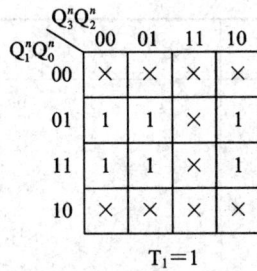

$T_1 = 1$

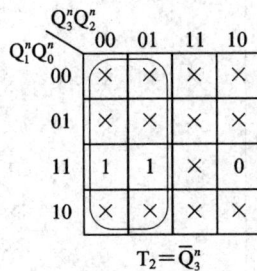

$T_2 = \overline{Q_3^n}$

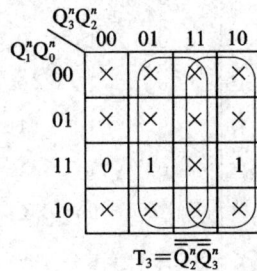

$T_3 = \overline{Q_2^n}\,\overline{Q_3^n}$

（4）电路图：

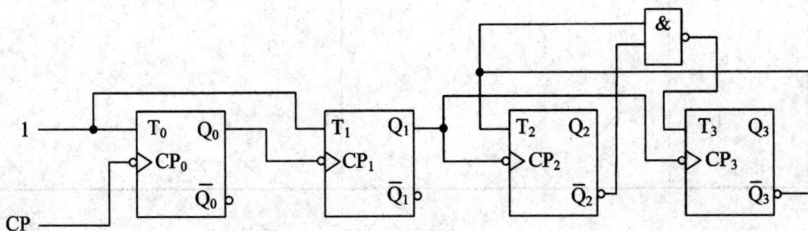

5-6 用下降沿触发的边沿 JK 触发器和与非门设计一个异步十三进制减法计数器。

解 (1) 状态图和相应的时序图:

可见: $CP_0 = CP\downarrow$, $CP_1 = \overline{Q}_0\downarrow$, $CP_2 = CP\downarrow$, $CP_3 = \overline{Q}_2\downarrow$

(2) 状态转换真值表:

Q_3^n	Q_2^n	Q_1^n	Q_0^n	Q_3^{n+1}	Q_2^{n+1}	Q_1^{n+1}	Q_0^{n+1}	J_3	K_3	J_2	K_2	J_1	K_1	J_0	K_0
0	0	0	0	1	1	0	0	1	×	1	×	×	×	0	×
0	0	0	1	0	0	0	0	×	×	0	×	×	×	×	1
0	0	1	0	0	0	0	1	×	×	0	×	×	1	1	×
0	0	1	1	0	0	1	0	×	×	0	×	×	×	×	1
0	1	0	0	0	0	1	1	×	×	×	1	1	×	1	×
0	1	0	1	0	1	0	0	×	×	×	0	×	×	×	1
0	1	1	0	0	1	0	1	×	×	×	0	×	1	1	×
0	1	1	1	0	1	1	0	×	×	×	0	×	×	×	1
1	0	0	0	0	1	1	1	×	1	1	×	1	×	1	×
1	0	0	1	1	0	0	0	×	×	0	×	×	×	×	1
1	0	1	0	1	0	0	1	×	×	0	×	×	1	1	×
1	0	1	1	1	0	1	0	×	×	0	×	×	×	×	1
1	1	0	0	1	0	1	1	×	×	×	1	1	×	1	×
1	1	0	1	×	×	×	×	×	×	×	×	×	×	×	×
1	1	1	0	×	×	×	×	×	×	×	×	×	×	×	×
1	1	1	1	×	×	×	×	×	×	×	×	×	×	×	×

（3）卡诺图：

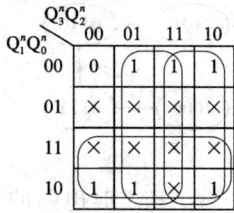

$J_0 = \overline{\overline{Q_1^n} \overline{Q_2^n} \overline{Q_3^n}}$

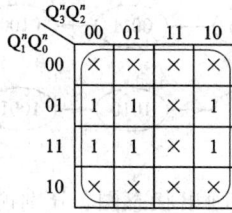

$K_0 = 1$

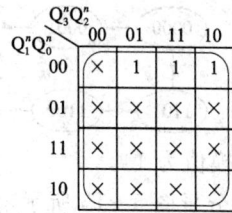

$J_1 = 1$

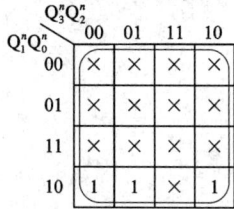

$K_1 = 1$

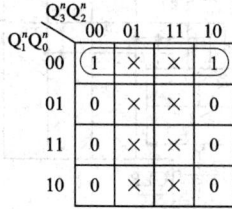

$J_2 = \overline{Q_1^n} \overline{Q_0^n}$

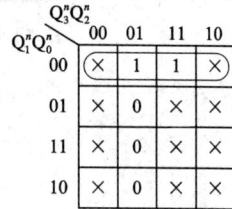

$K_2 = \overline{Q_1^n} \overline{Q_0^n}$

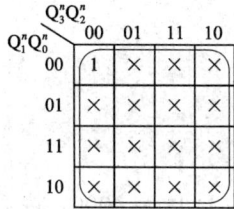

$J_3 = 1$

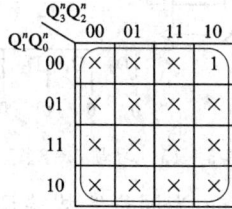

$K_3 = 1$

（4）电路图：

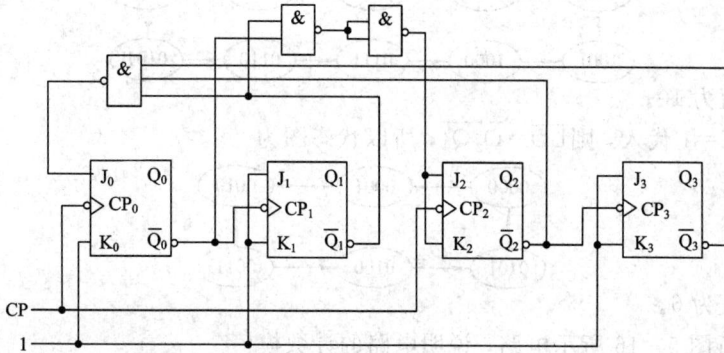

5-7　分析图 5-14 所示电路，画出电路的状态图，说明电路的计数模值。

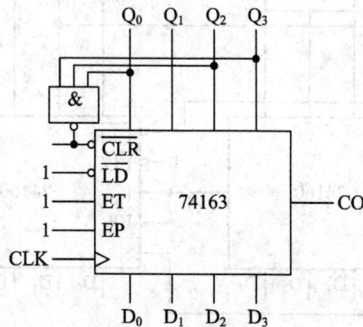

图 5-14　习题 5-7 图

解 因为 $\overline{CLR}=\overline{Q_3 Q_2 Q_0}$，且 74163 为同步清零端，所以状态图为

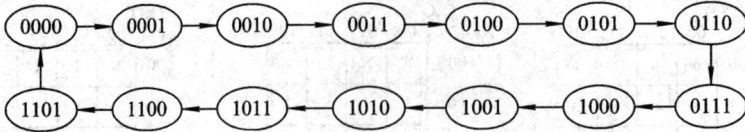

因此，计数模值为 14。

5-8 分析图 5-15 所示电路，画出状态图，分别说明 C 为 0 和 1 时电路的计数模值。

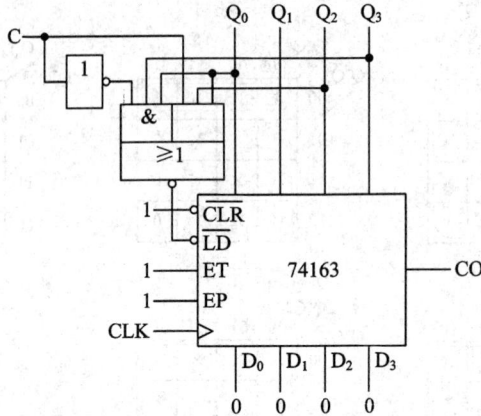

图 5-15 习题 5-8 图

解 $\overline{LD}=\overline{\overline{C}Q_3^n Q_0^n+CQ_2^n Q_0^n}$，74163 为同步置数端且 $D_3 D_2 D_1 D_0=0000$，将 C=0 代入 $\overline{LD}$ 表达式中，则有 $\overline{LD}=\overline{Q_3^n Q_0^n}$，所以状态图为

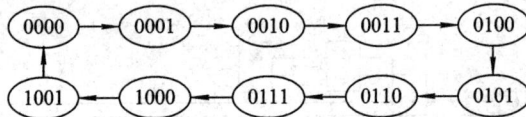

因此，计数模值为 10。

同理，将 C=1 代入，则 $\overline{LD}=\overline{Q_2^n Q_0^n}$，所以状态图为

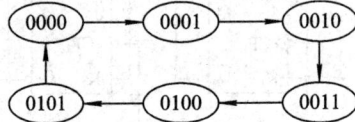

因此，计数模值为 6。

5-9 分析图 5-16 所示电路，说明电路的计数模值。

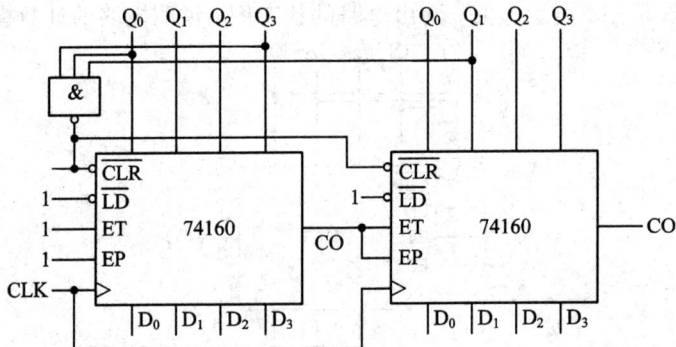

图 5-16 习题 5-9 图

解　因为 74160 为异步清零端,因此计数模值为 29。

5-10　分析图 5-17 所示电路,说明电路的计数模值。

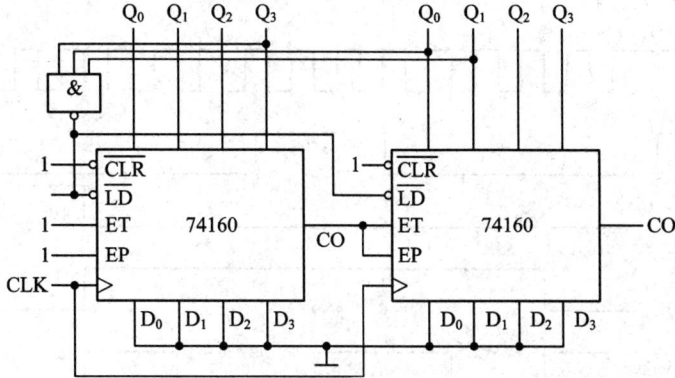

图 5-17　习题 5-10 图

解　因为 74160 为同步置数端,因此计数模值为 39。

5-11　分析图 5-18 所示电路,画出电路的时序图。假设初始状态为 0000。

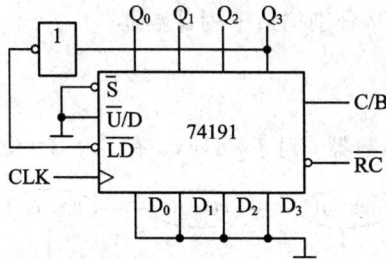

图 5-18　习题 5-11 图

解　因 $\overline{LD}=\overline{Q}_3$,置数端为异步端,且 $D_3D_2D_1D_0=0000$,所以时序图为

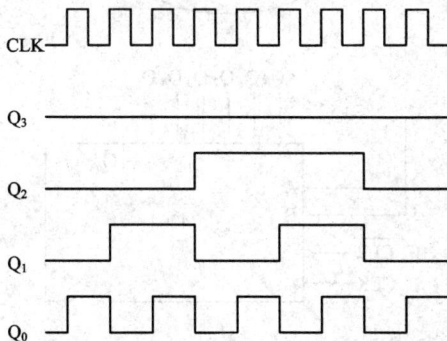

5-12　分析图 5-19 所示电路,画出电路的时序图。

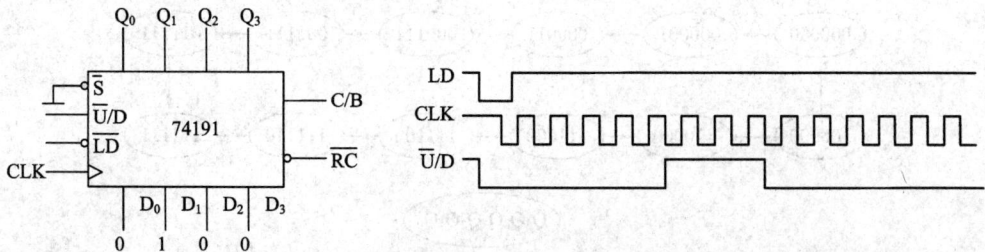

图 5-19　习题 5-12 图

解 时序图如下：

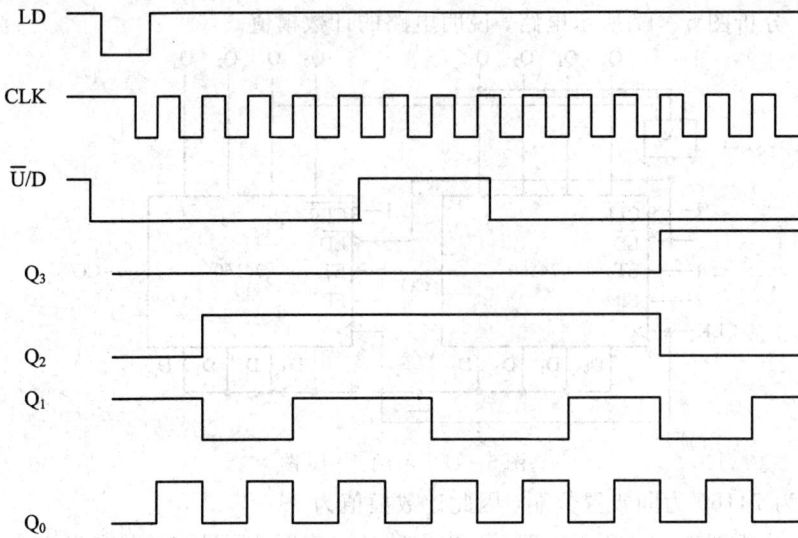

5-13 用74164和门电路分别构造下列计数器。

(1) 六位环形计数器。

(2) 六位扭环形计数器。

解 (1) 构造六位环形计数器。对于74164，有 $A=B=Q_5^n$，所以状态图为

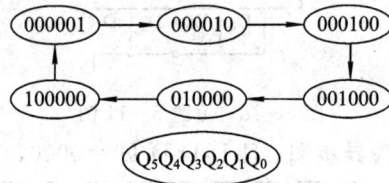

电路图为

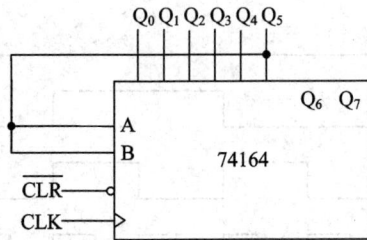

(2) 构造六位扭环形计数器。对于74164，有 $A=B=\overline{Q_5^n}$，所以状态图为

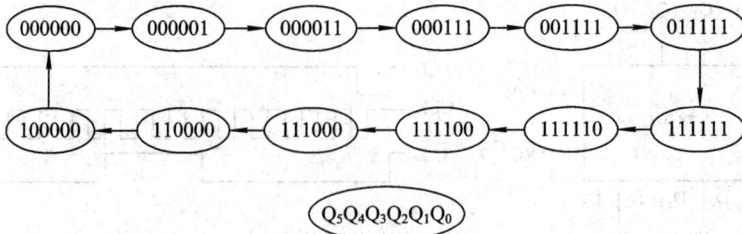

电路图为

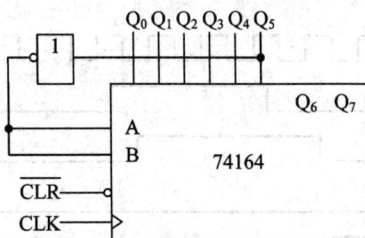

5-14　用 74164 和门电路构造一个可控计数器，当控制信号为 0 时是八位环形计数器；当控制信号为 1 时是八位扭环形计数器。

解　X 为控制信号，对于 74164，有

$$A = B = X\overline{Q}_7^n + \overline{X}Q_7^n$$

所以计数器电路图为

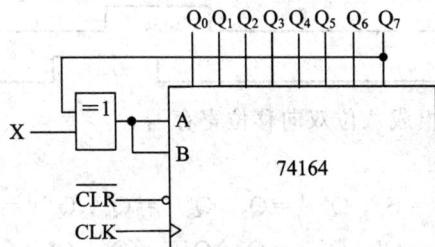

5-15　分析图 5-20 所示电路，画出电路的时序图。

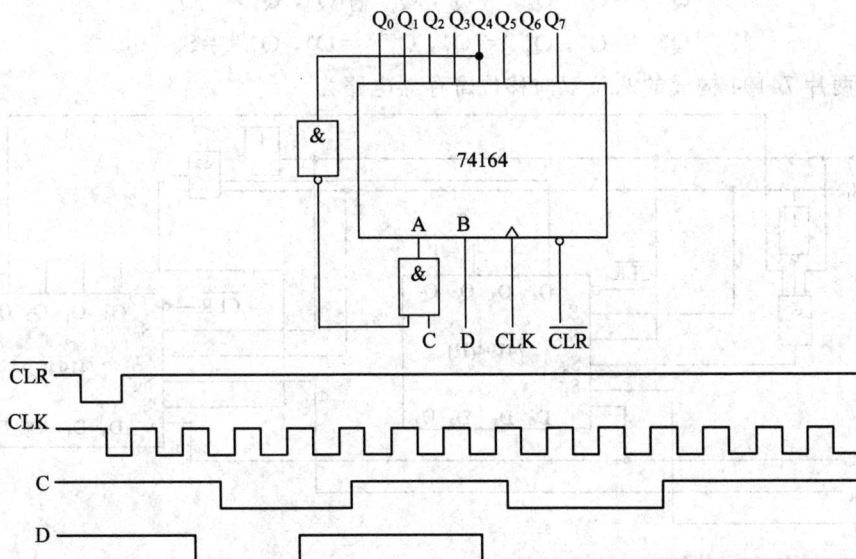

图 5-20　习题 5-15 图

解　对于 74164，有

$$A = \overline{Q}_4 C, \ B = D, \ Q_0 = AB = \overline{Q}_4 CD$$

所以时序图为

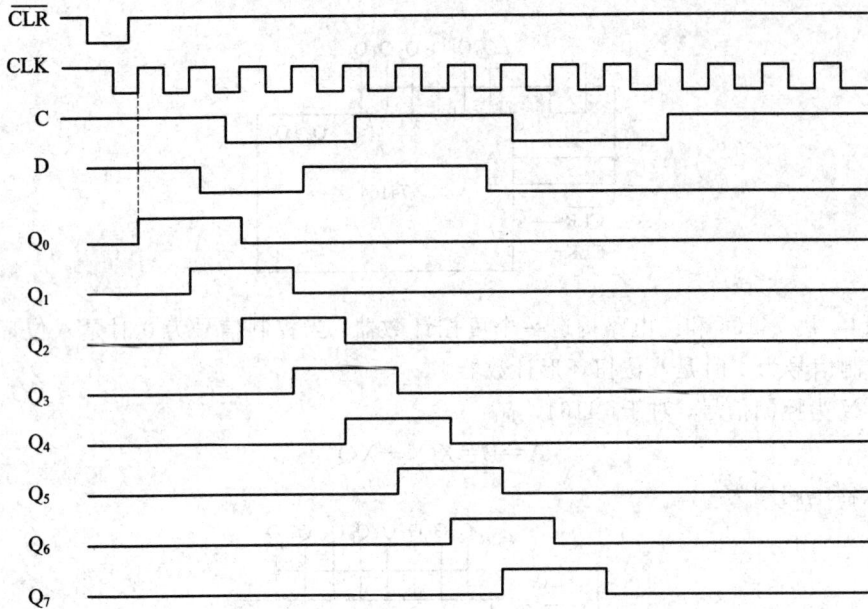

5-16 用两片 74194 组成八位双向移位寄存器。

解 当 $S_1=1$、$S_0=0$ 时:

$$Q_7^{n+1}=S_L，Q_6^{n+1}=Q_7^n，Q_5^{n+1}=Q_6^n，Q_4^{n+1}=Q_5^n$$

$$Q_3^{n+1}=Q_4^n，Q_2^{n+1}=Q_3^n，Q_1^{n+1}=Q_2^n，Q_0^{n+1}=Q_1^n$$

当 $S_1=0$、$S_0=1$ 时:

$$Q_7^{n+1}=Q_6^n，Q_6^{n+1}=Q_5^n，Q_5^{n+1}=Q_4^n，Q_4^{n+1}=Q_3^n$$

$$Q_3^{n+1}=Q_2^n，Q_2^{n+1}=Q_1^n，Q_1^{n+1}=Q_0^n，Q_0^{n+1}=S_R$$

从而,用两片 74194 构成的八位双向移位寄存器电路为

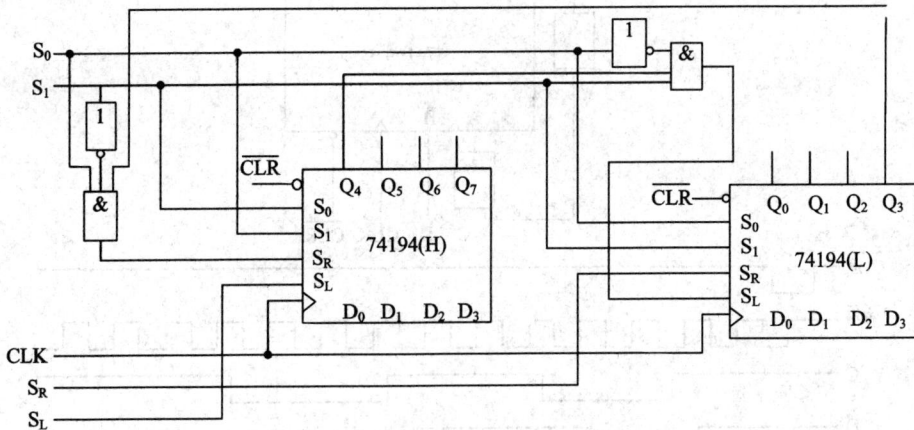

5-17 用 74194 和门电路构造一个可控计数器,当控制信号 A 为 0 时是四位右移环形计数器;当控制信号 A 为 1 时是四位左移环形计数器。

解 对于 74194,有:

$$S_R=\bar{S}_1 S_0 Q_3^n \overline{A}，S_L=S_1 \bar{S}_0 Q_0^n A$$

(1) 功能表:

A	S_1	S_0	功能
0	0	1	左移
1	1	0	右移

$$S_1 = A, \ S_0 = \overline{A}$$

所以有：
$$S_R = \overline{S}_1 S_0 Q_3^n \overline{A} = \overline{A} Q_3^n, \ S_L = S_1 \overline{S}_0 Q_0^n A = A Q_0^n$$

（2）电路图：

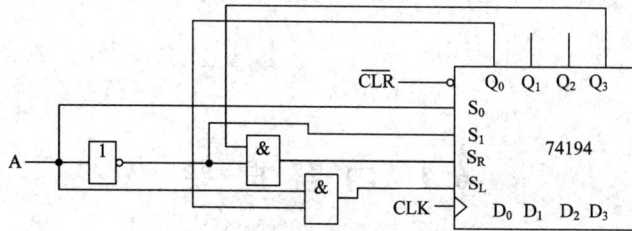

5-18　分析图 5-21 所示电路，画出电路的时序图。

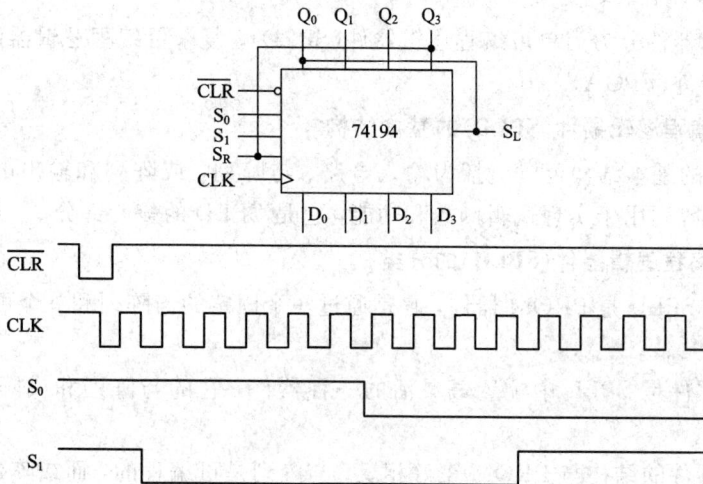

图 5-21　习题 5-18 图

解　$S_R = Q_3^n, \ S_L = Q_0^n$

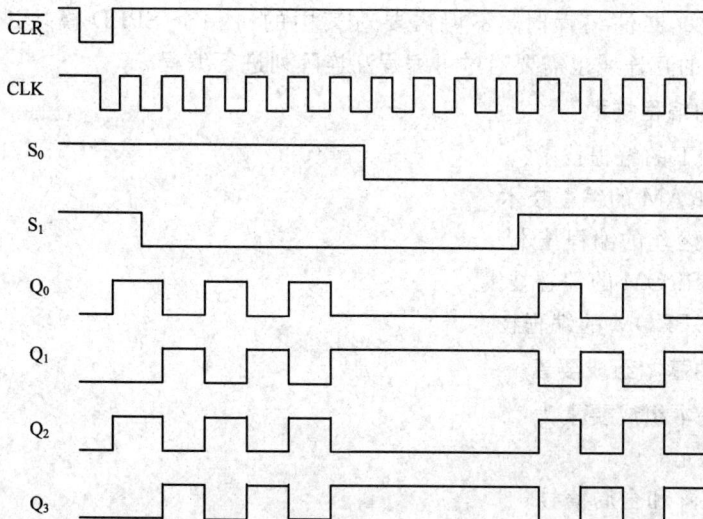

第 6 章　可编程逻辑器件

6.1　内 容 提 要

1. 可编程逻辑器件的分类

可编程逻辑器件分为简单可编程逻辑器件(SPLD)、复杂可编程逻辑器件(CPLD)和现场可编程逻辑器件(FPGA)。

2. 简单可编程逻辑器件(SPLD)的基本结构

SPLD 器件的基本结构可以概括为输入电路、与阵列、或阵列和输出电路四部分。其中，与阵列和或阵列用于实现逻辑函数和功能，它是 SPLD 的核心部分。

3. 简单可编程逻辑器件(SPLD)的分类

(1) 第一种 SPLD 是 PROM 器件，它是通过一个固定的与阵列和一个可编程的或阵列组合来实现的。

(2) PLA 器件是 SPLD 中配置最灵活的一种器件，它的与阵列和或阵列都是可以编程的。

(3) PAL 器件的结构与 PROM 正好相反，与阵列是可编程的，而或阵列则是固定的。

4. 复杂可编程逻辑器件(CPLD)

CPLD 器件中包含多个 SPLD 模块，这些 SPLD 模块之间通过可编程的互连矩阵连接起来。在对 CPLD 器件编程时，不但需要对其中的每一个 SPLD 模块进行编程，而且 SPLD 模块之间的互连线也需要通过可编程互连阵列进行编程。

5. FPGA 的编程技术

FPGA 有如下的编程技术：

(1) 基于 SRAM 的编程技术。

(2) 基于反熔丝的编程技术。

(3) 基于 EPROM 的编程技术。

(4) 基于 E^2PROM 的编程技术。

6. FPGA 的基本组成要素

FPGA 的基本组成要素为：

(1) 逻辑单元。

(2) 布线矩阵和全局信号。

（3）I/O 模块。

（4）时钟网络。

（5）多路选择器。

（6）存储器。

7. FPGA 的逻辑单元

逻辑单元（LC，Logic Cell）是 FPGA 器件中最底层的逻辑功能模块。逻辑单元中通常包含一个至数个的 N 输入的查找表（LUT，Look-Up Table）、触发器、信号布线选择器、控制信号和进位逻辑。

每一个查找表 LUT 可以实现 N 输入或低于 N 输入的任意布尔逻辑函数。它实际上是采用多个存储器单元来实现的，它的输出可以直接作为逻辑单元的输出，也可以通过 D 触发器缓存后输出。

8. FPGA 中的布线矩阵

FPGA 器件中的基本布线单元是水平和垂直方向上的布线通道和可编程布线开关。水平和垂直方向上的布线通道的功能是为布线开关提供一种互连机制。布线开关可以编程。

9. FPGA 中的 I/O 单元

环绕在逻辑模块（CLB）阵列外围四边上的 I/O 单元环，其作用是实现 FPGA 器件与系统中其他芯片之间的接口和互连。

10. FPGA 中的时钟策略

FPGA 中的时钟策略包含布线策略和参数控制两部分。FPGA 中的时钟布线是通过占用全局布线资源来进行的，时钟布线形成的网络通常称为时钟网络。FPGA 中的时钟参数控制是通过时钟管理模块来完成的。时钟管理模块负责管理、调整 FPGA 片内局部和系统时钟的基本参数。

11. FPGA 中的存储器

FPGA 器件中存在两类存储器，即离散式存储器和模块式存储器。

对于离散式存储器，基于 FPGA 中的 LUT 查找表是由 SRAM 存储模块实现的，可以利用 LUT 查找表所对应的 RAM 存储模块来实现数据存储功能。

模块式存储器是指 FPGA 器件中专门实现的 RAM 存储器模块。含有多个大容量的模块式存储器已成为高性能 FPGA 器件的一个重要标志，其容量通常为数千至数万比特。

6.2　重点难点

1. 简单可编程逻辑器件

简单可编程逻辑器件可分为 PROM、PLA、PAL 和 GAL 等不同种类的器件，如表 6-1 所示。这些 SPLD 器件的结构可以统一概括为如图 6-1 所示的基本结构。

输入电路用以产生输入变量的原变量和反变量，并提供足够的驱动能力。

与阵列是由多个多输入与门组成的，用以产生输入变量的各乘积项。

或阵列是由多个多输入或门组成的，用以产生或项，即将输入的某些乘积项相加。

表 6 - 1 简单可编程逻辑器件类型

类 型	与阵列	或阵列	输出电路
PROM(即可编程 ROM)	固定	可编程	固定
PLA(即 Programmable Logic Array,可编程逻辑阵列)	可编程	可编程	固定
PAL(即 Programmable Array Logic,可编程阵列逻辑)	可编程	固定	固定
GAL(即 Genetic Array Logic,通用阵列逻辑)	可编程	固定	可组态

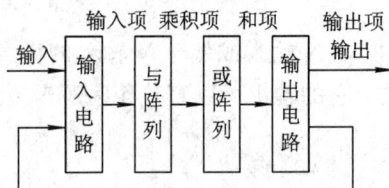

图 6 - 1 SPLD 器件的基本结构

输出电路因器件的不同而有所不同,但总体可分为固定输出和可组态输出两大类。

PROM 器件是通过一个固定的与阵列和一个可编程的或阵列组合来实现的。在该结构中,与阵列固定地生成所有输入信号的逻辑小项,而或阵列则通过编程实现任意小项之和。

PLA 器件是与阵列和或阵列都可以编程的器件。与 PROM 器件不同的是,PLA 器件与阵列中的与项的数目与输入信号的数目无关,或阵列中的或项的数目与输入信号及与项的数目都是无关的。

PAL 器件的结构与 PROM 正好相反,与阵列是可编程的,而或阵列则是固定的。

2. 复杂可编程逻辑器件

CPLD 器件中包含多个 SPLD 模块,这些 SPLD 模块之间通过可编程的互连矩阵连接起来。在对 CPLD 器件编程时,不但需要对其中的每一个 SPLD 模块进行编程,而且 SPLD 模块之间的互连线也需要通过可编程互连阵列进行编程。CPLD 器件的基本结构如图 6 - 2 所示。

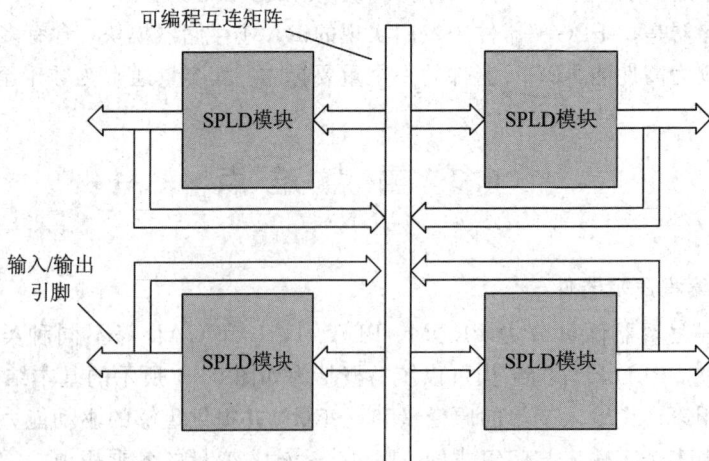

图 6 - 2 CPLD 器件的基本结构

3. FPGA 器件

FPGA 器件的基本结构如图 6-3 所示。对于该结构的一种形象化的描述是：大量的可编程逻辑功能模块的"小岛"，被可编程的互连线的"海洋"所包围。

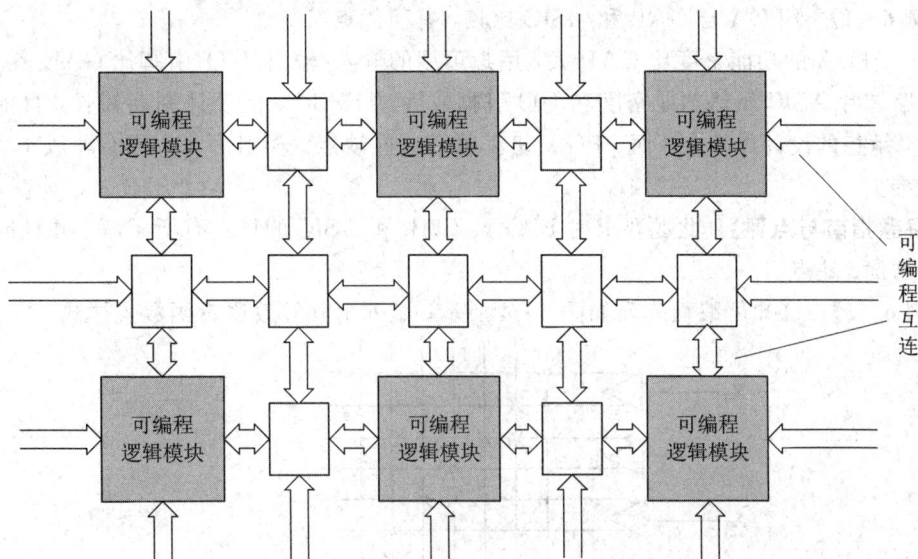

图 6-3 FPGA 器件的基本结构

可编程逻辑模块(CLB)是实现用户所需逻辑的功能单元，以矩阵形式安排在器件的中心。输入/输出模块(IOB)是环绕在逻辑模块 CLB 阵列外围四边上的 I/O 单元环，其作用是实现 FPGA 器件与系统中其他芯片之间的接口和互连。互连资源(IR)是可编程接点/开关。FPGA 器件中的基本布线单元是水平和垂直方向上的布线通道和可编程布线开关。水平和垂直方向上的布线通道的功能是为布线开关提供一种互连机制。布线开关可以编程，提供 180° 和 90° 布线通路。布线开关通过互连线段与可编程逻辑模块的输入/输出相连。存储器是 FPGA 器件系统应用中的一个关键资源。FPGA 器件中存在两类存储器，即离散式存储器和模块式存储器。

PLD 由与阵列、或阵列和输入/输出电路组成。输入电路主要产生输入变量的原变量和反变量，并提供一定的输入驱动能力；与阵列用于产生逻辑函数的乘积项；或阵列用于获得积之和。由于任何一个组合逻辑函数均可表示为标准与或式，因此，理论上可用 PLD 实现任何组合逻辑函数。输出电路可提供多种不同的输出结构，其中可包含触发器，从而使 PLD 也能实现时序逻辑功能。

PLD 分解组合逻辑的功能很强，一个宏单元就可以分解为十几个甚至二十或三十多个组合逻辑输入，FPGA 的一个 LUT 只能处理四输入的组合逻辑，因此，PLD 适合用于设计译码等复杂组合逻辑。但 FPGA 的制造工艺确定了 FPGA 芯片中包含的 LUT 和触发器的数量非常多，往往都是成千上万。PLD 一般只能做到 512 个逻辑单元，而且如果用芯片价格除以逻辑单元数量，FPGA 的平均逻辑单元成本大大低于 PLD，所以，如果设计中使用到大量触发器，例如设计一个复杂的时序逻辑，那么使用 FPGA 就是一个很好的选择。另外，PLD 拥有上电即可工作的特性，而大部分 FPGA 需要一个加载过程，所以，如果系统要求可编程逻辑器件上电就可工作，那么就应该选择 PLD。

6.3 典型例题

【例 6-1】 FPGA 与 GAL 和 ASIC 比较,有何优点?

解 FPGA 的功能密度比 GAL 大,用户可用的输入/输出(I/O)引脚比 GAL 多。专用集成电路芯片 ASIC 虽然功能密度和 I/O 引脚数胜过 FPGA,但设计周期较长,目前加工费用高,承担的设计风险大,而 FPGA 却克服了这些缺点。相对而言,FPGA 成本低,便于修改维护。

【解题指南与点评】 此题要求对 FPGA、GAL 和 ASIC 的特点有所了解,并且能说出其各自的优、缺点。

【例 6-2】 已知可编程阵列如图 6-4 所示,试列出其等效逻辑函数表达式。

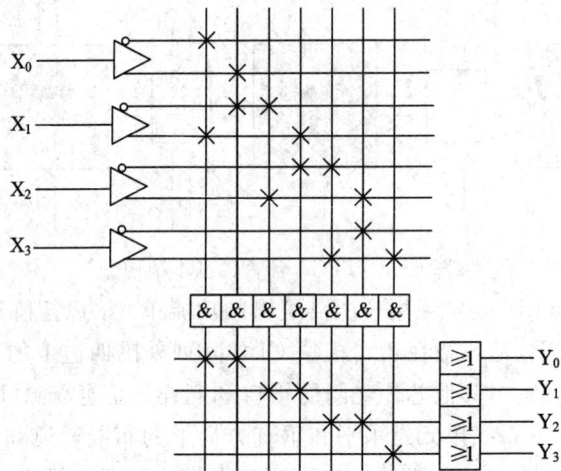

图 6-4 例 6-2 的可编程阵列电路图

解 由可编程阵列电路图可得到其等效逻辑函数表达式:

$$\begin{cases} Y_3 = X_3 \\ Y_2 = X_3\overline{X_2} + \overline{X_3}X_2 = X_3 \oplus X_2 \\ Y_1 = X_2\overline{X_1} + \overline{X_2}X_1 = X_2 \oplus X_1 \\ Y_0 = X_1\overline{X_0} + \overline{X_1}X_0 = X_1 \oplus X_0 \end{cases}$$

图 6-4 电路的功能是把输入的二进制编码转换为循环码。

【解题指南与点评】 此题的要求是熟悉可编程阵列的表示,能够根据电路图写出其等效逻辑函数表达式。

【例 6-3】 已知组合逻辑函数表达式为

$$\begin{cases} F_1(A, B, C) = \sum m(2, 5, 6, 7) \\ F_2(A, B, C) = \sum m(1, 2, 3, 4, 5, 6) \end{cases}$$

试画出其逻辑映像图。

解 $F_1(A, B, C) = \sum m(2, 5, 6, 7) = \overline{A}B\overline{C} + A\overline{B}C + AB\overline{C} + ABC = B\overline{C} + AC$

$F_2(A, B, C) = \sum m(1, 2, 3, 4, 5, 6)$

$$= \overline{A}\overline{B}C + \overline{A}B\overline{C} + \overline{A}BC + A\overline{B}\overline{C} + A\overline{B}C + AB\overline{C}$$
$$= A\overline{B} + B\overline{C} + \overline{B}C$$

使用 FPGA 器件的逻辑映像图如图 6-5 所示(这是简化的点阵图)。

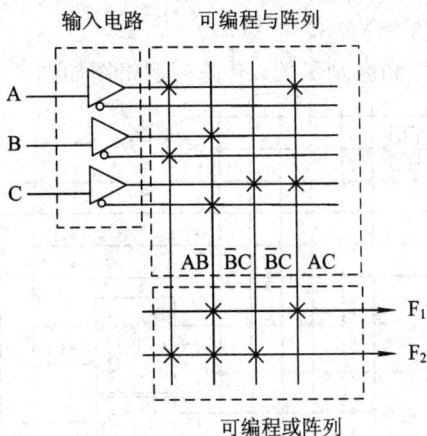

图 6-5 例 6-3 的可编程或阵列

【解题指南与点评】 已知可编程阵列电路图写出其逻辑函数表达式与已知逻辑函数表达式画出其逻辑映像图是相对应的两个问题,均需要掌握。

【例 6-4】 用 PLA 可编程逻辑阵列和 D 触发器设计能够进行加法计数和减法计数的两位二进制同步可逆计数器。当输入 X=0 时,进行加法计数;当 X=1 时,进行减法计数。进位/借位信号为 Y。画出 PLA 阵列的逻辑图。

解 依题意可得可逆计数器的状态转换表如表 6-2 所示。

表 6-2 可逆计数器的状态转换表

X	Q_2	Q_1	Q_2^{n+1}	Q_1^{n+1}	Y
0	0	0	0	1	0
0	0	1	1	0	0
0	1	0	1	1	0
0	1	1	0	0	1
1	0	0	1	1	1
1	0	1	0	0	0
1	1	0	0	1	0
1	1	1	1	0	0

由表 6-2 画出 D_1 和 D_2 的卡诺图,如图 6-6 所示。

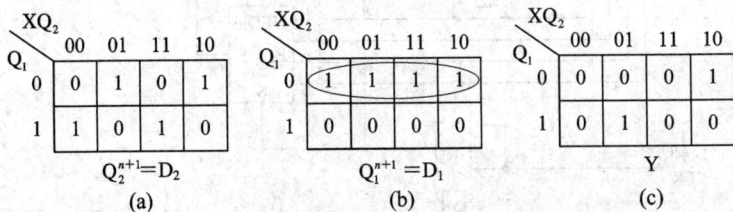

XQ_2	00	01	11	10
Q_1 0	0	1	0	1
1	1	0	1	0

$Q_2^{n+1}=D_2$

(a)

XQ_2	00	01	11	10
Q_1 0	1	1	1	1
1	0	0	0	0

$Q_1^{n+1}=D_1$

(b)

XQ_2	00	01	11	10
Q_1 0	0	0	0	1
1	0	1	0	0

Y

(c)

图 6-6 例 6-4 的卡诺图

由图 6-6 可写出电路的输出函数和 D 触发器的激励函数：

$$D_2 = \overline{X}\,\overline{Q}_2 Q_1 + \overline{X} Q_2 \overline{Q}_1 + X \overline{Q}_2 \overline{Q}_1 + X Q_2 Q_1$$

$$D_1 = \overline{Q}_1$$

$$Y = X \overline{Q}_2 \overline{Q}_1 + \overline{X} Q_2 Q_1$$

利用 PLA 实现输出函数和激励函数，其阵列逻辑图如图 6-7 所示。

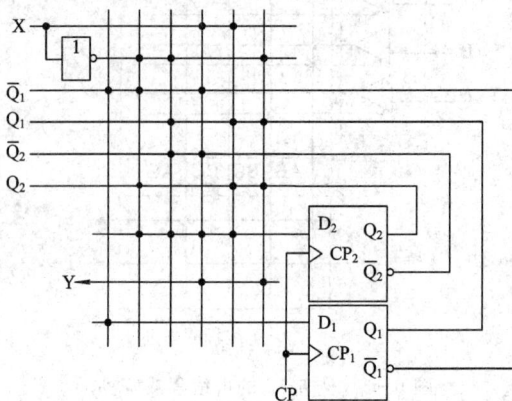

图 6-7　例 6-4 的 PLA 阵列逻辑图

【解题指南与点评】 时序逻辑电路包含组合逻辑电路和存储电路两部分。组合逻辑电路由小规模、中规模或大规模的 RPM、PLA 或逻辑阵列组成。存储电路由若干级触发器组成。用 PLA 实现时序逻辑电路功能时，其输入是电路的输入信号和存储电路中各触发器状态，输出是各触发器的激励信号和电路的输出信号。

【例 6-5】 FPGA 中的一个 CLB 构成的 32×1 位 RAM 电路如图 6-8 所示，试分析工作原理。

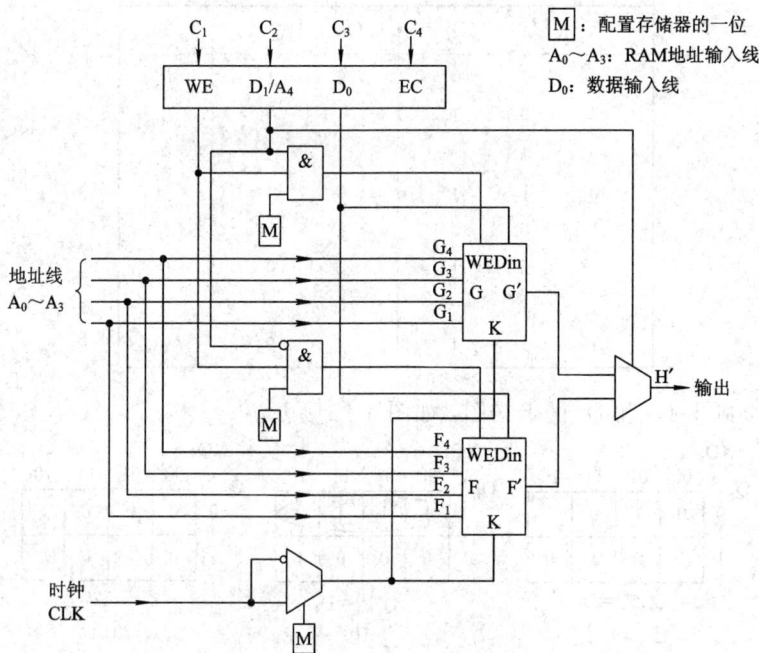

图 6-8　例 6-5 的电路图

解 五位地址线 $A_4 A_3 A_2 A_1 A_0$(可选通 $2^5 = 32$ 个存储单元)中,低 4 位 $A_3 \sim A_0$ 与 F、G 两函数的地址线相连,F、G 的数据线加到数据选择器 H' 上,由 A_4 来决定哪一个数据输出,D_0 为 F、G 的数据输入线。C_1(WE)为写信号,写入数据时,C_1 有效,在 D_1/A_4 的控制下,使 F、G 中的一个 WE 有效,D_0 被写入 $A_3 \sim A_0$ 确定的单元;读出数据时,$A_3 \sim A_0$ 选中 F、G 中的数据送至多路开关 H',在 A_4 的控制下数据输出。

【解题指南与点评】 一个 CLB 中,有 F 和 G 两个组合函数发生器,相当于两个 16×1 位 RAM(四变量输入),H 函数发生器相当于一个 8×1 位 RAM(三变量输入)。F 和 G 并起来用,就可构成 32×1 位的 RAM。FPGA 的 LE(逻辑单元)中的 CLB 的功能很强,不仅可以实现各种组合、时序逻辑电路,也可当成存储器使用。

【例 6 - 6】 设计一个代码转换电路,将余三码转换为 8421BCD 码。试分别用 ROM 和 PAL 实现,并画出相应的与或逻辑阵列图。

解 设输入余三码用 $A_3 A_2 A_1 A_0$ 表示,输出 8421BCD 码用 $B_3 B_2 B_1 B_0$ 表示。余三码与 8421BCD 码转换表如表 6 - 3 所示。

表 6 - 3 余三码与 8421BCD 码转换表

余三码				8421BCD 码				余三码				8421BCD 码			
A_3	A_2	A_1	A_0	B_3	B_2	B_1	B_0	A_3	A_2	A_1	A_0	B_3	B_2	B_1	B_0
0	0	1	1	0	0	0	0	1	0	0	0	0	1	0	1
0	1	0	0	0	0	0	1	1	0	0	1	0	1	1	0
0	1	0	1	0	0	1	0	1	0	1	0	0	1	1	1
0	1	1	0	0	0	1	1	1	0	1	1	1	0	0	0
0	1	1	1	0	1	0	0	1	1	0	0	1	0	0	1

(1) 用 ROM 实现设计要求。

依据表 6 - 3 可得各输出逻辑函数的表达式:

$$B_3 = \sum m(11, 12) + \sum d(0, 1, 2, 13, 14, 15)$$
$$B_2 = \sum m(7, 8, 9, 10) + \sum d(0, 1, 2, 13, 14, 15)$$
$$B_1 = \sum m(5, 6, 9, 10) + \sum d(0, 1, 2, 13, 14, 15)$$
$$B_0 = \sum m(4, 6, 8, 10, 12) + \sum d(0, 1, 2, 13, 14, 15)$$

用 ROM 实现的与或逻辑阵列图如图 6 - 9 所示。

(2) 用 PLA 实现设计要求。首先用图 6 - 10 所示卡诺图将各输出逻辑函数化简为最简与或表达式。

据图 6 - 10 化简后的表达式为

$$B_3 = A_3 A_2 + A_3 A_1 A_0$$
$$B_2 = \overline{A_2} A_1 + \overline{A_2} \overline{A_0}$$
$$B_1 = \overline{A_1} A_0 + A_1 \overline{A_0}$$
$$B_0 = \overline{A_0}$$

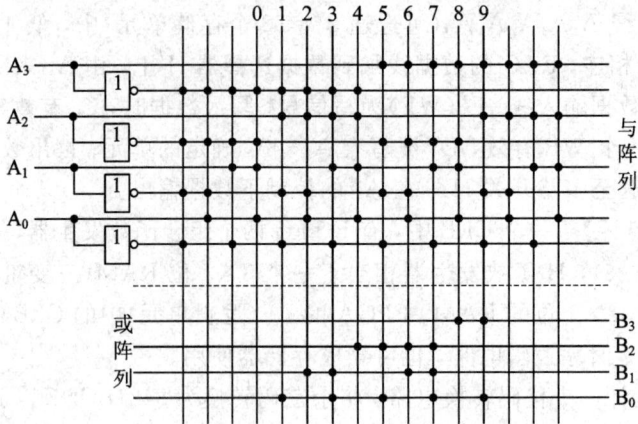

图 6-9　用 ROM 实现的与或逻辑阵列图

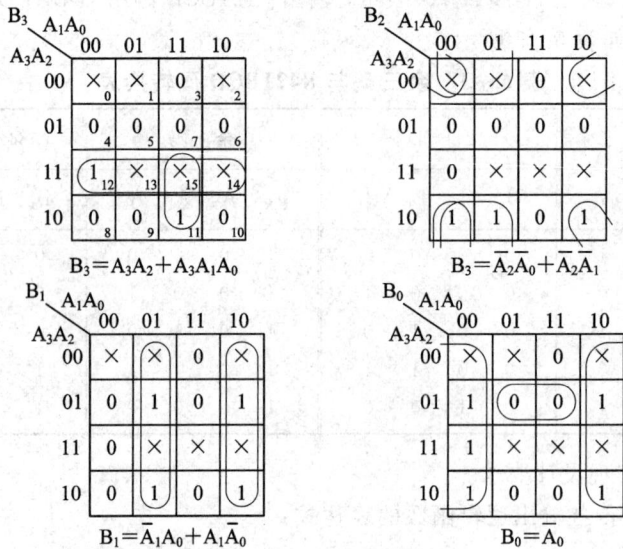

$$B_3 = A_3A_2 + A_3A_1A_0$$

$$B_3 = \overline{A}_2\overline{A}_0 + \overline{A}_2A_1$$

$$B_1 = \overline{A}_1A_0 + A_1\overline{A}_0$$

$$B_0 = \overline{A}_0$$

图 6-10　例 6-6 的卡诺图

用 PLA 实现的与或逻辑阵列图如图 6-11 所示。

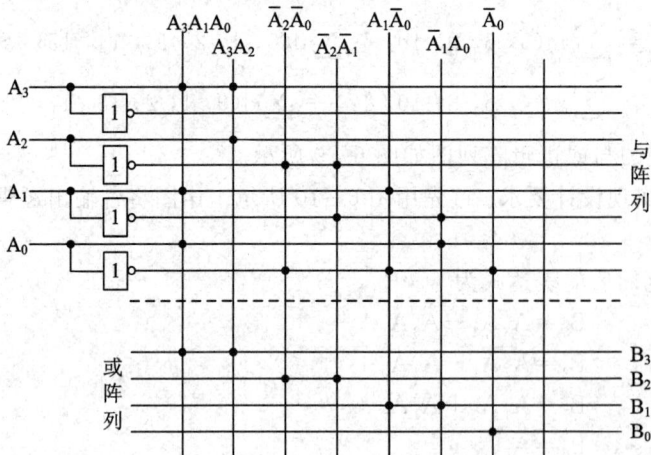

图 6-11　用 PLA 实现的与或逻辑阵列图

【**解题指南与点评**】 用 ROM 和 PLA 可编程逻辑阵列非常便于实现多输出逻辑函数的设计，因输出逻辑函数数目对应位线数目。设计步骤完全同小规模组合逻辑电路的设计。ROM 和 PLA 的区别在译码器阵列部分，即与阵列。ROM 的与阵列是全译码阵列，不可编程；PLA 的与阵列可依据输出逻辑函数的最简与或表达式均可编程，因此应用上更具有灵活性，电路更简单。

6.4 习 题 解 答

6-1 结合数字逻辑器件的发展，简述可编程逻辑器件的特点与功能。

解 可编程逻辑器件的逻辑功能和电路结构可以通过电学或逻辑的编程方式进行变换，从而得到新的逻辑功能和电路结构。

6-2 简述 PLA 器件与 PAL 器件的差别。

解 PLA 器件是简单可编程器件 SPLD 中配置最灵活的一种器件，它的与阵列和或阵列都是可以编程的；PAL 器件的与阵列是可编程的，而或阵列则是固定的。

6-3 分别用 PROM、PLA 器件来实现一个全加器。

解 用 PROM 实现的全加器如下：

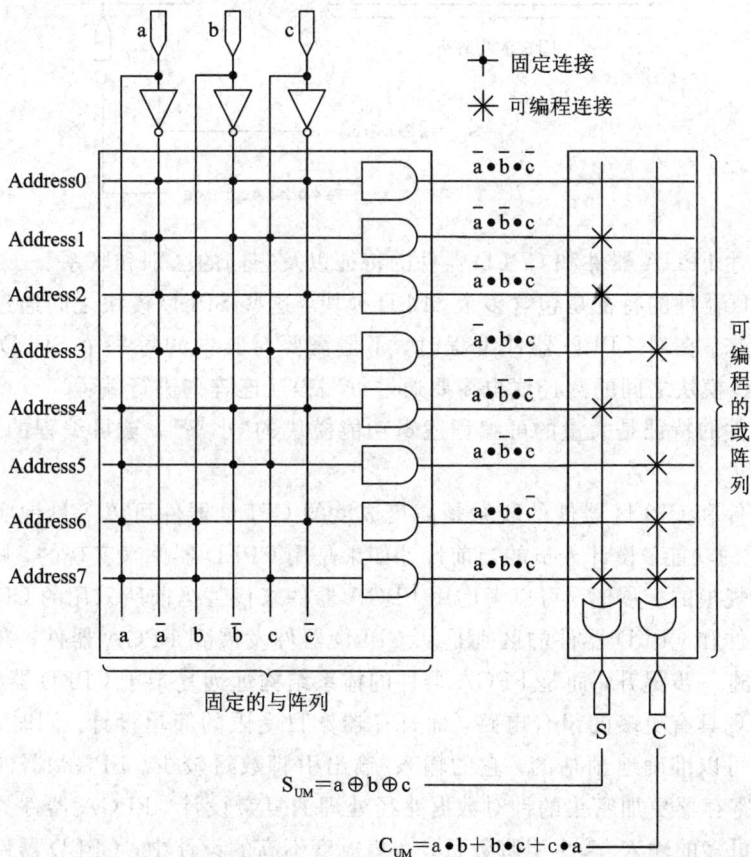

$S_{UM}=a \oplus b \oplus c$

$C_{UM}=a \cdot b + b \cdot c + c \cdot a$

用 PLA 实现的全加器如下：

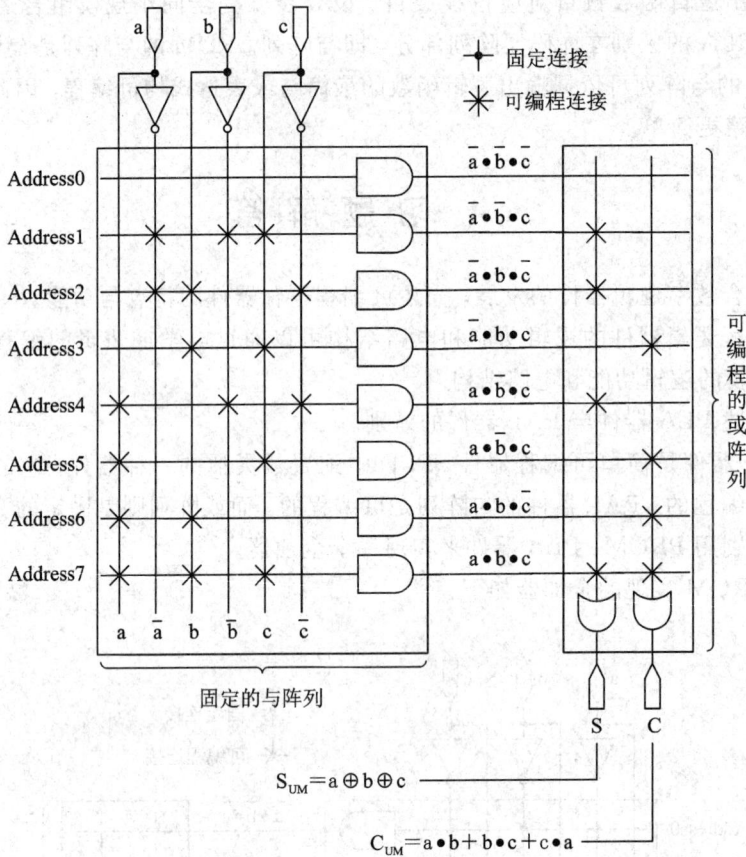

$$S_{UM}=a \oplus b \oplus c$$

$$C_{UM}=a \cdot b + b \cdot c + c \cdot a$$

6-4 简述 FPGA 器件和 CPLD 器件的特征以及它们的区别和联系。

解 CPLD 器件的特征是包含多个 SPLD 模块，这些 SPLD 模块之间通过可编程的互连矩阵连接起来。在对 CPLD 器件编程时，不但需要对其中的每一个 SPLD 模块进行编程，而且 SPLD 模块之间的互连线也需要通过可编程互连阵列进行编程。

FPGA 器件的特征是大量的可编程逻辑功能模块的"小岛"，被可编程的互连线的"海洋"所包围。

FPGA 器件和 CPLD 器件的联系是高集成度的 CPLD 器件可以等价地实现较小规模的 FPGA 器件的功能。设计人员的当前设计如果是用 CPLD 器件来实现的，则当该设计在未来进行较大规模的扩展时，可以考虑用 FPGA 器件来代替当前所采用的 CPLD 器件。

FPGA 器件和 CPLD 器件的区别是从 CPLD 器件发展到 FPGA 器件，并不仅仅是规模和集成度的进一步提升，而是 FPGA 器件的体系结构远远复杂于 CPLD 器件。CPLD 器件更适合于实现具有更多的组合电路，而寄存器数目受限的简单设计。同时，CPLD 器件的连线延迟是可以准确地预估的，它的输入/输出引脚数目较少。FPGA 器件更适合于实现规模更大，寄存器更加密集的针对数据路径处理的复杂设计，FPGA 器件具有更加灵活的布线策略，更多的输入/输出引脚数目。在集成度不高的设计中，CPLD 器件往往以价格优势取胜，而在更高的集成度设计中，FPGA 器件则以较低的总体逻辑开销而取胜。

第 7 章　VHDL 语言与数字电路设计

7.1　内　容　提　要

1. VHDL 语言和常规程序编程语言的区别和联系

常规的程序编程语言主要用来实现数值运算和数据处理，VHDL 硬件描述语言则是对一个电路系统进行描述。电路系统可以从不同的角度进行描述，包括行为级、结构级、功能特性和物理特性。同时，系统也可以按照不同的抽象级别进行描述，包括开关级、寄存器传输级和指令级体系结构级。

2. 基于硬件描述语言的数字电路设计流程

基于硬件描述语言的数字电路设计包含高层次综合、逻辑综合和物理综合三个阶段的工作。

高层次综合也称为行为级综合（Behavioral Synthesis），它的任务是将一个设计的行为级描述转换成寄存器传输级的结构描述。

逻辑综合是将逻辑级的行为描述转换成逻辑级的结构描述，即逻辑门级网表。

物理综合也称版图综合（Layout Synthesis），它的任务是将门级网表自动转换成版图，即完成布图。

3. 基于硬件描述语言的数字电路设计方法的优势

基于 VHDL 语言的数字电路设计方法有如下的优势：

（1）采用自上向下（Top-down）的设计方法。

（2）采用系统早期仿真。

（3）降低了硬件电路的设计难度。

（4）主要设计文件使用 HDL 语言编写的源程序。

4. VHDL 的基本文法

1）语言要素

（1）注释。

（2）标识符。VHDL 中的标识符可以是常数、变量、信号、端口、子程序或参数的名字。使用标识符要遵守如下法则：

① 标识符由字母（A～Z；a～z）、数字和下划线字符组成。

② 任何标识符都必须以英文字母开头。

③ 末字符不能为下划线。

④ 不允许出现两个连续的下划线。

⑤ 标识符中不区分大小写字母。

⑥ VHDL 定义的保留字(或称关键字)不能用作标识符。

(3) 数据对象。数据对象有三种:信号、变量和常量。信号表示电路接线上的逻辑信号;变量表示数据值,用于行为模型中的计算;常数是一个固定的值,作用是使设计实体中的常数更容易阅读和修改。常数一被赋值就不能再改变。

(4) 数据类型。

VHDL 语言的数据类型如下:

① 位(BIT)和位矢量(BIT_VECTOR)。

② 标准逻辑位(STD_LOGIC)和标准逻辑矢量(STD_LOGIC_VECTOR)。

③ 整数(INTEGER)。

④ 布尔量(BOOLEAN)。

⑤ 枚举类型。

⑥ 阵列类型。

⑦ 子类型。

(5) 数据对象操作运算操作符。

在 VHDL 语言中共有四类操作符,可以分别进行逻辑运算(Logic)、关系运算(Relational)、算术运算(Arithmetic)和并置运算(Concatenation)。被操作符所操作的对象是操作数。操作数的类型应该和操作符所要求的类型相一致。

① 逻辑运算符:

NOT(非)   OR(或)   AND(与)

NOR(或非)   NAND(与非)   XOR(异或)

② 算术运算符:

+(加)   −(减)   *(乘)   /(除)   MOD(求模)

REM(取余)   ABS(取绝对值)   **(乘方)   &(并置)   ABS(取绝对值)

③ 关系运算符:

=(等于)   /=(不等)   <(小于)

<=(小于等于)   >(大于)   >=(大于等于)

④ 移位运算符:

SLL(逻辑左移)   SRL(逻辑右移)   SLA(算术左移)

SRA(算术右移)   ROL(循环右移)   ROR(循环右移)

(6) 实体(ENTITY)。实体定义电路模块的名字和接口,其中接口部分包含了该电路模块的输入和输出信号。文法表示是:

ENTITY 实体名 IS

PORT(端口名和类型);

END 实体名;

(7) 结构体(ARCHITECTURE)。结构体描述电路模块的具体实现。结构体的文法因设计者所采用的电路模块描述方法的不同而不同,通常可以采用数据流(dataflow)模型、行为(behavioral)模型和结构(structural)模型描述法。

① 针对数据流模型的结构体文法表示：

　　ARCHITECTURE 结构体名 OF 实体名 IS

　　　　［内部信号定义］；

　　BEGIN

　　　　［并行赋值语句］；

　　END 结构体名；

其中，并行赋值语句是并行执行的。

② 针对行为模型的结构体文法表示：

　　ARCHITECTURE 结构体名 OF 实体名 IS

　　　　［内部信号定义］；

　　　　［函数定义］；

　　　　［子程序定义］；

　　BEGIN

　　　　［进程模块］；

　　　　［并行赋值语句］；

　　END 结构体名；

其中，进程模块内部的语句是串行执行的，而进程模块之间，进程模块和并行赋值语句之间是并行执行的。

③ 针对结构模型的结构体文法表示：

　　ARCHITECTURE 结构体名 OF 实体名 IS

　　　　［元器件定义］；

　　　　［内部信号定义］；

　　BEGIN

　　　　［元器件实例化语句］；

　　　　［并行赋值语句］；

　　END 结构体名；

　　(8) 包(PACKAGE)。包将电路模块描述中所用到的信号定义、常数定义、数据类型、元件语句、函数定义和过程定义等集合在一起，以便于在描述中统一引用。包结构本身也包含一个包声明和一个包体。

　　① 包声明和包体。包声明中包含了所有被实体 ENTITY 共享的相关定义项，即这些定义项对实体 ENTITY 是可见的。包体中的内容就是包声明中所涉及的函数和子程序的具体实现。

　　包声明部分的文法是：

　　PACKAGE 包名 IS

　　　　［类型定义］；

　　　　［子类型定义］；

　　　　［信号定义］；

　　　　［变量定义］；

　　　　　〔常量定义〕；
　　　　　〔元器件声明〕；
　　　　　〔函数声明〕；
　　　　　〔子程序声明〕；
　　　END 包名；
　　包体部分的文法是：
　　　　PACKAGE BODY 包名 IS
　　　　　〔函数实现〕；
　　　　　〔子程序实现〕；
　　　　END 包名；
　　② 包的使用。可以通过 LIBRARY 和 USE 语句来使用一个包。对应的文法是：
　　　　LIBRARY 库名；
　　　　USE 库名.包名.ALL；
　　2) 数据流模型中的并行语句
　　(1) 并行信号赋值语句。并行信号赋值语句将一个值或一个表达式的计算结果赋值给一个信号。并行信号赋值语句能够转入执行的条件是计算表达式中的信号发生了变化，同时被赋值信号的变化需要一定的延迟才能实现，信号赋值不是立刻发生的。对应的文法是：
　　　　信号 <= 计算表达式；
　　(2) 条件信号赋值语句。条件信号赋值语句按照不同的条件对信号赋予不同的值。该语句转入执行的条件是计算表达式中的信号值或条件发生了变化。对应的文法是：
　　　　信号 <= 值 1 WHEN 条件 ELSE，
　　　　　　　 值 2 WHEN 条件 ELSE，
　　　　　　　　　⋮
　　　　　　　 值 3；
　　(3) 选择信号赋值语句。选择信号赋值语句根据选择表达式对信号赋予不同的值。该语句转入执行的条件是计算表达式中的信号值或条件发生了变化。对应的文法是：
　　　　WITH 条件表达式 SELECT
　　　　信号 <= 值 1 WHEN 条件 1，
　　　　　　　 值 2 WHEN 条件 2，
　　　　　　　　　⋮
　　　　　　　 值 4 WHEN 条件 4；
　　此语句需要列举出条件表达式中所有可能的取值。可以用关键字 OTHERS 来表示所有剩余的条件选择。
　　3) 行为模型中的串行语句
　　(1) 进程(PROCESS)。在进程模块中包含的语句都是串行执行的，而进程语句自身是一个并行语句，即多个进程语句之间是并行执行的。多个进程模块可以和并行语句组合在一起使用。对应的文法是：
　　　　进程名：PROCESS (敏感信号表)

　　　　　［变量定义］；
　　　BEGIN
　　　　　［串行语句］；
　　　END PROCESS 进程名；

其中，敏感信号表中包含一组由逗号隔开的信号，当且仅当敏感信号表中的信号发生了变化时，进程才转入执行。当进程顺序执行完进程模块内部的全部串行语句后，进程将被挂起，等待敏感表中的信号发生新的变化。

　　（2）串行信号赋值语句。串行信号赋值语句的结构和并行信号赋值语句是一样的，只是它的执行机制是串行执行的。对应的文法是：

　　　　　信号 <= 计算表达式；

　　（3）变量赋值语句。变量赋值语句将一个值或计算表示式的结果赋值给一个变量。变量赋值语句对变量的赋值操作是立刻执行的，不存在延迟。变量只能在进程模块内部定义。对应的文法是：

　　　　　变量 := 计算表达式；

　　（4）WAIT 语句。如果一个进程的敏感表不为空，则在执行完进程中的最后一条语句后，进程将被挂起。也可以利用 WAIT 语句来显式地挂起一个进程。对应的文法是：

　　　　　WAIT UNTIL 条件表达式；

　　（5）IF THEN ELSE 语句。　　IF THEN ELSE 语句的文法是：

　　　　IF 条件 THEN
　　　　　［串行语句 1］；
　　　　ELSE
　　　　　［串行语句 2］；
　　　　END IF；
　　　　IF 条件 1 THEN
　　　　　［串行语句 1］；
　　　　ELSIF 条件 2 THEN
　　　　　［串行语句 2］；
　　　　⋮
　　　　ELSE
　　　　　［串行语句 3］；

　　（6）CASE 语句。CASE 语句的文法是：

　　　　CASE 条件表达式 IS
　　　　　WHEN 条件选择 => ［串行语句］；
　　　　　WHEN 条件选择 => ［串行语句］；
　　　　　⋮
　　　　　WHEN OTHERS => ［串行语句］；
　　　　END CASE；

　　（7）NULL 语句。NULL 语句代表一个空操作语句，它的执行不会引起任何操作。它的文法是：

NULL；

(8) FOR 语句。FOR 语句的文法是：

FOR 标识符 IN 起始值［TO｜DOWNTO］终止值 LOOP

　　［串行语句］；

END LOOP；

循环范围值必须是一个静态值。FOR 语句中的标识符是一个隐式定义的变量，不需要做专门的说明。

(9) WHILE 语句。WHILE 语句的文法是：

WHILE 条件表达式 LOOP

　　［串行语句］；

END LOOP；

(10) LOOP 语句。LOOP 语句的文法是：

LOOP

　　［串行语句］；

　　EXIT WHEN 条件表达式；

END LOOP；

(11) EXIT 语句。EXIT 语句只能在 LOOP 语句的循环结构中使用，它的执行将使内部循环被中断。它的文法表示是：

EXIT WHEN 条件表达式；

(12) NEXT 语句。NEXT 语句只能在 LOOP 语句的循环结构中使用，它的执行将使当前循环直接跳到循环底部并开始下一轮的循环。NEXT 语句通常和 FOR 语句搭配使用，它的文法表示是：

NEXT WHEN condition；

(13) 函数(FUNCTION)。函数声明的文法是：

FUNCTION 函数名（ 参数表 ）RETURN 返回值类型；

函数定义的文法是：

FUNCTION 函数名（ 参数表 ）RETURN 返回值类型 IS

BEGIN

　　［串行语句］；

END 函数名；

函数调用的文法是：

函数名(实际参数值)；

其中，参数表中的参数是输入的信号或变量。

(14) 子程序(PROCEDURE)。子程序声明的文法是：

PROCEDURE 子程序名（ 参数表 ）；

子程序定义的文法是：

PROCEDURE 子程序名（ 参数表 ）IS

BEGIN

　　［串行语句］；

END 子程序名；

子程序调用的文法是：

子程序名（实际参数值）；

其中，参数表中的参数可以是输入、输出或双向的变量。

4）结构化模型的描述语句

（1）元器件声明语句（COMPONENT）。元器件声明语句对元器件的名字和接口信号进行声明，每一个元器件都有相应的实体（ENTITY）和结构体（ARCHITECTURE）描述。元器件声明语句中的元器件名字和接口信号必须和实体语句中的实体名和接口信号严格地一一对应。它的文法表示是：

COMPONENT 元器件名 IS

PORT（端口名字和类型列表）；

END COMPONENT；

（2）端口映射语句（PORT MAP）。端口映射语句通过定义元器件在系统中的实际互连关系来实现元器件的实例化。它的文法表示是：

标号：元器件名 PORT MAP（实际连接信号列表）；

其中，实际连接信号列表的描述可以有位置映射和名字映射两种方式。

（3）连接的断开（OPEN）。在端口映射语句的实际连接信号列表中，没有使用或没有连接的端口可以用关键字 OPEN 来表示。

（4）生成语句（GENERATE）。生成语句的作用类似于宏扩展，它可以描述同一元器件的多次实例化。它的文法表示是：

标号：FOR 标识符 IN 起始值［TO | DOWNTO］终止值 GENERATE

［端口映射语句］；

END GENERATE 标号；

5. VHDL 语言对基本电路行为的描述

VHDL 语言主要是对设计对象进行描述，按自上向下的层次，这些对象包括系统、芯片、逻辑模块和寄存器。就每一个具体设计对象，需要描述的内容包括：接口，即设计实体对外部的连接关系；功能，即设计实体所进行的操作。

6. VHDL 语言对复杂电路行为的描述方法

VHDL 语言对复杂电路行为的描述方法有以下两种：

（1）进程（Process）语句描述。

（2）有限状态机描述。

7. VHDL 语言的一些基本特点

VHDL 语言的一些基本特点如下：

（1）VHDL 语言由保留关键字组成。

（2）一般 VHDL 语言对字母大小写不敏感。

（3）每条 VHDL 语句由一个分号结束。

（4）VHDL 语言对空格不敏感。

（5）在"--"之后的是 VHDL 的注释语句。

(6) VHDL 的描述风格有：行为描述、数据流描述和结构描述。

7.2 重点难点

本章的重点和难点问题是：
(1) VHDL 的基本元素、语句及其基本结构。
(2) 读懂 VHDL 程序，确定其逻辑功能。
(3) 根据逻辑要求编写 VHDL 程序。

7.3 典型例题

【例 7 - 1】 一个完整的 VHDL 描述要包括哪三个层次？以图 7 - 1 所示的与非门为例进行 VHDL 描述。

解 一个完整的 VHDL 描述应包括以下三个层次：

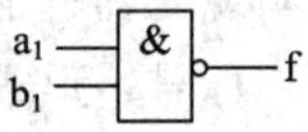

(1) 库(LIBRARY)说明，包含了将要用到的 IEEE 标准库中的程序包。

图 7 - 1 与非门

(2) 实体(ENTITY)说明，说明有哪些输入、输出端口(I/O 引脚)。

(3) 结构体说明，说明电路的逻辑功能。

图 7 - 1 所示与非门的 VHDL 描述格式如下：

```
LIBRARY IEEE;
USE IEEE.STD_LOGIC_1164.ALL;
ENTITY nandl IS
      PORT(a1, a2: IN STD_LOGIC;
              f: OUT STD_LOGIC);
END nandl;
ARCHITECTURE be_nandl OF nandl IS
  BEGIN
      f <= a1 nand b1;
END be_nandl;
```

【解题指南与点评】 用 VHDL 程序描述一个设计实体时，其基本模型由实体(ENTITY)说明、结构体(ARCHITECTURE)、配置(CONFIGURATION)说明、库(LIBRARY)和程序包(PACKAGE)五个部分组成。其中，实体说明、结构体和库是每一个 VHDL 程序必不可少的三大部分，而配置说明和程序包则是可选项，它们的取舍视具体情况而定。

【例 7 - 2】 试写出半加器和全加器的 VHDL 描述。

解 (1) 半加器的 VHDL 描述：

```
LIBRARY IEEE;
USE IEEE.STD_LOGIC_1164.ALL;
ENTITY H_ADDER IS
      PORT(A, B: IN STD_LOGIC;
```

　　　　　　　SO，CO：OUT STD_LOGIC)；

　　　　END H_ADDER；

　　　　ARCHITECTURE ART2 OF H_ADDER IS

　　　　BEGIN

　　　　　　SO<=(A OR B) AND (A NAND B)；

　　　　　　CO<=NOT (A NAND B)；

　　　　END ARCHITECTURE ART2；

（2）全加器的 VHDL 描述：

　　　　LIBRARY IEEE；

　　　　USE IEEE.STD_LOGIC_1164.ALL；

　　　　ENTITY F_ADDER IS

　　　　　　PORT(AIN，BIN，CIN：IN STD_LOGIC；

　　　　　　　　　　SUM，COUT：OUT STD_LOGIC)；

　　　　END F_ADDER；

　　　　ARCHITECTURE ART3 OF F_ADDER IS

　　　　　COMPONENT H_ADDER IS

　　　　　　PORT(A，B：IN STD_LOGIC；

　　　　　　　SO，CO：OUT STD_LOGIC)；

　　　　　END COMPONENT H_ADDER；

　　　　　COMPONENT OR2 IS

　　　　　　PORT(A，B：IN STD_LOGIC；

　　　　　　　　C：OUT STD_LOGIC)；

　　　　　END COMPONENT OR2；

　　　　　SIGNAL S1，S2，S3：STD_LOGIC；

　　　　BEGIN

　　　　　　U1：H_ADDER PORT MAP(A=>AIN，B=>BIN，CO=>S1，SO=>S2)；

　　　　　　U2：H_ADDER PORT MAP(A=>S2，B=>CIN，SO=>SUM，CO=>S3)；

　　　　　　U3：OR2 PORT MAP(A=>S1，B=>S3，C=>COUT)；

　　　　END ART3；

　　【解题指南与点评】　掌握 VHDL 的基本元素、语句及其基本结构，能够根据逻辑要求编写 VHDL 程序，这是对一种编程语言的最基本要求。

　　【例 7-3】　什么叫结构体的行为描述法和结构描述法？试分别用这两种描述法写出图 7-2 所示电路的 VHDL 程序。

　　解　行为描述法是从功能的角度来描述设计实体，即描述设计实体能完成什么功能；结构描述法是从硬件结构的角度来描述设计实体，即描述该设计实体由哪些子元件组成，以及各元件之间的相互关系如何。

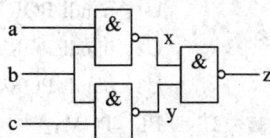

图 7-2　例 7-3 的电路图

（1）对图 7-2 的行为描述如下：

　　　　LIBRARY IEEE；

　　　　USE IEEE.STD_LOGIC_1164.ALL；

```
ENTITY tom IS
    PORT(a, b, c: IN STD_LOGIC;
              z: OUT STD_LOGIC);
END tom;
ARCHITECTURE be_tom OF tom IS
    PROCESS(a, b, c)
      VARIABLE g: STD_LOGIC;
    BEGIN
      IF(b='0') THEN
        g := '0';
      ELSE
        g := a or c;
      END IF;
      z <= g;
    END PROCESS;
END be_tom;
```

(2) 对图 7-2 的结构描述如下：

```
LIBRARY IEEE;
USE IEEE. STD_LOGIC_1164. ALL;
ENTITY tom IS
    PORT(a, b, c: IN STD_LOGIC;
              z: OUT STD_LOGIC);
END tom;
ARCHITECTURE be_tom OF tom IS
    COMPONENT nandl PORT(a1, b1: IN STD_LOGIC;
                    --元件例化语句,其中的与非门 nandl 已在例 7-1 中
                    --描述
                    f: OUT STD_LOGIC)
    END COMPONENT;
    SIGNAL x, y: STD_LOGIC;
BEGIN
    U1: nandl PORT MAP(a, b, x);   --端口映射
    U2: nandl PORT MAP(b, c, y);
    U3: nandl PORT MAP(x, y, z);
END BE_TOM;             --元件例化语句是结构描述法中的典型语句
```

【解题指南与点评】 结构体有三种表达方式,了解它们之间的不同,便能轻易完成此题。

【例 7-4】 一个四选一多路器如图 7-3 所示,试用进程语句和并行信号赋值语句分别写出其 VHDL 程序。

解 (1) 采用进程语句：

```
LIBRARY IEEE;
USE IEEE. STD_LOGIC_1164. ALL;
```

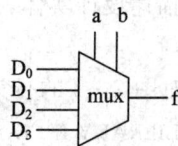

图 7-3 例 7-4 的四选一多路器

```
ENTITY mux41 IS
    PORT(sel: IN STD_LOGIC;
            D0, D1, D2, D3: IN STD_LOGIC;
            f: OUT_LOGIC)
END mux41;
ARCHITECTURE be_mux41 OF mux41 IS
    SIGNAL sel: STD_LOGIC_VECTOR(1 DOWNTO 0);
BEGIN
    sel<=b&a;
    PROCESS(b, a, D0, D1, D2, D3)
        BEGIN
            CASE sel IS
                WHEN "00"=>f<=D0;
                WHEN "01"=>f<=D1;
                WHEN "10"=>f<=D2;
                WHEN "11"=>f<=D3;
            END CASE;
        END PROCESS;
END be_mux41;
```

(2) 采用并行信号赋值语句：

```
LIBRARY IEEE;
USE IEEE. STD_LOGIC_1164. ALL;
ENTITY mux41 IS
    PORT(b, a: IN STD_LOGIC;
            D0, D1, D2, D3: IN STD_LOGIC;
            f: OUT_LOGIC)
END mux41;
ARCHITECTURE be_mux41 OF mux41 IS
    SIGNAL sel: STD_LOGIC_VECTOR(1 DOWNTO 0);
BEGIN
    sel<=b&a;
    WITH sel SELECT
        f<=D0 WHEN "00",
            D1 WHEN "01",
            D2 WHEN "10",
            D3 WHEN "11";        --最后一句采用";"
END be_mux41;
```

【解题指南与点评】　在 VHDL 中，若按语句执行的顺序对 VHDL 语句分类，可分为顺序语句和并行语句两类。顺序语句主要用来实现模型的算法，而并行语句则基本上用来表示连接关系。了解各语句的异同，便能轻易完成此题。

【例 7 - 5】　一个逻辑器件的 VHDL 程序如下所示，试指出这是什么逻辑器件，并写出其真值表。

```
LIBRARY IEEE；
USE IEEE. STD_ LOGIC_ 1164. ALL；
ENTITY acodr IS
    PORT(d：IN STD_ LOGIC_ VECTOR(7 DOWNTO 0)；
         z：OUT STD_ LOGIC_ VECTOR(2 DOWNTO 0))；
END acodr；
ARCHITECTURE be_ acodr OF acodr IS
BEGIN
    PROCESS(d)
    BEGIN
      IF (d(7)='0') THEN z<="000"；          --只要 d(7)=0
        ELSIF (d(6)='0') THEN z<="001"；    --须 d(6)d(7)=01
        ELSIF (d(5)='0') THEN z<="010"；
        ELSIF (d(4)='0') THEN z<="011"；
        ELSIF (d(3)='0') THEN z<="100"；
        ELSIF (d(2)='0') THEN z<="101"；
        ELSIF (d(1)='0') THEN z<="110"；
        ELSE z<="111"；
      END IF；
    END PROCESS；
END be_ acodr；
```

解　该程序描述的电路是一个 3 线－8 线优先编码器，真值表如表 7－1 所示。

表 7－1　3 线－8 线优先编码器真值表

输　　　入								输　　出		
d(0)	d(1)	d(2)	d(3)	d(4)	d(5)	d(6)	d(7)	z(2)	z(1)	z(0)
×	×	×	×	×	×	×	0	0	0	0
×	×	×	×	×	×	0	1	0	0	1
×	×	×	×	×	0	1	1	0	1	0
×	×	×	×	0	1	1	1	0	1	1
×	×	×	0	1	1	1	1	1	0	0
×	×	0	1	1	1	1	1	1	0	1
×	0	1	1	1	1	1	1	1	1	0
0	1	1	1	1	1	1	1	1	1	1

【解题指南与点评】　在学会编写 VHDL 程序的基础上，此题要求能够读懂程序，确定其逻辑功能。

7.4　习　题　解　答

7-1　简述第三代 EDA 系统的特点。

解　第三代 EDA 系统的特点是高层次设计的自动化。该系统引入了硬件描述语言，一般采用 VHDL 或 Verilog 语言，同时引入了行为综合和逻辑综合工具。设计采用较高的抽象层次进行描述，并按照层次式方法进行管理，大大提高了处理复杂设计的能力，设计所需的周期也大幅度地缩短了。综合优化工具的采用使芯片的面积、速度、功耗获得了优化，第三代 EDA 系统迅速得到了推广应用。

高层次设计是与具体生产技术无关的，亦即与工艺无关。一个 HDL 原码可以通过逻辑综合工具综合成为一个现场可编程门阵列，即 FPGA 电路。也可综合成某一工艺所支持的专用集成电路，即 ASIC 电路。HDL 原码对于 FPGA 和 ASIC 是完全一样的，仅需要更换不同的库并重新进行综合。由于工艺技术的进步，需要采用更先进的工艺时，如从 $0.35~\mu m$ 技术转移到 $0.18~\mu m$ 技术时，可利用原来所书写的 HDL 原码。

前两代的 CAD 设计系统是以软件工具为核心的，第三代 EDA 系统是一个统一的、协同的、集成化的、以数据库为核心的系统。它具有面向目标的各种数据模型及数据管理系统，有一致性较好的用户界面系统，有基于图形界面的设计管理环境和设计管理系统。在此基础上，第三代 EDA 系统实现了操作的协同性、结构的开放性和系统的可移植性。

操作的协同性是指可在多窗口的环境下同时运行多个工具。例如，当版图编辑器完成了一个多边形的设计时，该多边形就被存入数据库，被存入信息对版图设计规则检查器同样有效。因此允许在版图过程中交替地进行版图设计规则检查，以避免整个设计过程的反复。再如，当在逻辑窗口中对该逻辑图的某个节点进行检查时，在版图窗口可同时看到该节点所对应的版图区域。这种协同操作的并行设计环境使设计者能同时访问设计过程中的多种信息，并分享设计数据。

结构的开放性是指通过一定的编程语言可以访问统一数据库，同时在此结构框架中可嵌入第三方所开发的设计软件。

系统的可移植性是指整个软件系统可安装到不同的硬件平台上，这样可组成一个由不同型号工作站所组成的设计系统，从而共享同一设计数据。也可由低价的个人计算机和高性能的工作站共同组成一个系统。

7-2　简述基于硬件描述语言的数字电路设计流程及其特点。

解　基于硬件描述语言的数字电路设计包含高层次综合、逻辑综合和物理综合三个阶段的工作。高层次综合也称为行为级综合(Behavioral Synthesis)，它的任务是将一个设计的行为级描述转换成寄存器传输级的结构描述。逻辑综合是将逻辑级的行为描述转换成逻辑级的结构描述，即逻辑门级网表。逻辑综合分成两个阶段：首先是与工艺无关的阶段，这时采用布尔操作或代数操作技术来优化逻辑；其次是工艺映射阶段，这是根据电路的性质(如组合型或时序型)及采用的结构(多层逻辑、PLD 或 FPGA)做出具体的映射，将与工艺无关的描述转换成门级网表或 PLD、FPGA 的专门文件。物理综合也称版图综合，它的任务是将门级网表自动转换成版图，即完成布图。

与传统的电路设计方法相比，基于硬件描述语言的数字电路设计方法具有以下四方面的优势：

(1) 采用自上向下(Top-down)的设计方法。所谓自上向下的设计方法，就是从系统总体要求出发，自上而下地逐步将设计内容细化，最后完成系统硬件的整体设计。

(2) 采用系统早期仿真。从自上而下的设计过程可以看到，在系统设计过程中要进行三次仿真，即行为层次仿真、RTL 层次仿真和门级层次仿真。这三级仿真贯穿系统硬件设计的全过程，从而可以在系统设计早期发现设计中存在的问题。与传统设计的后期仿真相比，可大大缩短系统的设计周期，节约大量的人力和物力。

(3) 降低硬件电路设计难度。

(4) 主要设计文件使用 HDL 语言编写的源程序。

7-3 简述并行赋值语句与进程语句的特点与联系。

解 并行赋值语句的特点是：

(1) 一条语句能够转入执行的前提条件是表达式敏感表中的信号有事件(event)发生。

(2) 信号赋值语句和电路中的信号存在一一对应的关系。

(3) 文本中的语句顺序和实际的语句执行顺序没有必然的联系，信号赋值语句的执行顺序是由电路中的信号事件(event)的传播来决定的。

进程语句的特点是：

(1) 进程中的语句是顺序执行的，进程中可以包含信号赋值语句。

(2) 进程体的结构和常规的 C 语言的函数非常相似，它们都对变量作声明和引用，都采用 IF-THEN、IF-THEN-ELSE、CASE、FOR 和 WHILE 语句。

(3) 进程和其他并行信号赋值语句的关系是并行执行的。

(4) 进程之间是并行执行的。

(5) 进程之间通过信号来通信。

(6) 一个进程在仿真中的执行时间是 0 秒，进程的执行将产生未来的事件。

(7) 可以将一个进程等价地看做为一个复杂的信号赋值语句，进程的外部行为和一个并行信号赋值语句是完全相同的，进程描述了更加复杂的事件产生和处理的操作。

(8) 变量和信号在进程中的运用是不同的，信号与硬件电路中的连线相对应，变量用于标识进程中运算的中间值。

并行赋值语句和进程语句的联系是：进程语句自身是一个并行语句，即多个进程语句之间是并行执行的。多个进程模块可以和并行语句组合在一起使用。

第 8 章　数/模和模/数转换

8.1　内　容　提　要

1. 数/模转换和模/数转换

从模拟信号到数字信号的转换称为模/数转换(简称 A/D 转换),实现模/数转换的电路叫做 A/D 转换器(简称 ADC)。

从数字信号到模拟信号的转换称为数/模转换(简称 D/A 转换),实现数/模转换的电路称为 D/A 转换器(简称 DAC)。

2. 权电阻网络 D/A 转换器

四位权电阻网络 D/A 转换器的原理图如图 8-1 所示。其中,电子模拟开关 $S_0 \sim S_3$ 受输入数字信号 $d_0 \sim d_3$ 控制,如果第 i 位数字信号 $d_i = 1$,则 S_i 接位置 1,相应的电阻 R_i 和基准电压 U_{REF} 接通;若 $d_i = 0$,则 S_i 接位置 0,R_i 接地。

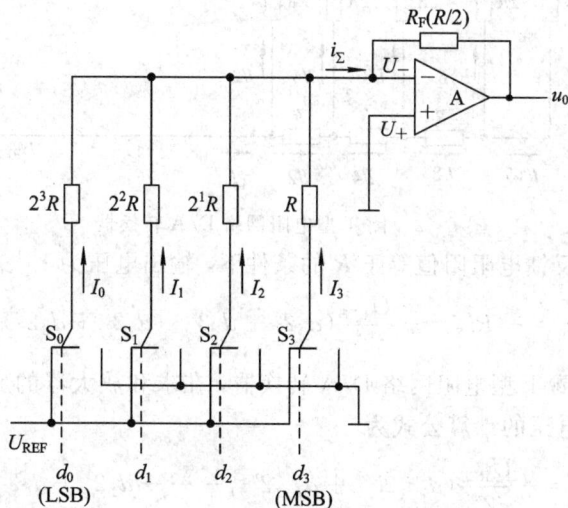

图 8-1　权电阻网络 D/A 转换器

在假设运算放大器输入电流为零的条件下可以得到

$$u_0 = -R_F i_\Sigma = -R_F(I_3 + I_2 + I_1 + I_0)$$
$$= -R_F\left(\frac{U_{REF}}{2^0 R}d_3 + \frac{U_{REF}}{2^1 R}d_2 + \frac{U_{REF}}{2^2 R}d_1 + \frac{U_{REF}}{2^3 R}d_0\right)$$

若取 $R_F = R/2$，则得到输出的模拟电压 u_0 为

$$u_0 = -\frac{U_{REF}}{2^4}(d_3 2^3 + d_2 2^2 + d_1 2^1 + d_0 2^0)$$

对于 n 位的权电阻网络 D/A 转换器，当反馈电阻取为 $R/2$ 时，输出电压的计算公式可写成：

$$u_0 = -\frac{U_{REF}}{2^n}(d_{n-1} 2^{n-1} + d_{n-2} 2^{n-2} + \cdots + d_1 2^1 + d_0 2^0) = -\frac{U_{REF}}{2^n}\sum_{k=0}^{n-1} d_k 2^k$$

上式表明，输出的电压正比于输入的数字量，从而实现了从数字量到模拟量的转换。

3. 倒 T 型电阻网络 D/A 转换器

四位 R—$2R$ 倒 T 型电阻网络 D/A 转换器的原理图如图 8-2 所示。其中，电子模拟开关 $S_0 \sim S_3$ 受输入数字信号 $d_0 \sim d_3$ 控制，如果第 i 位数字信号 $d_i = 1$，则 S_i 接求和运算放大器的虚地端；如果 $d_i = 0$，则 S_i 接地。可见，无论输入数字信号为 0 还是为 1，即无论哪个电子模拟开关接"0"端还是接"1"端，各支路的电流都直接流入地或流入求和运算放大器的虚地端，所以对于倒 T 型电阻网络来说，各 $2R$ 电阻的上端相当于接地。

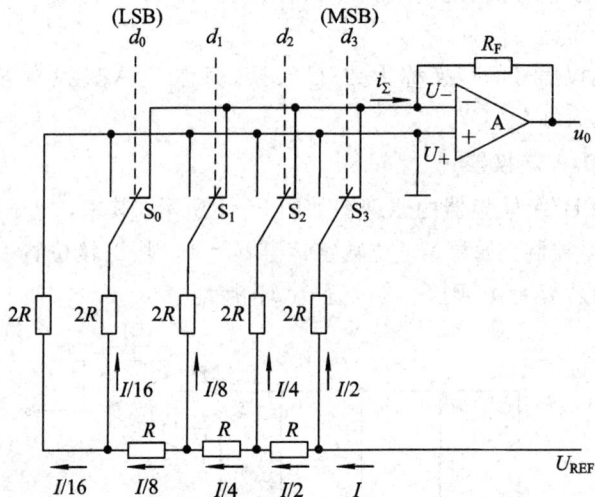

图 8-2 倒 T 型电阻网络 D/A 转换器

在求和放大器的反馈电阻阻值等于 R 的条件下，输出电压为

$$u_0 = -Ri_\Sigma = -\frac{U_{REF}}{2^4}(d_3 2^3 + d_2 2^2 + d_1 2^1 + d_0 2^0)$$

对于 n 位输入的倒 T 型电阻网络 D/A 转换器，在求和放大器的反馈电阻阻值为 R 的条件下，输出的模拟电压的计算公式为

$$u_0 = -\frac{U_{REF}}{2^n}(d_{n-1} 2^{n-1} + d_{n-2} 2^{n-2} + \cdots + d_1 2^1 + d_0 2^0)$$

由上式可看出，输出电压和输入数字量成正比。

4. 权电流型 D/A 转换器

四位权电流型 D/A 转换器的原理图如图 8-3 所示。其中，电子模拟开关 $S_0 \sim S_3$ 受输入数字信号 $d_0 \sim d_3$ 控制，如果第 i 位数字信号 $d_i = 1$，则相应的开关 S_i 将权电流源接至运算放大器的反项输入端；若 $d_i = 0$，则其相应的开关将电流源接地。

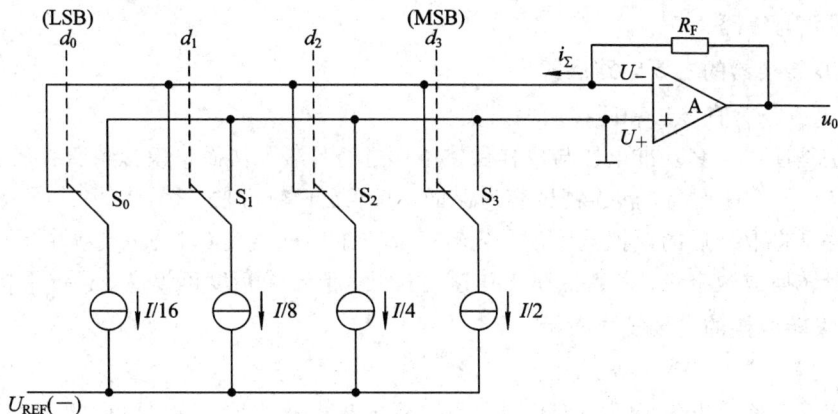

图 8-3　权电流型 D/A 转换器

在权电流型 D/A 转换器中，有一组恒电流源，每个恒电流源的大小依次为前一个的 1/2，和二进制输入代码对应的权成正比。输出电压为

$$u_0 = i_\Sigma R_F = R_F \left(\frac{I}{2} d_3 + \frac{I}{4} d_2 + \frac{I}{8} d_1 + \frac{I}{16} d_0 \right)$$

$$= \frac{R_F I}{2^4} (d_3 2^3 + d_2 2^2 + d_1 2^1 + d_0 2^0)$$

5. D/A 转换器的比较

权电阻网络 D/A 转换器的优点是电路结构比较简单，所用的电阻元件数目较少。它的缺点是各个电阻的阻值相差比较大，尤其是在输入信号的位数比较多时，这个问题更突出。

倒 T 型电阻网络 D/A 转换器的电阻数量虽比权电阻网络多，但它只有 R 和 2R 两种阻值，因而克服了权电阻网络电阻阻值差别大的缺点，便于集成化。同时，由于流经 2R 支路上的电流不会随开关状态的变化而改变，不需要建立时间，因此电路的转换速度提高了。

权电流 D/A 转换器各支路电流的叠加方法与输入方式和 R—2R 倒 T 型电阻网络 D/A 转换器相同，因而也具有转换速度快的特点。此外，由于采用了恒流源，每个支路电流的大小不再受开关内阻和压降的影响，从而降低了对开关电路的要求。

无论是权电阻网络 D/A 转换器还是倒 T 型电阻网络 D/A 转换器，在分析的过程中，都把电子模拟开关当作理想开关处理，没有考虑它们的导通电阻和导通电压降。而实际上这些开关总有一定的导通电阻和导通电压降，而且每个开关的情况不完全相同，它们的存在无疑将引起转换误差，影响转换精度，而权电流型 D/A 转换器则能克服这一问题。

6. A/D 转换器的基本工作原理

A/D 转换器中，因为输入的模拟信号在时间上是连续的，而输出的数字信号是离散的，所以转换只能在一系列选定的瞬间对输入的模拟信号取样，然后再把这些取样值转换成输出的数字量。因此，A/D 转换的过程是首先对输入的模拟电压信号取样，取样结束后进入保持时间，在这段时间内将取样的电压值转换为数字量，并按一定的编码形式给出转换结果。其过程包括：

（1）取样与保持。

（2）量化与编码。

7. A/D 转换器的主要电路形式

ADC 电路分为直接法和间接法两大类。

直接法是通过一套基准电压与取样保持电压进行比较,从而将模拟量直接转换成数字量。其特点是工作速度高,转换精度容易保证,调准也比较方便。

间接法是将取样后的模拟电压信号先转换成一个中间变量(时间 t 或频率 f),然后再将中间变量转换成数字量。其特点是工作速度较低,但转换精度可提高,且抗干扰性强。

8. D/A 转换器的主要技术指标

1) 分辨率

分辨率是指输出电压的最小变化量与满量程输出电压之比。输出电压的最小变化量就是对应于输入数字量最低位为 1、其余各位均为 0 时的输出电压。满量程输出电压就是对应于输入数字量全部为 1 时的输出电压。

对于 n 位 D/A 转换器,分辨率可表示为

$$分辨率 = \frac{\Delta U}{U_\mathrm{m}} = \frac{1}{2^n - 1}$$

位数越多,能够分辨的最小输出电压变化量就越小,分辨率就越高。也可用位数 n 来表示分辨率。

2) 转换精度

转换精度是指电路实际输出的模拟电压值和理论输出的模拟电压值之差。通常用最大误差与满量程输出电压之比的百分数表示。通常要求 D/A 转换器的误差小于 $U_\mathrm{LSB}/2$。

例如,某 D/A 转换器满量程输出电压为 10 V,如果误差为 1%,就意味着输出电压的最大误差为 ± 0.1 V。百分数越小,精度越高。

转换精度是一个综合指标,它不仅与 D/A 转换器中元件参数的精度有关,而且还与环境温度、集成运放的温度漂移以及 D/A 转换器的位数有关。

3) 建立时间

从数字信号输入 DAC 到输出电流(或电压)达到稳态值所需的时间为建立时间。建立时间的大小决定了转换速度。不同的 DAC,其转换速度也是不相同的,一般约在几微秒到几十微秒的范围内。

9. A/D 转换器的主要技术指标

1) 分辨率

分辨率指 A/D 转换器对输入模拟信号的分辨能力。从理论上讲,一个 n 位二进制数输出的 A/D 转换器应能区分输入模拟电压的 2^n 个不同量级,能区分输入模拟电压的最小差异为满量程输入的 $1/2^n$。

2) 转换误差

转换误差表示 A/D 转换器实际输出的数字量与理论上的输出数字量之间的差别。通常以输出误差的最大值形式给出。

转换误差也叫相对精度或相对误差。转换误差常用最低有效位的倍数表示。

例如,某 ADC 的相对精度为 $\pm(1/2)$LSB,这说明理论上应输出的数字量与实际输出的数字量之间的误差不大于最低位为 1 时的一半。

3）转换速度

转换速度是指完成一次转换所需的时间。A/D 转换器的转换速度主要取决于转换电路的类型，不同类型 A/D 转换器的转换速度相差很大。按照转换速度由慢到快排列，分别为双积分型 A/D 转换器、逐次渐进型 A/D 转换器和并联型 A/D 转换器。

8.2 重 点 难 点

1. D/A 转换器的基本工作原理，输入与输出关系的定量计算

D/A 转换就是将数字量转换成与它成正比的模拟量。

若四位数字量表示为

$$(D_3 D_2 D_1 D_0)_2 = (D_3 \times 2^3 + D_2 \times 2^2 + D_1 \times 2^1 + D_0 \times 2^0)_{10}$$

则相应的模拟量为

$$u_0 = K(D_3 \times 2^3 + D_2 \times 2^2 + D_1 \times 2^1 + D_0 \times 2^0)_{10}$$

其中，K 为比例系数。组成 D/A 转换器的基本指导思想是将数字量按权展开相加，电路通过输入的数字量控制各位电子开关，决定是否在求和点加入该位，即得到与数字量成正比的模拟量。

例如，在倒 T 型电阻网络 D/A 转换器中，输出的模拟电压的计算公式为

$$u_0 = -\frac{U_{\text{REF}}}{2^n}(d_{n-1}2^{n-1} + d_{n-2}2^{n-2} + \cdots + d_1 2^1 + d_0 2^0)$$

输出电压和输入数字量成正比。

2. A/D 转换器的主要类型、基本工作原理和综合性能的比较

A/D 转换器分为直接 A/D 转换器和间接 A/D 转换器。并行比较型 A/D 转换器和逐次比较型 A/D 转换器属于直接 A/D 转换器；双积分型 A/D 转换器和电压转换型 A/D 转换器属于间接 A/D 转换器。

A/D 转换须经过采样、保持、量化、编码四个步骤才能完成。采样、保持由采样－保持电路完成；量化和编码须在转换过程中实现。其中，逐次比较型 ADC 是遵循天平称重过程思想，即按照砝码(不同的基准电压)从最重到最轻依次比较，从而决定保留或移去，再将输入模拟信号和 DAC 依次产生的比较电压逐次比较。而双积分型 ADC 则是通过两次积分，将输入模拟信号转换成与之成正比的时间间隔，并在该时间间隔内对时钟脉冲进行计数，计数结果就是正比于输入模拟信号的数字量信号。

并联比较型 A/D 转换器的转换速度很快，其转换速度实际上取决于器件的速度和时钟脉冲的宽度。它的缺点是电路复杂，对于一个 n 位二进制输出的并联比较型 A/D 转换器，需 $2^n - 1$ 个电压比较器和 $2^n - 1$ 个触发器，代码转换电路随 n 的增大变得相当复杂。

计数型 A/D 转换器电路简单，但速度很慢，当输出为 n 位二进制数码时，最大转换时间为 $(2^n - 1) \times T_{\text{CP}}$ (T_{CP} 为计数器时钟脉冲周期)。

逐次渐进型 A/D 转换器具有较高的转换速度。对于一个 n 位逐次渐进型 A/D 转换器，转换一次需要的时间为 $(n+2)T_{\text{CP}}$，位数越多，转换时间就相应增长。与并联比较型相比，它的速度要低一些，但所需硬件较少，因而对在速度要求不是特别高的场合，逐次渐进型 A/D 转换器的应用最为广泛。

双积分型 A/D 转换器最突出的优点是工作性能比较稳定、抗干扰能力比较强；缺点是工作速度低。

3. D/A、A/D 转换器的转换速度与转换精度及影响它们的主要因素

D/A 转换器的转换精度通常用分辨率和转换误差来描述。分辨率是指输出电压的最小变化量与满量程输出电压之比。对于 n 位 D/A 转换器，位数越多，能够分辨的最小输出电压变化量就越小，分辨率就越高。转换误差有时也称为线性误差，它表示实际的 D/A 转换特性和理想转换特性之间的最大偏差。转换速度用完成一次转换所需的时间(建立时间)来衡量。

A/D 转换器的转换精度也是用分辨率和转换误差来描述。分辨率是指能区分的最小输入模拟电压。转换误差通常以输出误差最大值的形式给出，表示实际输出数字量与理论上应有的输出数字量之间的差别。A/D 转换器的转换速度是指完成一次转换所需的时间。

D/A 转换器和 A/D 转换器的转换精度受芯片外部影响的因素主要有：电源电压和参考电压的稳定度、运算放大器的稳定性、环境温度等；受芯片本身影响的因素有：分辨率、量化误差、相对误差、线性误差等。转换速度主要取决于转换电路的类型，不同类型转换器的转换速度相差很大。

8.3 典型例题

【例 8 - 1】 数字量和模拟量有什么区别？

解 数字量是在时间和数量上不连续的物理量。它们的变化总是发生在一系列离散的瞬间，它们的数量大小和每次的增减变化都是某一个最小单位的整数倍。

模拟量是在时间和数值上都连续变化的物理量。

【解题指南与点评】 要进行数/模、模/数转换，首先要对数字量和模拟量有充分的认识，并清楚它们之间的区别。

【例 8 - 2】 对于 8 位 D/A 转换器：

(1) 若最小输出电压增量为 0.02 V，试问当输入代码为 01001101 时，输出电压为多少？

(2) 其分辨率用百分数表示是多少？

(3) 若某系统中要求 D/A 转换器的精度小于 0.25%，试问这一 D/A 转换器能否使用？

解 (1) 8 位 D/A 转换器的最小输出电压增量即是数字量 00000001 对应的模拟电压量或数字量每增加一个单位时，输出模拟电压的增加量。输入代码 01001101 对应的模拟电压为

$$u_0 = 0.02(2^6 + 2^3 + 2^2 + 2^0) = 1.54 \text{ V}$$

(2) 8 位转换器的分辨率百分数为

$$\frac{1}{2^8 - 1} \times 100\% = 0.3922\%$$

(3) 若要求 D/A 转换器的精度小于 0.25%，则其分辨率应小于 0.5%。因此，这一 8 位 D/A 转换器可满足系统的精度要求。

【解题指南与点评】 分辨率和转换精度是 D/A 转换器的两个重要参数。分辨率定义为对最小数字量的分辨能力,表示 D/A 转换器在理论上可以达到的精度,一般用输入数字量的位数来表示,或用最小输出电压与最大输出电压之比的百分数表示。

转换精度是 D/A 转换器的实际输出值和理论输出值之间的误差(绝对误差),该参数一般应低于最低有效位输出模拟电压的一半。最低有效位的输出电压是 D/A 转换器的最小输出电压,它与最大输出电压之比的百分数又代表转换器的分辨率。因此,这一 D/A 转换器的分辨率为 $2 \times 0.25\% = 0.5\%$。

【例 8 - 3】 在图 8 - 1 所示的权电阻网络 DAC 中,设 $R = 10$ kΩ,$R_F = 5$ kΩ。试求其他权电阻的阻值。若 $U_{REF} = 5$ V,输入的二进制数码 $D_3 D_2 D_1 D_0 = 1101$,求输出电压。

解 图中权电阻由右向左阻值为 10 kΩ、20 kΩ、40 kΩ 和 80 kΩ。当 $U_{REF} = 5$ V,$R_F = 5$ kΩ,数字量 $D_3 D_2 D_1 D_0 = 1101$ 时,输出电压为

$$u_0 = -\frac{U_{REF} R_F}{2^n R} \sum_{k=0}^{n-1} d_k 2^k = -\frac{5 \times 5}{2^3 \times 10} \times 13 = -4.0625 \text{ V}$$

【解题指南与点评】 D/A 转换器由模拟开关、电阻网络比例求和电路等组成,电阻网络有权电阻网络、倒 T 型网络和权电流网络。权电阻网络中各电阻的取值和其所在位的二进制数的权值对应。若数字量编码不同,则权电阻的计算方式也不同。

【例 8 - 4】 一个 10 位的二进制权电阻 D/A 转换器,基准电压 $U_{REF} = 10$ V,最高位的电阻 $R_{10} = 10$ k$\Omega \pm 0.05\%$,最低位电阻 R_1 的容差为 $\pm 5\%$,试计算:

(1) 最高位引入的误差。

(2) 最低位引入的误差。

解 (1) 仅最高位接通时,R_{10} 提供的电流为

$$I_{10} = \frac{10}{10 \times 10^3} = 1 \text{ mA}$$

因此由最高位电阻的容差所造成的电流误差为

$$1 \text{ mA} \times (\pm 0.05\%) = \pm 0.5 \text{ } \mu\text{A}$$

(2) 首先求最低位电阻的阻值:

$$R_1 = R_{10} \times 2^{10-1} = 5.12 \text{ M}\Omega$$

仅最低位接通时,R_1 提供的电流为

$$I_1 = \frac{10}{5.12 \times 10^6} = 1.953 \text{ } \mu\text{A}$$

因此最低位造成的电流误差为

$$1.953 \text{ } \mu\text{A} \times (\pm 5\%) = \pm 0.009\ 765 \text{ } \mu\text{A}$$

【解题指南与点评】 对于权电阻网络的 D/A 转换器,数字量的位数越多,高、低位权电阻的阻值相差越大;在相同容差下,由于各电阻所在位的权值不同,所引入的误差相差也越大。为了保证转换精度,就要求阻值较为精确,但要想在极为宽广的阻值范围内保证每个电阻都有很高的精度是十分困难的,这对于制作集成电路来说尤为不利。

【例 8 - 5】 如 A/D 转换器输入的模拟电压不超过 10 V,问基准电压 U_{REF} 应为多少?如转换成 4 位二进制数,它能分辨的最小模拟电压是多少?如转换成 16 位二进制数,它能分辨的最小模拟电压是多少?

解 已知基准电压 $U_{REF}=10$ V,若 $n=4$,则能分辨的最小模拟电压是

$$U_{min} = \frac{U_{REF}}{2^n} = \frac{10}{2^4} \approx 39.06 \text{ mV}$$

若 $n=16$,则能分辨的最小模拟电压是

$$U_{min} = \frac{U_{REF}}{2^n} = \frac{10}{2^{16}} \approx 0.153 \text{ mV}$$

【解题指南与点评】 该题考察的是对 A/D 转换器的认识,属于基础题,不具备难度。

【例 8-6】 12 位逐次比较型 A/D 转换器的系统时钟频率为 20 MHz,那么一次转换所需时间 t 为多少?取样频率上限 $f_{s\,max}$ 为多少?在不丢失信息的情况下,允许最高输入信号频率 $f_{i\,max}$ 为多少?

解 因为系统时钟信号 CP 周期 T_{CP} 为系统时钟频率 20 MHz 的倒数,所以 T_{CP} 为

$$T_{CP} = \frac{1}{20 \times 10^6} = 5 \times 10^{-8} \text{ s}$$

因为一次转换需要 $n+2=12+2=14$ 个 CP,所以一次转换所需时间 t 为

$$t = 14T_{CP} = 14 \times 5 \times 10^{-8} = 6 \times 10^{-7} \text{ s}$$

因为一个取样脉冲的周期要大于一次转换所需时间 t 才能有稳定的输出,所以取样脉冲频率上限 $f_{s\,max}$ 为

$$f_{s\,max} \leqslant \frac{1}{t} = \frac{1}{6 \times 10^{-7}} = 1.67 \times 10^6 \text{ Hz}$$

根据抽样定理可知,在不丢失信息的情况下,允许最高信号频率 $f_{i\,max}$ 为

$$f_{i\,max} \leqslant \frac{1}{2} f_{s\,max} = \frac{1}{2} \times 1.67 \times 10^6 = 8.35 \times 10^5 \text{ Hz}$$

【解题指南与点评】 逐次渐近型 A/D 转换器具有较高的转换速度。对于一个 n 位逐次渐进型 A/D 转换器,转换一次需要时间为 $(n+2)T_{CP}$,位数越多,转换时间就相应增长。另外,在模/数转换的取样过程中,取样脉冲的频率要符合取样定理。

8.4 习 题 解 答

8-1 在权电阻网络 DAC 中,如果 $U_{REF}=-10$ V、$R_F=\frac{1}{2}R$、$n=6$,试求:

(1) 当 LSB 由 0 变为 1 时,输出电压的变化值。

(2) 当 D=110101 时,输出电压的值。

(3) 最大输入数字量的输出电压。

解 (1) 当 LSB 由 0 变为 1 时,即 d_0 发生变化,由已知可得输出电压的变化值为

$$\Delta u_0 = -R_F \times \frac{U_{REF}}{2^{n-1}R} \Delta d_0 = -\frac{1}{2}R \times \frac{-10}{2^5 R} \times 1 = \frac{5}{32} = 0.156\,25 \text{ V}$$

(2) 当 D=110101 时,根据书本公式(8.2.3),得输出电压的值为

$$u_0 = -\frac{U_{REF}}{2^n} \sum_{k=0}^{n-1} d_k 2^k$$

$$= -\frac{U_{REF}}{2^n}(d_5 2^5 + d_4 2^4 + d_3 2^3 + d_2 2^2 + d_1 2^1 + d_0 2^0)$$

$$= -\frac{-10}{2^6}(2^5 + 2^4 + 2^2 + 2^0)$$

$$= 8.281\ 25\ (\text{V})$$

（3）根据书本公式(8.2.3)，得最大输入数字量 D=111111 时的输出电压为

$$u_0 = -\frac{U_{\text{REF}}}{2^n}\sum_{k=0}^{n-1}d_k 2^k$$

$$= -\frac{U_{\text{REF}}}{2^n}(d_5 2^5 + d_4 2^4 + d_3 2^3 + d_2 2^2 + d_1 2^1 + d_0 2^0)$$

$$= -\frac{-10}{2^6}(2^5 + 2^4 + 2^3 + 2^2 + 2^1 + 2^0)$$

$$= 9.843\ 75\ (\text{V})$$

8-2 已知某 DAC 电路最小分辨电压 $U_{\text{LSB}}=5$ mV，最大满刻度电压 $U_{\text{m}}=10$ V，试求该电路输入数字量的位数和基准电压 U_{REF}。

解 设该电路输入数字量的位数为 n，那么由 $\dfrac{U_{\text{LSB}}}{U_{\text{m}}}=\dfrac{1}{2^n-1}$ 可得：

$$n = \text{lb}\left(\frac{U_{\text{m}}}{U_{\text{LSB}}}+1\right) = \frac{\lg\left(\dfrac{U_{\text{m}}}{U_{\text{LSB}}}+1\right)}{\lg 2} = \frac{\lg 2001}{\lg 2} \approx 11$$

即该电路输入数字量的位数为 11。

由于最大满刻度电压 $U_{\text{m}}=10$ V，因此基准电压 $U_{\text{REF}}=10$ V。

8-3 某一控制系统中有一个 D/A 转换器，若系统要求 D/A 转换精度小于 0.25%，试问应选多少位的 D/A 转换器？

解 转换精度是 D/A 转换器的实际输出值和理论值之间的误差（绝对误差），该参数一般应低于最低有效位输出模拟电压的一半。最低有效位的输出电压是 D/A 转换器的最小输出电压，它与最大输出电压之比的百分数又代表转换器的分辨率。因此，这一 D/A 转换器的分辨率为 $2 \times 0.25\% = 0.5\%$。设应选 n 位的 D/A 转换器，则须满足 $\dfrac{1}{2^n} < 0.5\%$，从而可得 $n=8$。

8-4 在倒 T 型电阻 D/A 转换器中，如果 $U_{\text{REF}}=-10$ V、$R_{\text{F}}=R$、$n=10$，输入数字量 D=0110111011，求输出电压的值。

解 根据书本公式(8.2.6)，得到输出电压的值为

$$u_0 = -\frac{U_{\text{REF}}}{2^n}\sum_{k=0}^{n-1}d_k 2^k$$

$$= -\frac{U_{\text{REF}}}{2^n}(d_9 2^9 + d_8 2^8 + d_7 2^7 + d_6 2^6 + d_5 2^5 + d_4 2^4 + d_3 2^3 + d_2 2^2 + d_1 2^1 + d_0 2^0)$$

$$= -\frac{-10}{2^{10}}(2^8 + 2^7 + 2^5 + 2^4 + 2^3 + 2^1 + 2^0)$$

$$= 4.326\ (\text{V})$$

8-5 某 8 位 ADC 电路输入模拟电压满量程为 10 V，当分别输入 59.7 mV、3.46 mV 和 7.08 mV 电压时，将转换成多大的数字量？

解 该 ADC 的分辨率为 $\dfrac{1}{2^8} \times 10 = 39$ mV，因此，当输入电压为 59.7 mV 时，将转换

为数字量 00000001；当输入电压为 3.46 mV 时，将转换为数字量 00000000；当输入电压
为 7.08 mV 时，将转换为数字量 00000000。

8-6 有一个 12 位 ADC 电路，它的输入满量程是 $U_m = 10$ V，试计算分辨率。

解
$$分辨率 = \dfrac{1}{2^{12}} \times 10 = 2.44 \text{ mV}$$

8-7 对于满刻度为 10 V，分辨率要达到 1 mV 的 A/D 转换器，其位数应是多少？当
模拟输入电压为 6.5 V 时，输出数字量是多少？

解 设 A/D 转换器的位数是 n，那么应满足

$$\dfrac{1}{2^n} \times 10 = 1 \times 10^{-3}$$

从而可解得 $n \approx 14$，由此得：

$$分辨率 = \dfrac{1}{2^{14}} \times 10 = 0.61 \text{ mV}$$

当模拟输入电压为 6.5 V 时，$\dfrac{6.5}{0.61 \times 10^{-3}} = 10\,656$，因此输出数字量是 10100110100000。

8-8 对于 10 位逐次渐近型 ADC 电路，当时钟频率为 1 MHz 时，其转换时间是多
少？如果要求完成一次转换的时间小于 10 μs，时钟频率应选多大？

解 对于一个 n 位逐次渐近型 A/D 转换器，转换一次需要的时间为 $(n+2)T_{CP}$，其中，
T_{CP} 为计数器时钟脉冲周期。依题意，已知 $n = 10$，$T_{CP} = 1$ μs，因此 $t = (10+2) \times 1 = 12$ μs。

如果要求完成一次转换的时间小于 10 μs，即 $(10+2)T_{CP} < 10$ μs，则 $T_{CP} < 0.833$，那
么 $f > 1.2$ MHz。

第 9 章　脉冲信号的产生与整形

9.1　内　容　提　要

1. 555 定时器的电路组成与工作原理

555 定时器是目前应用十分广泛的一种器件，其电路如图 9－1 所示，它是模拟电子技术和数字电子技术的综合应用电路。为了正确地使用该电路，应掌握它的基本功能。555 定时器的功能如表 9－1 所示。

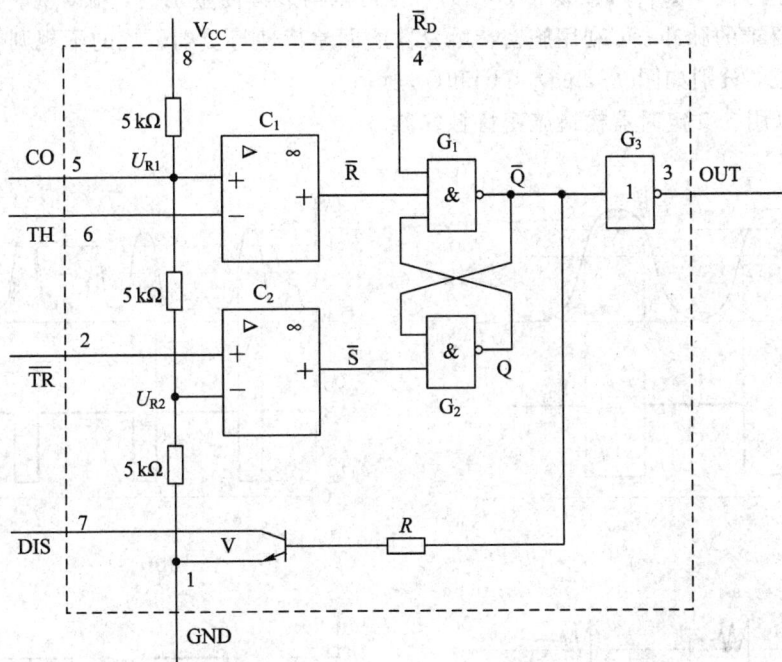

图 9－1　TTL 型 555 定时器电路

（1）当 $TH>U_{R1}$，$\overline{TR}>U_{R2}$ 时，$\overline{R}=0$，$\overline{S}=1$，RS 触发器被置 0，G_1 输出高电平，OUT 输出低电平，同时 V 管导通。

（2）当 $TH<U_{R1}$，$\overline{TR}<U_{R2}$ 时，$\overline{R}=1$，$\overline{S}=0$，RS 触发器被置 1，G_1 输出低电平，OUT 输出高电平，V 管截止。

（3）当 $TH<U_{R1}$，$\overline{TR}>U_{R2}$ 时，$\overline{R}=1$，$\overline{S}=1$，触发器的状态保持不变，因此 V 管的状态维持不变，OUT 输出也不变。

表 9－1　555 定时器的功能表

输　　　入			输　　　出	
TH	$\overline{\text{TR}}$	$\overline{\text{R}_\text{D}}$	OUT＝Q	V 状态
×	×	0	0	导通
$>\frac{2}{3}\text{V}_\text{CC}$	$>\frac{1}{3}\text{V}_\text{CC}$	1	0	导通
$<\frac{2}{3}\text{V}_\text{CC}$	$<\frac{1}{3}\text{V}_\text{CC}$	1	1	截止
$<\frac{2}{3}\text{V}_\text{CC}$	$>\frac{1}{3}\text{V}_\text{CC}$	1	不变	不变

2. 施密特触发器的工作原理、功能和应用

（1）施密特触发器有两个稳定状态，采用电平触发方式时，其状态由输入信号电平维持；对于负向递减和正向递增两种不同变化方向的输入信号，施密特触发器有不同的阈值电压。

（2）施密特触发器可以将模拟信号波形转换成矩形波；利用施密特触发器的翻转取决于输入信号是否高于 $U_{\text{T}+}$ 和或低于 $U_{\text{T}-}$ 的特性可以构成幅度鉴别器，用以从一串脉冲中检出符合幅度要求的脉冲；可利用施密特触发器的回差特性将受到干扰的不规则波形整形成规则的矩形波，分别如图 9－2(a)、(b)和(c)所示。

（3）可以用 555 定时器构造施密特触发器。

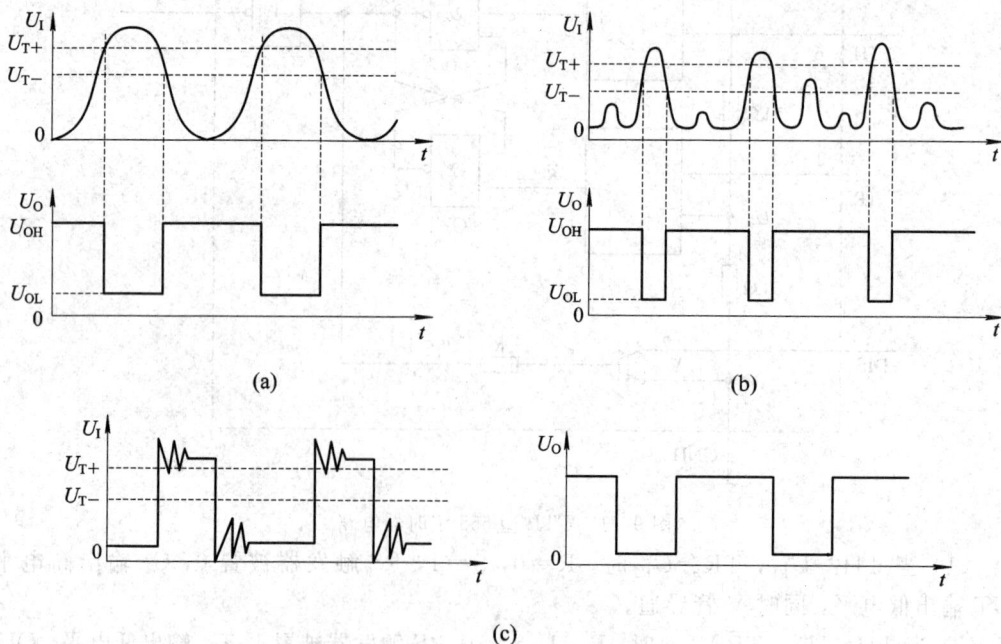

(a)

(b)

(c)

图 9－2　施密特触发器的应用
(a) 波形变换；(b) 波形幅度鉴别；(c) 波形整形

3. 单稳态触发器的工作原理、功能和应用

　　单稳态触发器有一个稳态和一个暂稳态两个不同的工作状态，在外界触发脉冲作用下，它能从稳态翻转到暂稳态，在暂稳态维持时间 t_W 以后再自动返回稳态，并在其输出端产生一个宽度为 t_W 的矩形脉冲。暂稳态维持时间的长短取决于电路本身的参数，与触发脉冲的宽度和幅度无关。利用单稳态触发器能产生一定宽度的脉冲这一特性，单稳态触发器被广泛应用于脉冲整形（把不规则的波形转换成宽度、幅度都相同的脉冲）、延时（产生滞后于触发脉冲的输出脉冲）以及定时（产生固定时间宽度的脉冲信号）等场合。脉冲整形、定时、延时分别如图 9 - 3(a)、(b)和(c)所示。

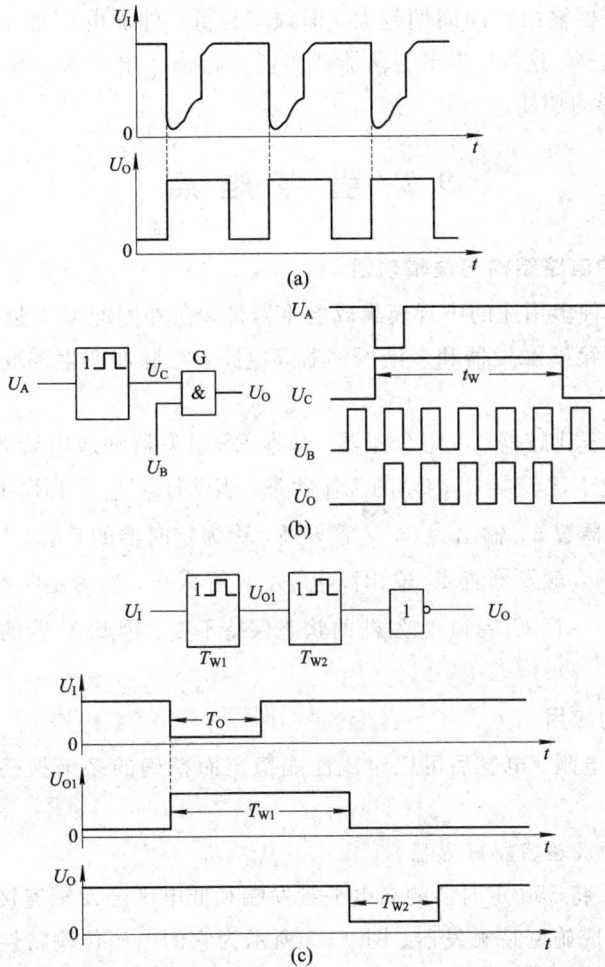

图 9 - 3　单稳态触发器应用

(a) 脉冲整形；(b) 脉冲定时电路和工作波形；(c) 脉冲延时电路和工作波形

4. 多谐振荡器的工作原理、功能和应用

　　多谐振荡器是一种能产生矩形波的自激振荡器，也称矩形波发生器。"多谐"指矩形波中除了基波成分外，还含有丰富的高次谐波成分。多谐振荡器不需要外加触发信号，便能自动地产生矩形脉冲。它没有稳定状态，只有两个暂稳态，通过电容的充电和放电，使两个暂稳态相互交替，从而产生自激振荡，输出周期性的矩形脉冲信号。这个矩形脉冲信号常用作脉冲信号源及时序电路中的时钟信号。

若将两个多谐振荡器连接起来,前一个振荡器的输出接到后一个振荡器的复位端,后一个振荡器的输出接到扬声器上。这样,只有当前一个振荡器输出高电平时,才驱动后一个振荡器振荡,扬声器发声;而前一个振荡器输出低电平时,导致后面振荡器复位并停止震荡,此时扬声器无音频输出。此时从扬声器中听到间歇式的"呜……呜"声响。因此,多谐振荡器可用做模拟声响发声器。

若在 555 定时器构成的多谐振荡器中,将输入端(5 脚)不经电容接地,而是外加一个可变的电压源,则通过调节该电压源的值,可以改变定时器触发电位和阈值电位的大小。外加电压越大,振荡器输出脉冲周期越大,即频率越低;外加电压越小,振荡器输出脉冲周期越小,即频率越高。这样,多谐振荡器就实现了将输入电压大小转换成输出频率高低的电压—频率转换器的功能。

9.2　重 点 难 点

1. 555 定时器的电路结构与逻辑功能

555 定时器是一种多用途的中规模集成电路器件,在外围配以少量阻容元件就可以构成施密特触发器、单稳态触发器和多谐振荡器等电路,在脉冲产生和变换等技术领域有着广泛的应用。

555 定时器由电压比较器、电阻分压器、基本 RS 触发器和放电管四部分组成。555 定时器的逻辑功能取决于比较器 C_1、C_2 的工作状态。当 $TH > U_{R1}$、$\overline{TR} > U_{R2}$ 时,比较器输出 $C_1 = 1$、$C_2 = 0$,触发器置 0,输出为 0,V 管导通,称为定时器的 0 态。当 $TH < U_{R1}$、$\overline{TR} < U_{R2}$ 时,$C_1 = 0$、$C_2 = 1$,触发器置 1,输出高电平,V 管截止,称为定时器的 1 态。当 $TH < U_{R1}$、$\overline{TR} > U_{R2}$ 时,$C_1 = 1$、$C_2 = 1$,触发器的状态保持不变,因此 V 管的状态维持不变,输出也保持不变。

2. 555 定时器的应用

555 定时器外加电阻、电容后可以组成性能稳定而精确的多谐振荡器、单稳电路、施密特触发器等。

1) 555 定时器构成施密特触发器

如图 9-4 所示,将 555 定时器的高电平触发端和低电平触发端连接起来,作为触发信号的输入端,就可构成施密特触发器。图 9-5 所示为它的电压传输特性曲线。

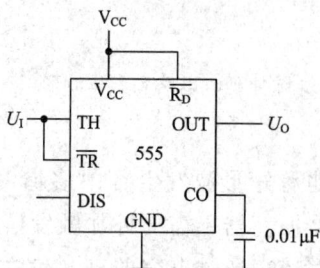

图 9-4　555 定时器构成的施密特触发器

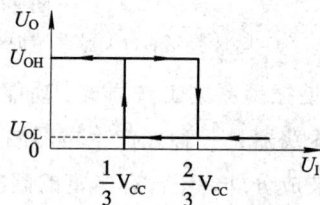

图 9-5　555 定时器构成的施密特触发器的
电压传输特性曲线

(1) U_I 处于上升期间，当 $U_I<\frac{1}{3}V_{CC}$ 时，根据 555 定时器功能表可知电路输出 U_O 为高电平；当 $\frac{1}{3}V_{CC}<U_I<\frac{2}{3}V_{CC}$ 时，输出 U_O 不变，仍为高电平。

(2) 当 U_I 增大到 $\frac{2}{3}V_{CC}$ 时，电路输出 U_O 变为低电平，此刻对应的 U_I 值称为正向阈值电平 U_{T+}。在 U_I 由高电平逐渐下降且 $\frac{1}{3}V_{CC}<U_I<\frac{2}{3}V_{CC}$ 时，输出 U_O 不变。

(3) 当 $U_I<\frac{1}{3}V_{CC}$ 时，电路输出 U_O 变为高电平，此刻对应的 U_I 值称为负向阈值电平 U_{T-}。

2）555 定时器构成单稳态电路

在 555 定时器的外部加接几个阻容元件，就可接成单稳态电路，如图 9-6 所示。

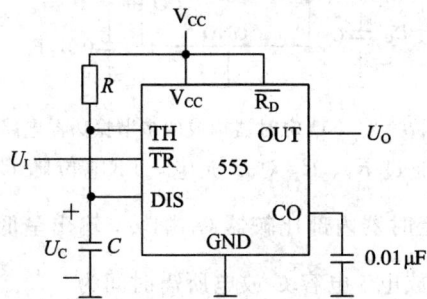

图 9-6　555 定时器构成的单稳态电路

(1) 当低电平触发信号 U_I 到来时，$\overline{TR}$ 端的电压低于 $\frac{1}{3}V_{CC}$，定时器输出 U_O 为高电平，同时 DIS 和地之间的放电管截止，电源通过 R 对 C 充电。在电容 C 充电期间，输出 U_O 保持为高电平，此为暂稳态。

(2) 随着充电的不断进行，TH 端电位逐渐上升。当 TH 端电位上升到 $\frac{2}{3}V_{CC}$，即触发端 TH 电压高于 $\frac{2}{3}V_{CC}$ 时，555 定时器输出 U_O 由高电平变为低电平，放电管导通，电容 C 通过放电管放电，电路返回到稳态。图 9-7 所示为 555 定时器构成的单稳态触发器的工作波形。

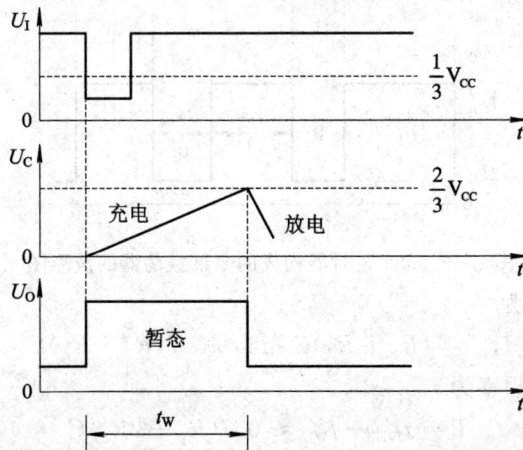

图 9-7　由 555 定时器构成的单稳态触发器的波形图

单稳态触发器的输出脉冲宽度 t_W 为

$$t_W = RC \ln 3 \approx 1.1RC$$

3) 555 定时器构成多谐振荡器电路

如图 9-8 所示,将 555 定时器与三个阻容元件连接,就构成了无稳态多谐振荡模式。它与单稳态模式的不同之处仅在于触发器 $\overline{TR}$ 接在充、放电回路的 C 上,而不是受外部触发控制。

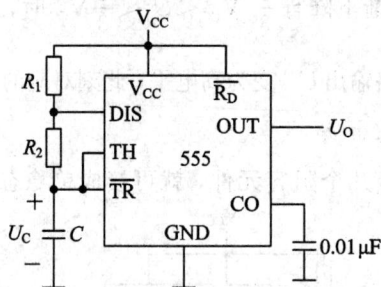

图 9-8 555 定时器构成的多谐振荡器电路

(1) 电路接通电源后,通过 R_1、R_2 对 C 充电,$\overline{TR}$ 电位随 C 端电压上升。当 C 上的电压达到 $\frac{2}{3}V_{CC}$ 阈值电平时,定时器内部比较器 C_1 翻转,输出呈低电平。此时放电管 V 饱和导通,电容 C 经 R_2 和 V 管放电。电容 C 放电所需时间为

$$t_{WL} = R_2 C \ln 2 \approx 0.7 R_2 C$$

(2) 当电容 C 放电至 $\frac{1}{3}V_{CC}$ 时,定时器内部比较器 C_2 翻转,输出端呈高电平,V 管截止,V_{CC} 又将通过 R_1、R_2 对 C 充电;当充电至 $\frac{2}{3}V_{CC}$ 时,触发器又发生翻转。如此周而复始,产生振荡,在输出端就可得到一个周期性的方波。工作波形图见图 9-9。

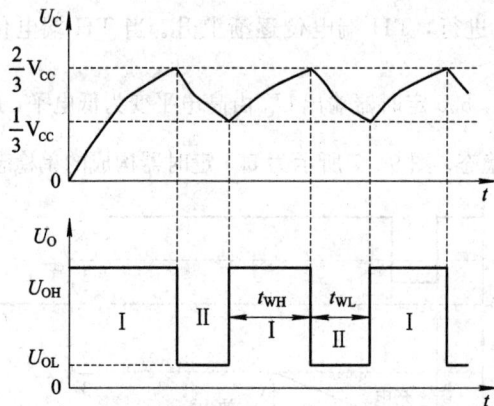

图 9-9 555 定时器构成的多谐振荡器的波形图

电容 C 的充电时间为

$$t_{WH} = (R_1 + R_2)C \ln 2 \approx 0.7(R_1 + R_2)C$$

输出方波的周期和振荡频率为

$$T = t_{WH} + t_{WL} \approx 0.7(R_1 + 2R_2)C$$

$$f = \frac{1}{T} = \frac{1.43}{(R_1 + 2R_2)C}$$

输出方波的占空比为

$$D = \frac{t_{\mathrm{wH}}}{T} = \frac{R_1 + R_2}{R_1 + 2R_2}$$

9.3　典　型　例　题

【例 9 - 1】　若反相输出的施密特触发器的输入信号波形如图 9 - 10 所示，试画出输出信号的波形。施密特触发器的转换电平 $U_{\mathrm{T}+}$、$U_{\mathrm{T}-}$ 已在输入信号波形图上标出。

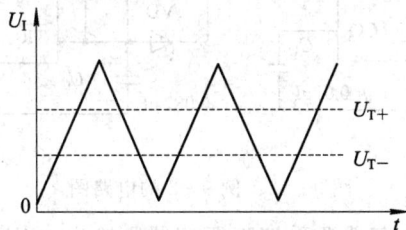

图 9 - 10　输入波形

解　波形见图 9 - 11。

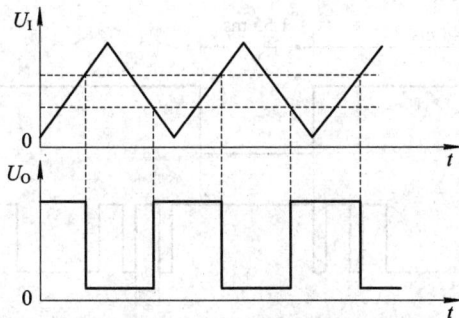

图 9 - 11　输出波形图

【解题指南与点评】　施密特触发器作为整形电路，根据输入电平由低电平上升的转换电压以及由高电平下降的转换电压完成求解。

【例 9 - 2】　分析如图 9 - 12 所示电路，设定时器 555 输出高电平为 5 V，输出低电平为 0 V，VD 为理想二极管。试回答：

(1) 当开关置于位置 A 时，两个 555 定时器各构成什么电路？计算输出信号 U_{O1} 和 U_{O2} 的频率 f_1 和 f_2。

(2) 当开关置于 B 时，两个 555 定时器构成的电路有何关系？画出 U_{O1} 和 U_{O2} 的波形图。

解　(1) 当开关置于位置 A 时，构成多谐振荡器。f_1 和 f_2 的计算如下：

$$t_1 = (R_1 + R_2)C\ln2 + R_2C\ln2 \approx 0.7(R_1 + R_2)C + 0.7R_2C = 4.99 \text{ ms}$$

$$f_1 = \frac{1}{t_1} = 200.4 \text{ Hz}$$

$$t_2 = (R_3 + R_4)C\ln2 + R_4C\ln2 \approx 0.7(R_3 + R_4)C + 0.7R_4C = 0.499 \text{ ms}$$

$$f_2 = \frac{1}{t_2} = 2004 \ \text{Hz}$$

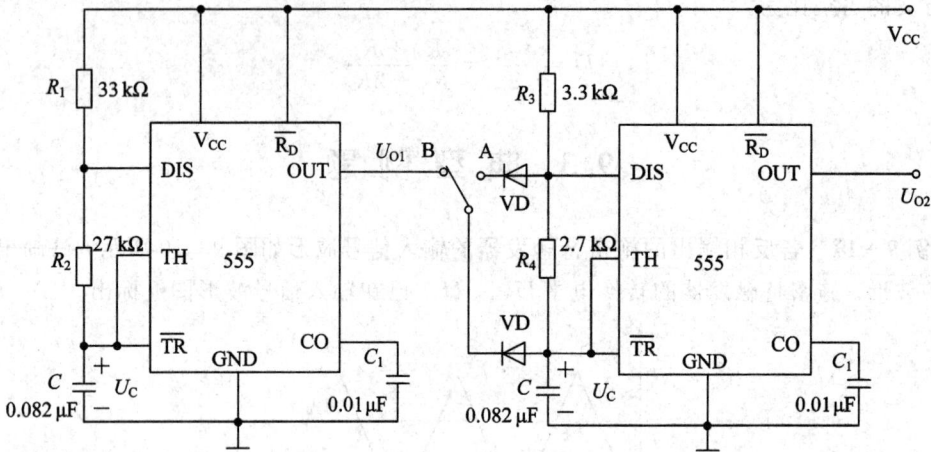

图 9-12 例 9-2 的电路图

（2）当开关置于 B 时，振荡器 II 受控于振荡器 I 输出。当 $U_{O1} = 5$ V 时，VD 截止，振荡器 II 起振工作，振荡频率 $f_2 = 2004$ Hz；当 $U_{O1} = 0$ V 时，VD 导通，振荡器 II 停振。U_{O1} 和 U_{O2} 的波形如图 9-13 所示。

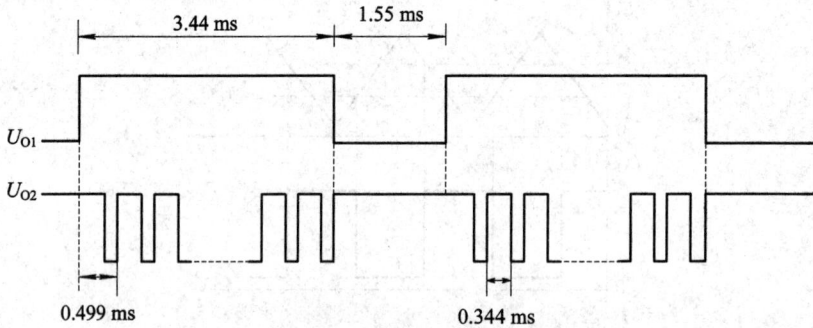

图 9-13 工作波形图

【解题指南与点评】 开关置于 A 后，对振荡器 I 通过 R_1、R_2 对 C 充电，$\overline{\text{TR}}$ 电位随 C 端电压上升。当 C 上的电压达到 $\frac{2}{3} V_{CC}$ 阈值电平时，电容 C 经 R_2 和 V 管放电。电容 C 放电所需时间为 $t_{WL} = R_2 C \ln 2$。当电容 C 放电至 $\frac{1}{3} V_{CC}$ 时，V_{CC} 又将通过 R_1、R_2 对 C 充电，当充电至 $\frac{2}{3} V_{CC}$ 时，触发器又发生翻转。如此周而复始，产生振荡，在输出端就可得到一个周期性的方波。电容 C 的充电时间为 $t_{WH} = (R_1 + R_2) C \ln 2$。根据公式不难求出两个输出信号的频率。

开关置于 B 后，当 $U_{O1} = 0$ V 时，VD 导通，高触发端 TH 电压小于 $\frac{2}{3} V_{CC}$，低触发端 $\overline{\text{TR}}$ 电压小于 $\frac{1}{3} V_{CC}$，V 管截止，振荡器 II 停振，输出保持为"1"态。

【例 9 - 3】　用两级 555 定时器构成的单稳态电路设计一个电路,实现如图 9 - 14 所示的输入 U_I 和输出 U_O 的波形关系,并标出定时电阻 R 和定时电容 C 的数值。

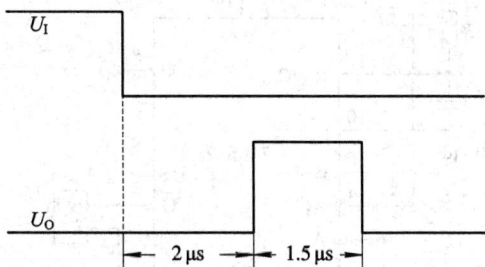

图 9 - 14　输入与输出波形图

解　需用两级带微分电路的单稳态电路。第一级的输出脉冲宽度为

$$T_{w1} = 1.1R_1C_1 = 2 \ \mu s$$

第二级的输出脉冲宽度为

$$T_{w2} = 1.1R_2C_2 = 1.5 \ \mu s$$

故 $C_1 = \dfrac{2 \times 10^{-6}}{1.1R_1}$, $C_2 = \dfrac{1.5 \times 10^{-6}}{1.1R_2}$。

利用以上两式即可确定定时元件的数值。若取 $R_1 = R_2 = 10 \ k\Omega$,则 $C_1 \approx 200 \ pF$、$C_2 = 140 \ pF$。

电路原理图如图 9 - 15 所示。

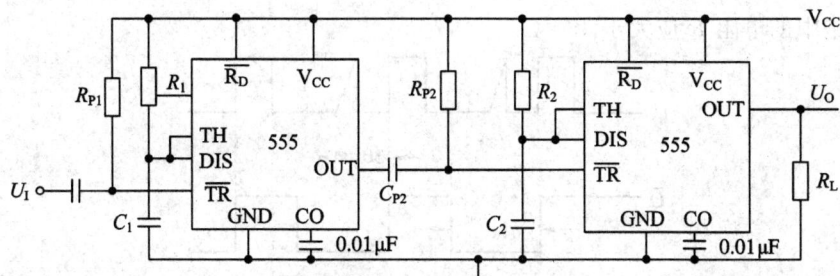

图 9 - 15　单稳态电路设计图

【解题指南与点评】　单稳态电路具有延时功能,由图 9 - 15 可知,触发脉冲宽度大于输出脉冲宽度,所以应接一个 RC 微分电路,以在输入端产生一个窄负脉冲。因为输出比输入延时 2 μs,所以设计思想是:输入信号下降沿触发第一级单稳态触发器,使其进入暂稳态,经 $T_{w1} = 1.1R_1C_1 = 2 \ \mu s$ 后,自动返回稳态,此时产生一个下降沿,正好作为第二级单稳态触发器的触发脉冲(如果第二级单稳态电路需要负脉冲,可在第一级输出端加一个反相器;这里只说明原理,没加反相器),使第二级进入暂稳态,经 $T_{w2} = 1.1R_2C_2 = 1.5 \ \mu s$ 后,也自动返回稳态。由此可知,如果调整电路元件参数不能满足延时时间的需求时,可以通过增加一级或多级单稳态电路来达到目的。

【例 9 - 4】　利用集成单稳态触发器芯片 74LS121 构成的消除干扰脉冲的电路如图 9 - 16 所示。含有尖脉冲干扰信号的输入波形 U_I 如图 9 - 17(a)所示,试画出对应的 $\overline{Q}$ 工作波形和 U_O 输出波形。设干扰信号尖脉冲距离 U_I 脉冲的下降沿有 30 μs,则为了消除干扰信号，电阻 R 应取何值？

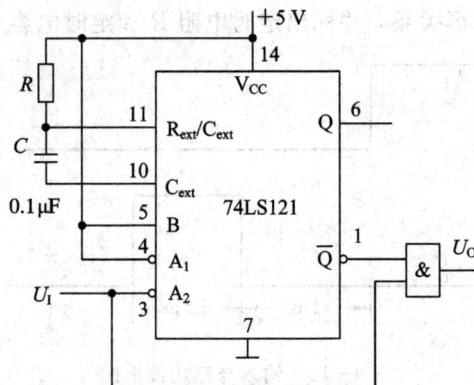

图 9-16 74LS121 构成消除干扰脉冲电路图

解 由 74LS121 功能表可知，由于 $A_1 = B = 1$，因此送到输入端 A_2 的 U_I 下降沿触发会引起电路翻转，从而进入暂稳态，使 $\overline{Q}$ 由稳态时的高电平翻转为低电平。为了达到消除 U_I 中尖脉冲的目的，U_I 和 $\overline{Q}$ 共同经过与门，使 $\overline{Q}$ 的低电平屏蔽掉尖脉冲。因此 $\overline{Q}$ 和 U_O 的工作波形如图 9-17(b) 所示，且暂稳宽度 t_W 应大于尖脉冲与 U_I 的下降沿相隔的宽度，即：

$$t_W = 0.7RC \geqslant 30 \ \mu s$$

$$R \geqslant \frac{30}{0.7C} = \frac{30}{0.7 \times 0.1} \Omega \approx 430 \ \Omega$$

因此该电路中的电阻 R 应大于 430 Ω。

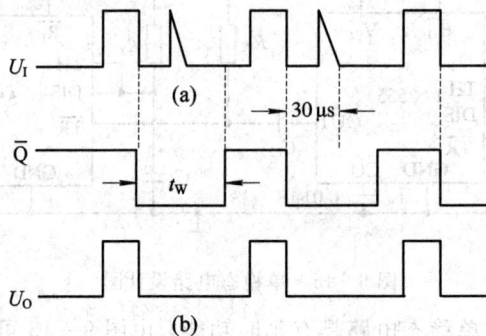

图 9-17 $\overline{Q}$ 工作波形和 U_O 输出波形图

【**解题指南与点评**】 集成单稳态触发器芯片输出电压波形的暂稳态宽度 $t_W \approx 0.7RC$。

【**例 9-5**】 用 555 定时器设计一个占空比可调的方波发生器，并计算出方波频率和占空比。

解 设计电路如图 9-18 所示。

充电脉宽：

$$t_{WH} \approx 0.7R_A C$$

放电脉宽：

$$t_{WL} \approx 0.7R_B C$$

振荡频率：
$$f = \frac{1}{t_{WH} + t_{WL}} \approx \frac{1.43}{(R_A + R_B)C}$$

占空比：
$$q = \frac{R_A}{R_A + R_B}$$

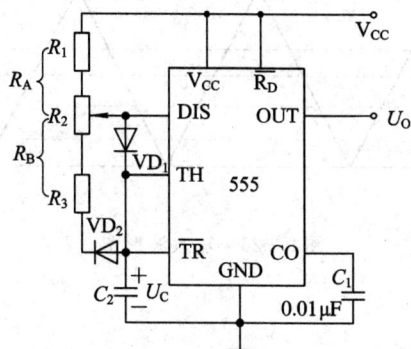

图 9-18 占空比可调的方波发生器

【解题指南与点评】 利用 VD_1 和 VD_2 将电容 C 的充放电回路分开，再加上电位器调节，便可构成占空比可调的矩形波发生器。

习 题 解 答

9-1 若反相施密特触发器输入信号波形如图 9-19 所示，试画出输出信号的波形。施密特触发器的触发电平 U_{T+}、U_{T-} 已在输入信号波形图上标出。

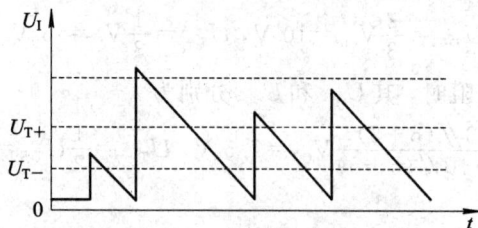

图 9-19 输入波形图

解 输出信号的波形如下所示。

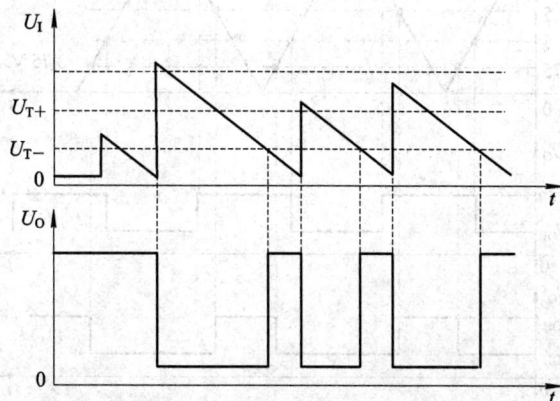

9－2 画出由 555 定时器构成的施密特电路的电路图。若输入波形如图 9－20 所示，$V_{CC}=15$ V，试画出对应的输出波形。如 5 脚改接 10 kΩ 的电阻，再画出输出波形(画图时要与输入波形时间关系对齐)。

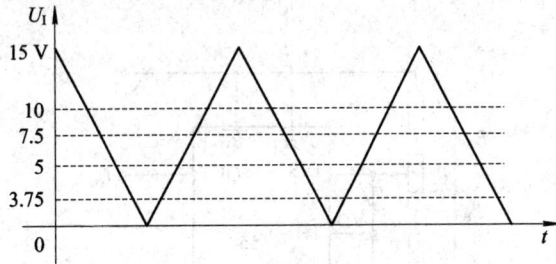

图 9－20 输入波形图

解 电路图如下所示：

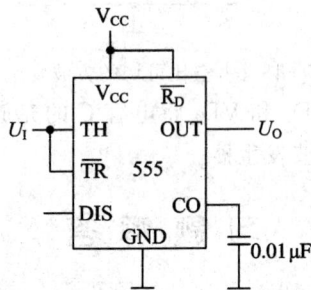

当 5 脚接电容时，其正向阈值 U_{T+} 和负向阈值 U_{T-} 分别为

$$U_{T+}=\frac{2}{3}V_{CC}=10 \text{ V}, \ U_{T-}=\frac{1}{3}V_{CC}=5 \text{ V}$$

当 5 脚接 10 kΩ 的电阻时，其 U_{T+} 和 U_{T-} 分别为

$$U_{T+}=\frac{10/\!/(5+5)}{5+10/\!/(5+5)}V_{CC}=7.5 \text{ V}, \ U_{T-}=\frac{1}{2}U_{T+}=3.75 \text{ V}$$

其输出波形为

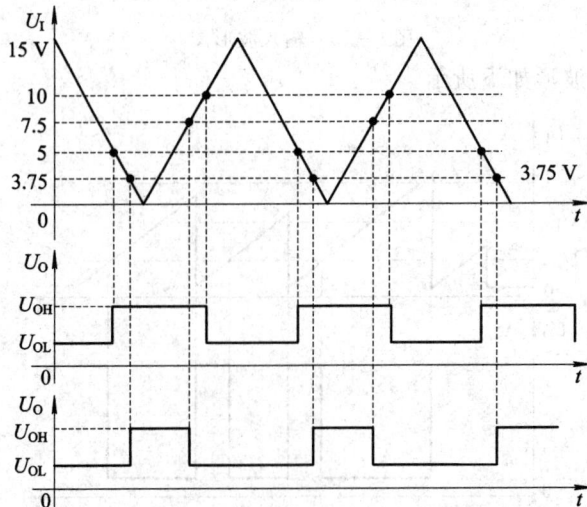

9-3　图 9-21 所示的单稳态电路，若其 5 脚不接 $0.01\ \mu F$ 的电容，而改接直流正电源 U_R，当 U_R 变大和变小时，单稳态电路的输出脉冲宽度如何变化? 若 5 脚通过 $10\ k\Omega$ 的电阻接地，其输出脉冲宽度又作什么变化?

图 9-21　单稳态电路

解　(1) 5 脚接 U_R 后，5 脚的电位 $U_5 = U_R$。若 U_R 变大，则 U_5 升高，使定时电容 C 的充电时间增长，从而使输出脉冲宽度增大，但是 U_R 不可大于电源电压 V_{CC}，否则，电路无法返回稳态;

若 U_R 变小，则定时电容充电时间变短，输出脉冲宽度变窄。具体可参照下式(式中 t_w 为输出脉冲宽度):

$$t_w = RC\ \ln \frac{V_{CC}}{V_{CC} - U_5}$$

(2) 若 5 脚接 $10\ k\Omega$ 的电阻，则

$$U_5 = \frac{10\ /\!/\ (5+5)}{5 + 10\ /\!/\ (5+5)} V_{CC} = \frac{1}{2} V_{CC}$$

而 5 脚接 $0.01\ \mu F$ 电容时，$U_5 = \frac{2}{3} V_{CC}$。可见 5 脚接了 $10\ k\Omega$ 的电阻后，5 脚电位降低，定时电容的充电时间缩短，输出脉冲宽度变窄。

9-4　用 555 定时器构成的定时电路和输入波形 U_I 如图 9-22 所示，试画出对应电容上的电压 U_C 和输出电压 U_O 的工作波形，并求出暂稳宽度 t_w。

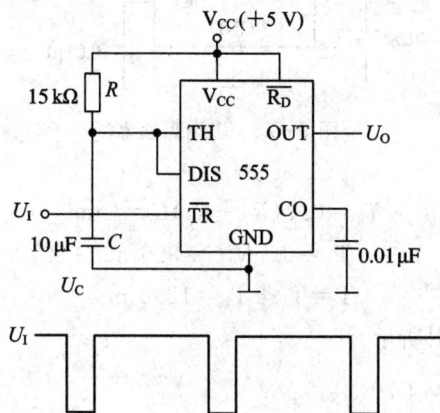

图 9-22　定时电路与 U_I 输入波形

解　在图 9-20 所示电路中，由于 555 定时器的引脚 6 和引脚 7(TH 和 DIS)接在一起，引脚 2 接的输入信号 U_I 是负窄脉冲信号，因此该电路是一个单稳态触发器。

U_I 初始电平为高电平，555 定时器内部的比较器 C_2 输出高电平(见 555 定时器电路内部结构)，$\bar{S} = 1$。电源 V_{CC} 经过 R 向 C 充电，使 U_C 上升到 $\frac{2}{3} V_{CC}$，使比较器 C_1 输出低电平，$\bar{R} = 0$，所以触发器的状态 $Q = 0$，同时 $\bar{Q} = 1$，使三极管 V 导通，电容 C 放电;当 U_C 低于 $\frac{2}{3} V_{CC}$ 以后，$\bar{R} = 1$，由于 $\bar{S}$ 和 $\bar{R}$ 都为 1，因此触发器的状态 $Q = 0$ 保持，稳态时 555 定时

器的输出电压 U_O 变为高电平，同时，三极管 V 截止，电容 C 又充电；待 U_C 上升到 $\frac{2}{3}V_{CC}$，电路自动返回到稳态，输出 U_O 又变为低电平。U_O、U_C 的工作波形如下图所示，且暂稳态宽度为

$$t_W = 1.1RC = 1.1 \times 15 \text{ k}\Omega \times 10 \text{ }\mu\text{F} = 165 \text{ ms}$$

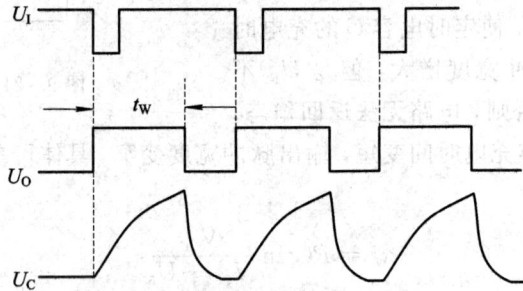

9-5 图 9-23 所示为 555 定时器构成的多谐振荡器，已知 $V_{CC} = 10$ V、$C = 0.1$ μF，$R_1 = 20$ kΩ、$R_2 = 80$ kΩ，求振荡周期 T，并画出相应的 U_C 及 U_O 波形。

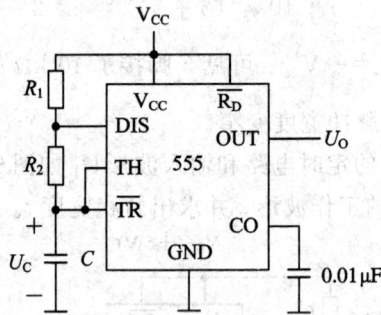

图 9-23 多谐振荡器

解 充电时间：

$$T_1 = 0.7(R_1 + R_2)C = 7 \text{ ms}$$

放电时间： $$T_2 = 0.7R_2C = 5.6 \text{ ms}$$

周期： $$T = T_1 + T_2 = 12.6 \text{ ms}$$

U_C 与 U_O 的波形如下图所示。

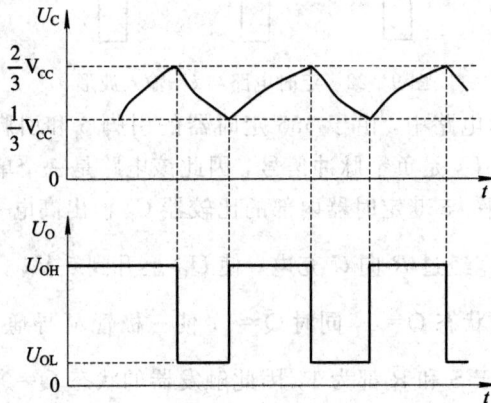

9-6 图 9-24 是用 555 定时器组成的开机延时电路。若给定 $C=25\ \mu\text{F}$、$R=91\ \text{k}\Omega$、$V_{CC}=12\ \text{V}$，试计算常闭开关 S 断开以后经过多长的延迟时间 U_O 才跳变为高电平。

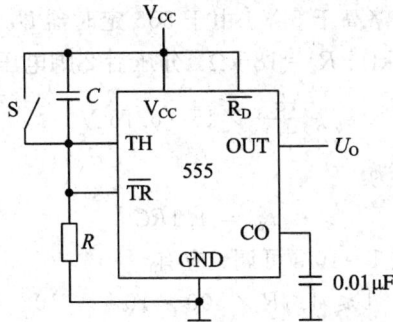

图 9-24 555 定时器组成的开机延时电路

解 555 定时器组成的单稳态触发器的脉宽：

$$t_w = RC \ln \frac{V_{CC} - 0}{V_{CC} - \frac{2}{3}V_{CC}} = RC \ln 3 \approx 1.1 RC$$

在 S 断开后，$U_I=0$，电路进入暂稳态，电容充电，故 U_O 跳变为高电平的时间即为暂稳态持续时间 t_w，于是可由公式求得

$$t_w = RC \ln 3 \approx 1.1 \times 25 \times 91 = 2502.5\ \text{ms} = 2.5025\ \text{s}$$

即过 2.5025 s 后，U_O 跳变为高电平。

9-7 由 555 定时器组成的单稳态触发器电路对触发脉冲的宽度有无限制？当输入脉冲的低电平持续时间过长时，电路应作何修改？

解 当 U_I 的下降值到达 $\frac{1}{3}V_{CC}$ 时，555 定时器内部的 RS 触发器置 1，U_O 跳变为高电平，进入暂稳态，V_{CC} 经 R 对 C 充电。当充至 $U_C = \frac{2}{3}V_{CC}$ 时，若 U_I 的触发脉冲消失，即 $U_I=1$，则触发器将放置 0，返回 $U_O=0$ 的稳态；若 U_I 的触发脉冲未消失，则 RS 触发器不稳定。要求 U_I 的脉冲宽度小于 $t_w = 1.1 RC$。

当输入脉冲的低电平持续时间过长，即脉宽过大时，可以用反馈来改变 555 定时器引脚口上的输入，见下图。

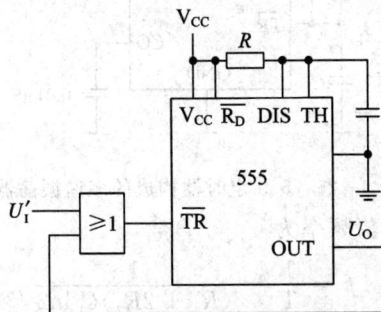

9-8 试用 555 定时器设计一个单稳态触发器，要求输出脉冲宽度在 1~10 s 的范围内可手动调节。给定 555 定时器的电源为 15 V，触发信号来自 TTL 电路，高低电平分别为 3.4 V 和 0.1 V。

解 利用 555 定时器设计的单稳态触发器的周期:

$$t_w = 1.1RC$$

无输入脉冲时,2 脚电平略高于 5 V。由于 555 定时器 U_I 的输入电流可忽略,因此无需外加接口电路。取 $R_1 = 22$ kΩ、$R_2 = 18$ kΩ,分压后 2 脚电压为

$$\frac{18}{22+18} \times 15 = 6.75 \text{ V}$$

于是,可求出 U_O 的输出脉宽为

$$t_w = 1.1RC$$

令 $C = 500$ μF,为了实现 1~10 s 可调,应有

$$1 \leqslant 1.1R \times 500 \times 10^{-6} \leqslant 10$$

于是有

$$\frac{10^6}{1.1 \times 500} \leqslant R \leqslant \frac{10^7}{1.1 \times 500}$$

即

$$1.8 \text{ kΩ} \leqslant R \leqslant 18.2 \text{ kΩ}$$

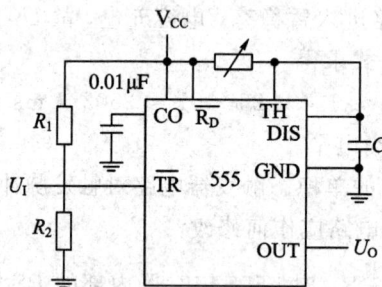

9-9 在图 9-25 所示的用 555 定时器组成的多谐振荡器电路中,若 $R_1 = R_2 = 5.1$ kΩ、$C = 0.01$ μF、$V_{CC} = 12$ V,试计算电路的振荡频率。

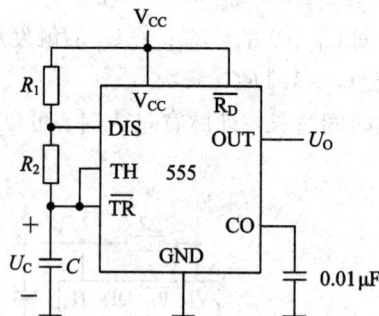

图 9-25 555 定时器构成的多谐振荡器

解 555 多谐振荡器的振荡频率为

$$f = \frac{1}{T} = \frac{1}{(R_1 + 2R_2)C \ln2}$$

根据这个公式,得

$$f = \frac{1}{(R_1 + 2R_2)C \ln2} = \frac{1}{3R_1 C \ln2} = \frac{1}{3 \times 5.1 \times 0.01 \times \ln2} \approx 9.43 \text{ kHz}$$

9-10 图 9-26 所示是用两个 555 定时器接成的延迟报警器。当开关 S 断开后，经过一定的延迟时间后扬声器开始发出声音。如果在延迟时间内 S 重新闭合，则扬声器不会发出声音。在图中给定的参数下，试求延迟时间的具体数值和扬声器发出声音的频率。其中，图中的 G_1 是 CMOS 反相器，输出的高、低电平分别为 $U_{OH} \approx 12$ V、$U_{OL} \approx 0$ V。

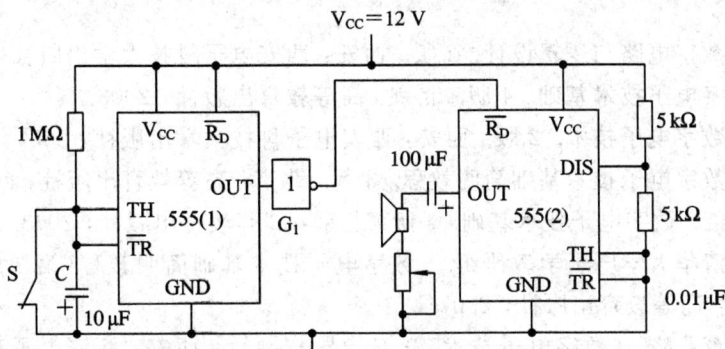

图 9-26 两个 555 定时器接成的延迟报警器

解 555 定时器构成的单稳态触发器的输出脉宽为

$$t_w \approx 1.1RC$$

555 定时器构成的多谐振荡器的振荡频率为

$$f = \cfrac{1}{(R_1 + R_2)C \ln \cfrac{2V_{CC} - \frac{2}{3}V_{CC}}{2\left(V_{CC} - \frac{2}{3}V_{CC}\right)} + R_2 C \ln 2} = \frac{1}{(R_1 + 2R_2)C \ln 2}$$

图 9-26 中，前一级 555 定时器构成单稳态触发器，后一级则构成多谐振荡器。S 断开后，V_{CC} 经过 R 对电容 $C = 10$ μF 进行充电，G_1 输入为 $U_o = 1$，而 S 闭合时 G_1 的输入为"0"，故延迟时间即为单稳态触发器的输出脉冲宽度。

而 555 定时器后一级的振荡频率可由公式求得。当 G_1 输出为"0"时，555 定时器(2)不工作；当 G_1 输入为"1"时，555 定时器(2)开始驱动蜂鸣器。

延迟时间：

$$t = t_w \approx 1.1RC = 1.1 \times 1 \times 10 = 11 \text{ s}$$

扬声器发出声音的频率为

$$f = \frac{1}{(R_1 + 2R_2)C \ln 2} = \frac{10^3}{15 \times 0.01 \ln 2} \approx 9.618 \text{ kHz}$$

参 考 文 献

[1] 蔡良伟. 数字电路与逻辑设计. 2版. 西安：西安电子科技大学出版社，2009.

[2] 阎石. 数字电子技术基础. 4版. 北京：高等教育出版社，2003.

[3] 江晓安. 数字电子技术. 2版. 西安：西安电子科技大学出版社，2004.

[4] 余孟尝. 数字电子技术基础简明教程. 3版. 北京：高等教育出版社，2006.

[5] 阎石，王红. 数字电子技术基础. 4版. 北京：高等教育出版社，2003.

[6] 余孟尝，清华大学电子学教研组.《数字电子技术基础简明教程(第3版)》教学指导书. 北京：高等教育出版社，2007.

[7] 江晓安，董秀峰.《数字电子技术》学习指导与题解. 西安：西安电子科技大学出版社，2004.

[8] 王毓银. 数字电路逻辑设计学习指导书. 2版. 北京：高等教育出版社，2006.

[9] 卫桦林. 数字电子技术基础学习指导书. 北京：高等教育出版社，2004.

[10] 张志良. 数字电子技术学习指导与习题解答. 北京：机械工业出版社，2007.

[11] 李克琳. 数字电子技术学习指导与题解. 武汉：华中科技大学出版社，2002.

[12] 曹汉房. 数字电路与逻辑设计学习指导与题解. 武汉：华中科技大学出版社，2005.

[13] 陈光梦，王勇. 数字逻辑基础学习指导与教学参考. 上海：复旦大学出版社，2004.

[14] 陈惠民.《数字逻辑电路分析与设计》学习指导及题解. 北京：清华大学出版社，2007.

[15] 陈志武. 数字电子技术基础导教、导考. 4版. 西安：西北工业大学出版社，2004.

[16] 王有绪. 数字电路与逻辑设计导教、导考. 3版. 西安：西北工业大学出版社，2003.

[17] 龙忠琪. 数字电路考研试题精选详解及点评. 北京：科学出版社，2003.